"十四五"高等教育土木工程类专业系列教材

画法几何

杜 骞◎主编
张丽萍◎主审

中国铁道出版社有限公司
CHINA RAILWAY PUBLISHING HOUSE CO., LTD.

内容简介

本书是“十四五”高等教育土木工程类专业系列教材之一，在编写时按照由浅入深、循序渐进的原则，力求条理清楚，重点突出，旨在培养和加强学生的图示、图解能力和空间思维能力。全书共12章，主要内容包括点，直线，平面，直线与平面、平面与平面间的相对位置，投影变换，平面立体，曲面立体，两立体相交，轴测投影图，标高投影和透视投影。

本书适合作为高等院校土木工程、交通工程、水利工程、环境工程、测绘工程及地质工程等各专业的教材，亦可供自学和其他参考之用。对于某些专业，根据要求和学时安排，可考虑删减标高投影和透视投影等部分内容。

图书在版编目(CIP)数据

画法几何／杜骞主编. -- 北京 ：中国铁道出版社有限公司，2025. 8. --（“十四五”高等教育土木工程类专业系列教材）. -- ISBN 978-7-113-32389-9

Ⅰ. O185. 2

中国国家版本馆 CIP 数据核字第 2025QE5910 号

书　　名：画法几何

作　　者：杜　骞

策　　划：曾露平　　编辑部电话：（010）63551926

责任编辑：曾露平　徐盼欣

封面设计：刘　颖

责任校对：苗　丹

责任印制：赵星辰

出版发行：中国铁道出版社有限公司（100054，北京市西城区右安门西街 8 号）

网　　址：https://www.tdpress.com/51eds

印　　刷：河北燕山印务有限公司

版　　次：2025 年 8 月第 1 版　2025 年 8 月第 1 次印刷

开　　本：787 mm×1 092 mm 1/16　印张：9.75　字数：274 千

书　　号：ISBN 978-7-113-32389-9

定　　价：35.00 元

前言

“画法几何”作为一门基础性学科，在连接抽象的空间构想与具体的工程实践中，扮演着举足轻重的角色。它不仅是工程制图的理论基础，更是培养学生空间想象力、逻辑分析能力以及严谨工程素养的关键课程。

画法几何的核心任务是通过投影法，将三维空间中的物体准确地呈现在二维平面上，同时，依据二维图形还原出物体的三维形态与空间位置关系。这一过程，犹如搭建一座跨越维度鸿沟的桥梁，让我们能够在平面图纸与立体实物之间自由穿梭，实现思维的转换与拓展。

本书注重知识的系统性与逻辑性，从最基础的投影原理入手，逐步深入各类几何元素的投影特性、相对位置关系以及复杂形体的表达，层层递进，引导读者逐步掌握画法几何的核心内容。内容编排上强调理论与实践的结合，书中不仅详细阐述了画法几何的理论知识，还配备了大量具有代表性的例题与习题，通过实际操作，帮助读者加深对理论知识的理解，提升解决实际问题的能力。

本书由兰州交通大学土木工程学院工程图学系杜骞主编，张丽萍主审。此外，李兴田为本书后期的校稿投入了大量时间，其他同事为本书的编写提出了许多宝贵意见，在此一并表示衷心感谢。

由于编者水平有限，书中难免存在不足之处，恳请广大读者批评指正。

编　者

2025 年 3 月

目　录

第一章 绪论

第一节 投影概念

影子是日常生活中常见的一种现象，如电灯光或太阳光照射物体，其影子可落在地面或其他表面上。如用电灯 R 照射三角形 ABC，在桌面上会出现三角形的影子$\triangle abc$[见图 1-1(a)]。同样，阳光照射下的三角形 ABC，在桌面上也会出现$\triangle abc$[见图 1-1(b)]。由以上现象可看出，要获得物体的影子，离不开光线和影子所在的平面。三角形 ABC 影子的轮廓可看作通过三角形轮廓的光线与桌面相交的结果。

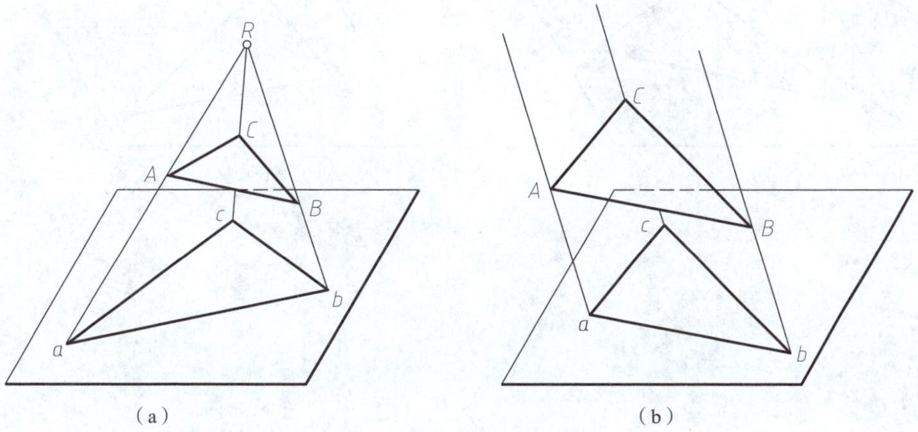

图 1-1　投影概念

在画法几何中，把相当于光源的点称为**投影中心**，接收影子的面即承影面称为**投影面**，投影中心发出的光线称为**投射线**，通过光线把物体照射到投影面上的影子称为**投影**，如图 1-1(a)、(b)所示。这种由投射线把物体投射到投影面上的方法称为**投影法**。

我们知道，电灯是点光源，光线是发散的，而太阳光线到达地面后可看成平行光线，与之对应，投影可分为两类：中心投影和平行投影。

一、中心投影

当投影中心到投影面距离有限时，投射线汇集于一点，这种投影称为**中心投影**。得到中心投影的方法称为**中心投影法**[见图1-1(a)]。另外，照片、美术画等也属于中心投影的范畴。中心投影的特点：近大远小，平行线的投影在远处相交。

二、平行投影

当投影中心与投影面的距离为无穷远时，投射线互相平行，由这种平行投射线得到的投影称为**平行投影**，相应投影法称为**平行投影法**。平行投影分为正投影和斜投影。

1. 正投影

互相平行的投射线垂直于投影面时，在该投影面上得到的投影为正投影[见图1-2(a)]。与之对应的投影法称为**正投影法**。

2. 斜投影

互相平行的投射线与投影面斜交时，所得的投影为**斜投影**[见图1-2(b)]。与之相应的投影法称为**斜投影法**。

在工程设计中，一般采用正投影法绘图，其他一些辅助图样采用中心投影法(如透视图)或斜投影法(如斜轴测图)绘制。

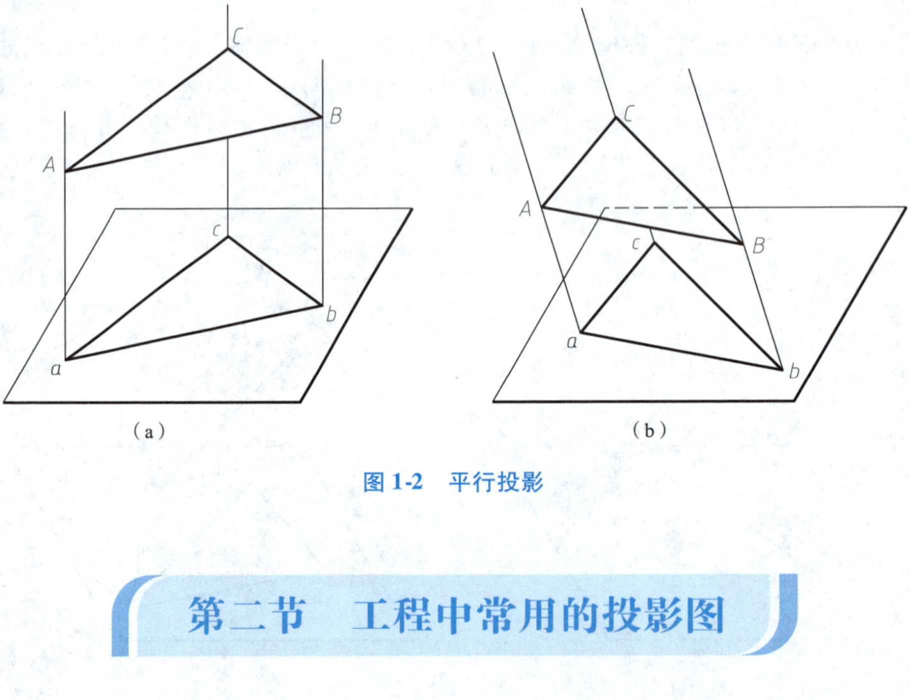

图1-2 平行投影

第二节 工程中常用的投影图

工程上对图样一般有两个要求：一是**度量性**，即图样能够准确、清楚地反应实物的形状和大小；二是**直观性**，即图样具有立体感，形象逼真，易于看懂。应根据不同目的、不同对象，选用相应的图示法。工程上常用的图示法有正投影法、轴测投影法、透视投影法和标高投影法，与之对应的有如下四种投影图：

一、多面正投影图

将一个物体放在三投影面体系中，用正投影法，从正面、顶面、侧面分别向三个投影面投影，然后按一定规则展开，即可得到三面正投影图。图 1-3 所示为房屋的三面正投影图。

图 1-3　房屋三面正投影图

二、轴测投影图

轴测投影图是平行投影的一种，只需一个投影面，这种图能同时反映物体的长、宽、高三个方向，如图 1-4 所示。它的优点在于能较直观、形象地表达立体形状；缺点是物体的形状表达不完全，且表面形状往往发生变形（如圆变成椭圆，矩形变成平行四边形等）。所以，这种图不能作为施工的依据，一般只作为正投影图的辅助图样。

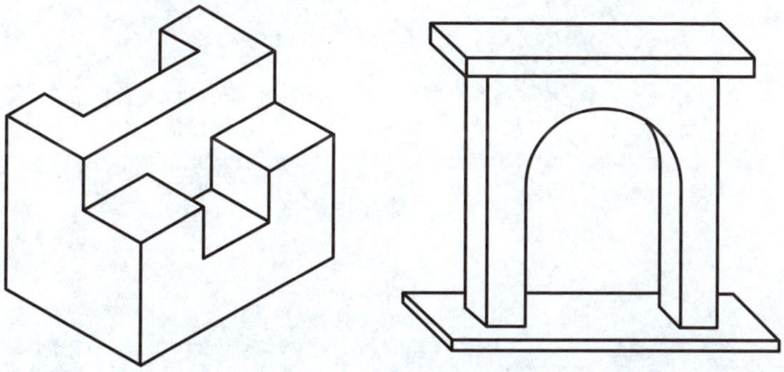

（a）　　（b）

图 1-4　轴测投影图

三、透视投影图

透视图是中心投影法绘制的，只需一个投影面（称画面），如图 1-5 所示。这种图一般用于表示大型建筑物的造型、城市规划、风景园林建设、室内设计和工业造型设计等，它是一种辅助图样。透视图形象逼真、富于立体感，但不能直接度量，作图复杂、费时。

四、标高投影图

标高投影是正投影的一种，用一个水平面作投影面。其主要用于表示地形，如图 1-6 所示。因地形复杂，地势起伏不平，且土地的面积与高度悬殊，用前几种投影图均不能满足表示地形图的要求。因此，采用地面等高线的水平投影注上高程的方法来表示地形，即为标高投影图。地形图在土木工程设计及军事等方面有着广泛的应用。

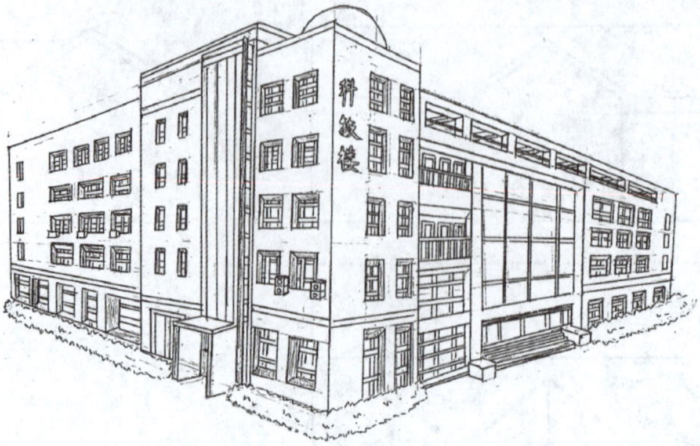

图 1-5 透视投影图

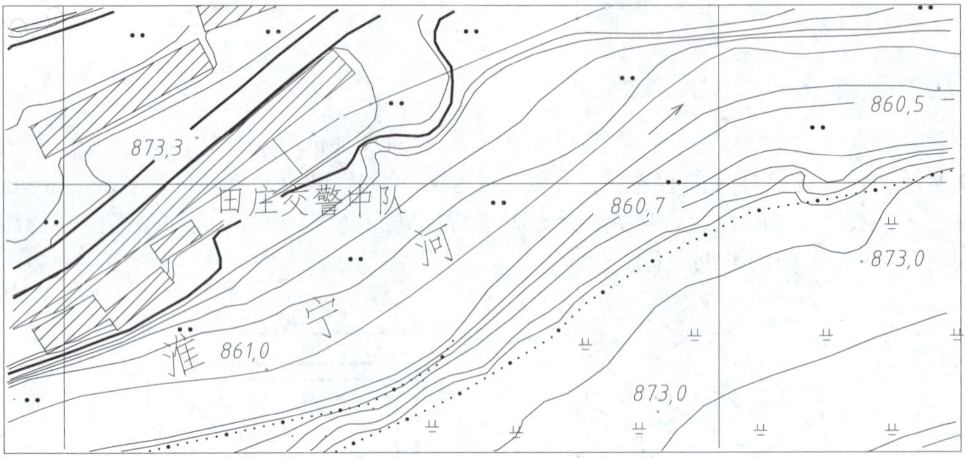

图 1-6 标高投影图

第三节 本课程的学习任务和方法

一、学习任务

画法几何是几何学的一个分支。

在工程和科学技术中，经常要在平面上表示空间的形体。例如，人们需要在纸上画出建筑物的图样，以便根据这些图样施工建造。但是平面是二维的，而空间形体是三维。为了使三维的形体能在二维的平面上得到正确的反映，就必须规定和采用一些方法。这些方法就是画法几何所要研究的。

工程实践中不仅要在平面上表示空间形体，而且要应用这些表达在平面上的图形来解决空间的几何问题。例如，人们往往需要根据由测量结果而绘制的地形图来设计道路或运河的线路，决定什么地方需要开挖和填筑，以及计算土方等。根据形体在平面上的图形来图解空间几何问题也是画法几何所要研究的。

因此，画法几何的任务如下：

(1)研究在二维平面上表达三维空间形体的方法，即图示法。

(2)研究在平面上利用图形来解决空间几何问题的方法，即图解法。

此外，由于画法几何所研究的是空间形体与它在平面上的图形之间的关系，因而在培养和发展学生对三维形状和相关位置的空间逻辑思维和形象思维能力方面起着极其重要的作用。

在这里，图形是直接用来研究空间形体的几何形状和解决空间几何问题的工具，因此对画在平面上的图形有一系列的要求，主要如下：

(1)图形应当有可逆性，也就是说，根据图形能够准确地恢复所画形体的形状和大小。

(2)图形在满足其功能的前提下具有一定的直观性，以便根据图形能比较容易地想象出所画形体的形状和大小。

(3)绘制图形应较为简便。

(4)图形以及由之进行的作图应足够准确。

上述对图形的要求，有时可能有矛盾，应根据图形所要满足的条件来确定采用哪种图示方法。

二、学习方法

(1)画法几何是按点、线、面、体，由浅入深、由简及繁、由易到难的顺序编排的，前后联系十分紧密。学习时，必须对前面的基本内容真正理解，基本作图方法熟练掌握后，才能进行进一步的学习。

(2)由于画法几何研究的是图示法和图解法，涉及的是空间形体与平面图形之间的对应关系，所以学习时必须经常注意空间几何关系的分析，以及空间几何元素与平面图形的联系。对于每一个概念、每一个原理、每一条规律和每一种方法，都要弄清它们的意义和空间关系，以掌握这些基本内容并善于运用它们。

(3)复习时不能单纯阅读课文，必须同时用直尺和圆规等绘图工具在纸上进行作图。此外，还可以借助于铁丝、硬纸等物品做一些简单的模型，帮助理解书上所讲解的内容。对于书上的例题，在通过自己的作图并获得正确的结果后，才能验证是否真正理解和记住了这些作图方法。

(4)解题时，首先要弄清哪些是已知条件，哪些是需要求作的。然后利用已学过的内容进行空间分析，研究怎样从已知条件获得所要求作的结果，以及要通过哪些步骤才能达到最后的结果。初学时可以把这些步骤记录下来。最后利用基本作图方法按照所确定的解题步骤一步步地进行作图，并力求准确。完成后还应作一次全面的检查，看作图过程中有没有错误，作图是否精确等。

第二章

点

从几何上讲,点只有位置而无大小,如棱柱、棱锥、多边形等的顶点。在作图时,只要限定了形体的点、线、面,也就限定了形体,所以,我们从点、直线、平面开始介绍正投影理论及作图方法。

第一节　点的二投影

一、二投影面体系的建立

如图 2-1(a)所示,建立的互相垂直的两个投影面称为二投影面体系。处于正立位置的面称为正立投影面,简称正面,用 V 标记;另一处于水平位置的面称为水平投影面,简称水平面,用 H 标记;V 面与 H 面的交线称投影轴,以 OX 标记。自空间点 A 分别向 V 面及 H 面上作垂线,垂足即为 A 点的二投影。在 V 面上的投影 a' 称为 A 点的正面投影;在 H 面上的投影 a 称为 A 点的水平投影。

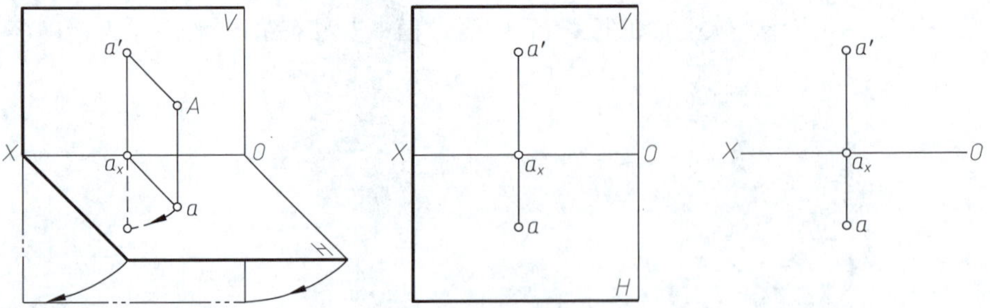

(a)　　(b)　　(c)

图 2-1　点的二投影

空间点及其投影的标注符号约定:空间点用大写字母标记,如 $A,B,C,\cdots$,水平投影用相应的小写字母标记,如 $a,b,c,\cdots$,正面投影用相应的小写字母在其右上角加上一撇标记,如 $a',b',c',\cdots$。二投影面体系展开后称为投影图。展开方法:保持 V 面不动,将 H 面绕 OX 轴向下旋转 90°与 V 面重合,即得点的二投影图,如图 2-1(b)所示。为简化起见,投影图中不画投影面边框,如图 2-1(c)所示。反之,也可由投影图想象点在投影面体系中的空间位置。

二、点的二投影特性

点的二投影特性如下：

(1)点的两投影的连线垂直于投影轴，即 $aa' \perp OX$。

(2)点的一个投影到投影轴的距离，反映该空间点到另一投影面的距离。aa_x反映空间点 A 到 V 面的距离；$a'a_x$反映空间点 A 到 H 面的距离。

三、点在其他分角的投影

将图 2-1(a)所示二投影体系的 V 面向下、H 面向后扩展，则两平面把空间分为四个部分，称为四个象限或象角，在 V 面之前、H 面之上的部分为第Ⅰ象角。四个象角如图 2-2 所示。

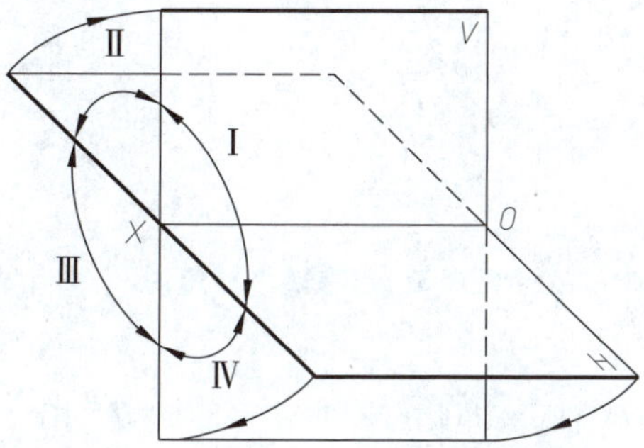

图 2-2　四个象角

当空间点向投影面投影后，将 V、H 面展开即得到点的投影图。展开时，V 面不动，使 H 面的前半部分向下旋转与下半 V 面重合，后半 H 面与上半 V 面重合。一般情况下，投影图上不必注写投影面标记 V 和 H，也不画边框，仅画出 OX 轴即可。

四、各种位置点的投影

点在二投影面体系中的位置分为如下几种：

1. 点在象限内

(1)第Ⅰ象角内的点。如图 2-3(a)所示，A 点在第Ⅰ象角内，即 V 面之前、H 面之上。其投影图如图 2-3(b)所示，A 点正面投影 a'在 OX 轴上方，即在 V 面上半部，水平投影 a 在 OX 轴下方，即在 H 面前半部。

(2)第Ⅱ象角内的点。如图 2-3(a)所示，B 点在 V 面之后，H 面之上，即 B 点在第Ⅱ象角。其正面投影 b'在上半 V 面上，水平投影 b 在后半 H 面上，投影面展开后，b'、b 都在 OX 轴上方，如图 2-3(b)所示。

(3)第Ⅲ象角内的点。如图 2-3(a)所示，C 点在 H 面之下，V 面之后。其正面投影 c'在下半 V 面上，水平投影在后半 H 面上，投影面展开后，c'在 OX 轴下方，c 在 OX 轴的上方，如图 2-3(b)所示。

(4)第Ⅳ象角内的点。如图 2-3(a)所示，D 点在 H 面之下，V 面之前。投影面展开后，在投影图中，d 和 d'都在 OX 轴下方，如图 2-3(b)所示。

2. 点在投影面上

如图 2-4(a)所示，当点在某投影面上时，此点在该投影面上的投影与点本身重合，另一投影在 OX 轴上。图中 E、F 点分别在前半 H 面上和后半 H 面上，G、K 点分别在上半 V 面和下半 V 面上，投影面展开后，前半 H 面与下半 V 面重合，后半 H 面与上半 V 面重合，在投影面上的点随投影面一起展开,如图 2-4(b)所示。

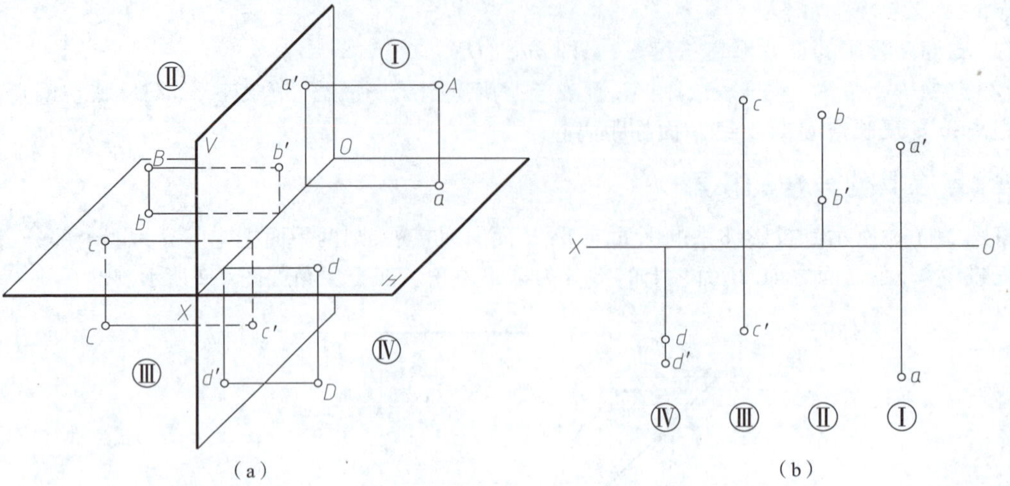

图 2-3　点在四个象角内

3. 点在投影轴上

如图 2-4(a)所示,*S* 点在 *OX* 轴上,即此点同时在 *V* 面和 *H* 面上,与投影面的距离均为零。*S* 点的投影 *s′*和 *s* 都在 *OX* 轴上,且与 *S* 点本身重合,如图 2-4(b)所示。

由以上各种位置点的投影规律可知,根据点的投影与 *OX* 轴的相对位置,可判定空间点在投影面体系中所处的位置:

(1)若点的水平投影位于 *OX* 轴的下方,则空间点必位于 *V* 面之前,反之,则在 *V* 面之后。

(2)若点的正面投影位于 *OX* 轴的上方,则空间点必位于 *H* 面之上,反之,则在 *H* 面之下。

(3)若点的一个投影位于 *OX* 轴上,则该点一定在投影面上。投影轴上点的两投影与它本身重合。

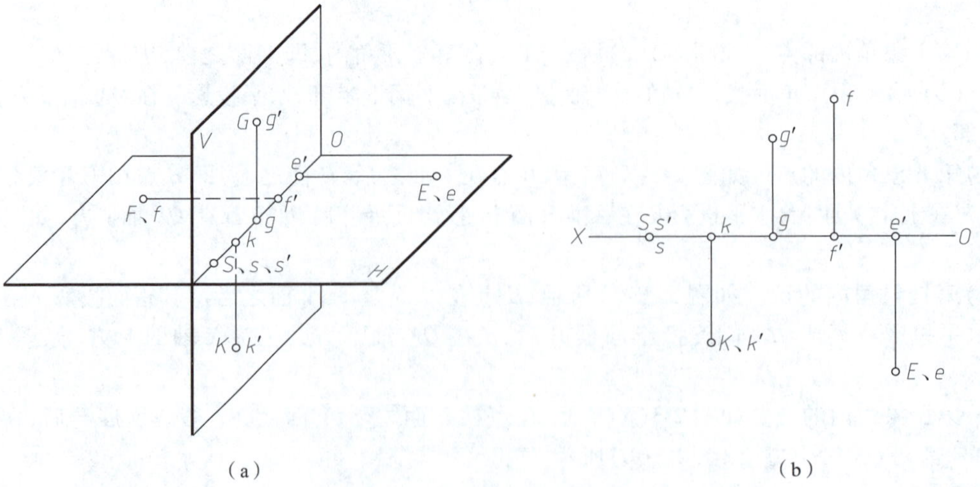

图 2-4　点在投影面和投影轴上

第二节　点的三投影

一、三投影面体系

点的两个投影已能确定点的空间位置，但当形体较复杂时，有时两个投影不能唯一确定空间形体，还需设置第三个投影面，画出第三投影。

如图 2-5 所示，设置 W 面使其同时垂直于 H 面和 V 面，作为第三投影面，称为**侧立投影面**，简称**侧面**。H、V、W 三个互相垂直的投影面构成三投影面体系。H 面与 W 面交线标记为投影轴 OY，V 面和 W 面的交线标记为投影轴 OZ。三个轴的交点称为**原点**，以字母 O 标记。

将三投影面体系展开后得到三投影图。画投影图时，需要将投影面展开，保持 V 面不动，H 面向下旋转，W 面向右旋转，摊平到与 V 面重合的位置，如图 2-5(b)所示。图 2-5(c)表示三投影面重合后不画边框的情况。在展开图中应注意到，同一条 OY 轴，旋转后出现两次，在 H 面上标记为 OY_H，在 W 面上的标记为 OY_W。

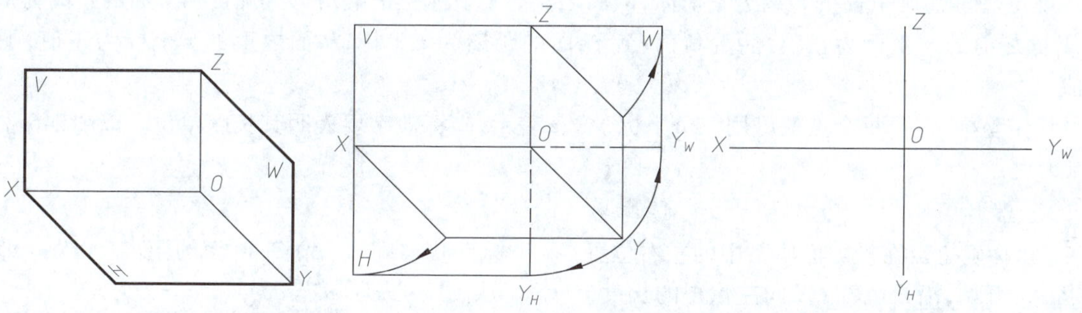

(a)　(b)　(c)

图 2-5　三投影面体系

二、点的三投影

如图 2-6(a)所示，在 H、V、W 三投影面体系中，设有一个空间点 A，过 A 分别向三个投影面作垂线，在 H、V 面上的投影为 a 和 a'，在 W 面上得垂足 a''，即 A 点的侧面投影。点的侧面投影规定用小写字母在其右上角加两撇表示（如 a''）。

在点的三投影中［见图 2-6(b)］，可证明 $a'a'' \perp OZ$，即一个点的正面投影与侧面投影的连线应垂直于 OZ 轴。

点的三投影规律［见图 2-6(a)、(b)］：

(1) $a'a_x = a''a_y$，反映空间 A 点到 H 面的距离。

(2) $aa_x = a''a_z$，反映空间 A 点到 V 面的距离。

(3) $a'a_z = aa_y$，反映空间 A 点到 W 面的距离。

(4) $a'a \perp OX$，即正面投影与水平投影的连线垂直于 OX 轴；$a'a'' \perp OZ$，即正面投影与侧面投影连线垂直于 OZ。

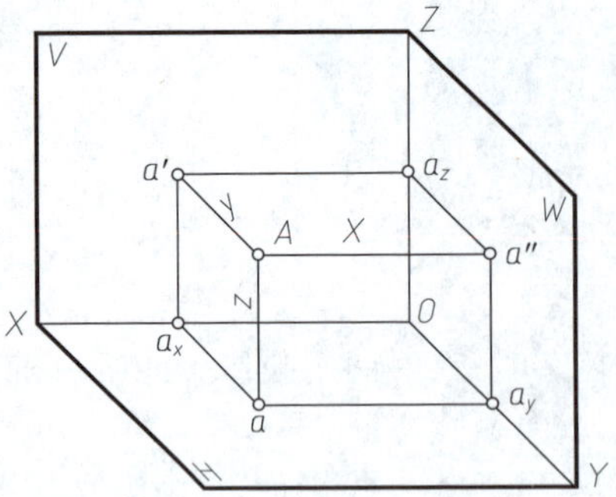

(a)

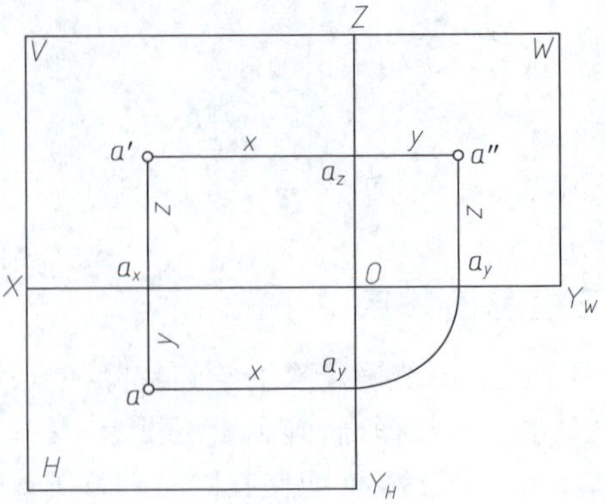

(b)

图 2-6　点的三投影

三、点的坐标

把三个投影面（H,V,W）作为坐标面，三条投影轴（OX,OY,OZ）作为**坐标轴**，三轴的交点（O）作为坐标**原点**，就构成坐标系。

规定空间点到 W 面的距离为 x 坐标，W 面之左的 x 坐标为正值，右为负值；到 V 面的距离为 y 坐标，V 面之前的 y 坐标为正值，后为负值；到 H 面的距离为 z 坐标，H 面之上的 z 坐标为正值，下为负值。

设定坐标系后，每个点就可用三个坐标 x、y、z 表示，坐标数字要表明其长度单位。以图 2-6 中的 A 点为例：

1. x 坐标

x 坐标确定点在投影面体系中的左右位置。x 坐标反映空间点（A）到 W 面的距离（Aa''）。即从原点（O）开始，沿投影轴 OX 向左量得的长度（Oa_x）。从图中可知：$Aa''=aa_y=a'a_z=Oa_x=x$。

2. y 坐标

y 坐标确定点在投影面体系中的前后位置。y 坐标反映空间点（A）到 V 面的距离（Aa'）。即从原点（O）开始，沿投影轴 OY 向前方量得的长度（Oa_y）。从图中可知：$Aa'=aa_x=Oa_y=a''a_z=y$。

3. z 坐标

z 坐标确定点在投影面体系中的上下位置。z 坐标反映空间点（A）到 H 面的距离（Aa）。即从原点（O）开始，沿投影轴 OZ 向上方量得的高度（Oa_z）。从图中可知：$Aa=a''a_y=Oa_Z=a'a_x=z$。

用坐标表示空间点的形式为 $A(x,y,z)$。

从展开图 2-6(b) 中知，坐标 x、z 决定点的正面投影 a'；坐标 x、y 决定点的水平投影 a；坐标 y、z 决定点的侧面投影 a''。用坐标表示为 $a'(x,0,z)$，$a(x,y,0)$，$a''(0,y,z)$。

四、由点的二投影补第三投影

点的任何两个投影必能反映出空间的三个坐标值。如 A 点的正面投影 $a'(x,0,z)$ 和水平投影 $a(x,y,0)$ 就反映了空间点 A 的 x,y,z 坐标。因此，已知点的两个投影，就能确定点的空间位置，补画出第三投影。

例 2-1　已知点 A(5,3,6)，先由坐标作出两投影，再补出第三投影。

作法　如图 2-7(a) 所示，先作出投影轴。自 O 点沿 OX 轴向左截量 5 个单位，得 a_x 点；自 a_x 作 OX 轴的垂线。在此垂线上，自 a_x 向下截量 $a_xa=y=3$ 个单位，得 A 点的水平投影 a。自 a_x 向上截量

$a_xa'=z=6$ 个单位，得点的正面投影 a'。

由点 A 的两投影 a、a'，补画第三投影 a''，作图步骤如下：

(1) 自 a' 作水平线平行于 OX，则 a'' 一定在这条水平线上。

(2) 因 a 到 OX 轴的距离等于 a'' 到 OZ 轴的距离，即 $aa_x=a''a_z=y$，所以用几何作图法将这段距离转移过去，就可求得 a''。

四种方法：

(1) 截量法：如图 2-7(a) 所示，用分规在 $a'a_z$ 的延长线上从 a_z 起截量 $a_za''=aa_x$ 以确定 a''。

(2) 画弧法：如图 2-7(b) 所示，自 a 作 $aa_y // OX$ 交 OY_H 于点 a_y。再以 O 为圆心，从 Oa_y 为半径画弧，将 OY_H 上 A 点的 y 坐标转移到 OY_W 轴上。从此点作垂线，与过 a' 的水平线相交，即得 a''。

(3) 弦截法：如图 2-7(b) 所示，只用三角板，过 a_y 作 45°线亦可得到 a''。

(4) 角分线法：如图 2-7(c) 所示，自点的水平投影 a 作 OX 轴的平行线，与经过 O 点平分 XOZ 角的 45°线相交，过交点作 OZ 轴的平行线，与过 a' 的水平线相交，即得侧面投影 a''。45°线上的交点与点的三投影 a、a'、a'' 必构成矩形的四个顶点。可由此来校核作图是否正确。

以上是已知正面投影和水平投影补侧面投影的作图过程。另外还可考虑：已知正面投影和侧面投影补水平投影或已知水平投影和侧面投影补正面投影的作图方法。注意作图过程要遵循点的投影规律。

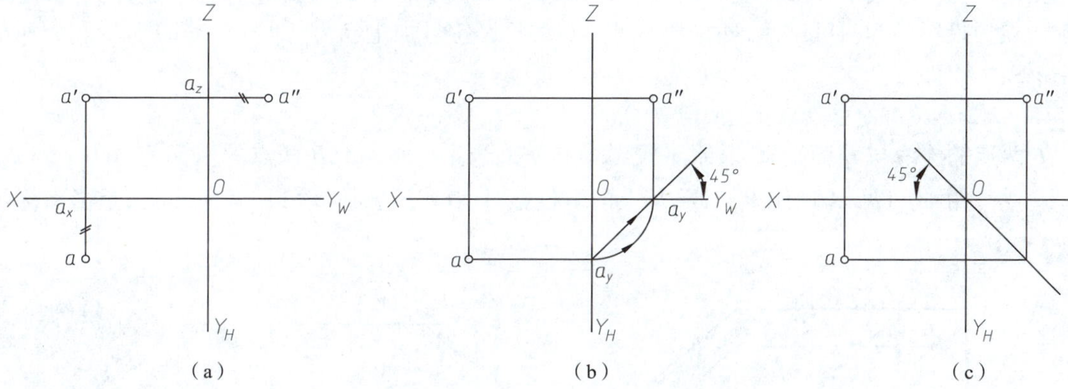

图 2-7　作第三投影

第三节　两点的相对位置

一、一般情况

设 A、B 为投影体系的任意两点。图 2-8(a) 所示为两点的空间位置，从图 2-8(b) 所示的投影图中，根据两点的 x，y，z 坐标的大小，能反映空间两点的相对位置。根据两点的 x 坐标，可判断它们的左右位置，如 $x_B>x_A$，则 B 点在 A 点之左；同理，由 $y_B>y_A$，可判断 B 点在 A 点之前；由 $z_B>z_A$，可判断 B 点在 A 点之上。

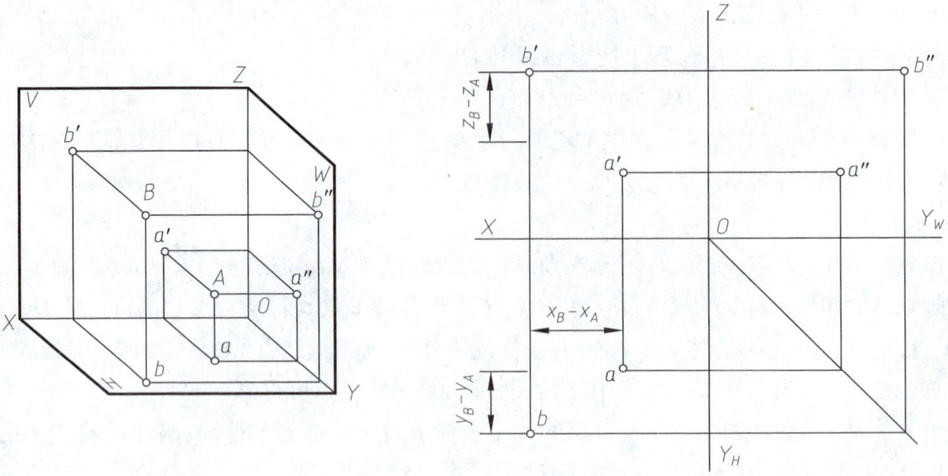

(a) (b)

图 2-8 两点相对位置

二、特殊情况

当空间两点位于某个投影面同一垂线上时，两点在该投影面上的投影重合为一点，简称为**重影点**。重影点的投影要标明可见性，规定把不可见点的投影符号加上括号，如图 2-9(b)所示。分如下三种情况：

1. 两点位于 *H* 面的垂直线上(见图 2-9)

A、*B* 两点的连线与 *H* 面垂直，其水平投影 *a* 和 *b* 重合为一点。*A*、*B* 两点的坐标关系为 $x_A=x_B$，$y_A=y_B$，$z_A>z_B$，由此可见，*A* 点比 *B* 点高，从上向下投影时，其水平投影 *a* 可见，*b* 不可见，重影点标记为 *a*(*b*)。

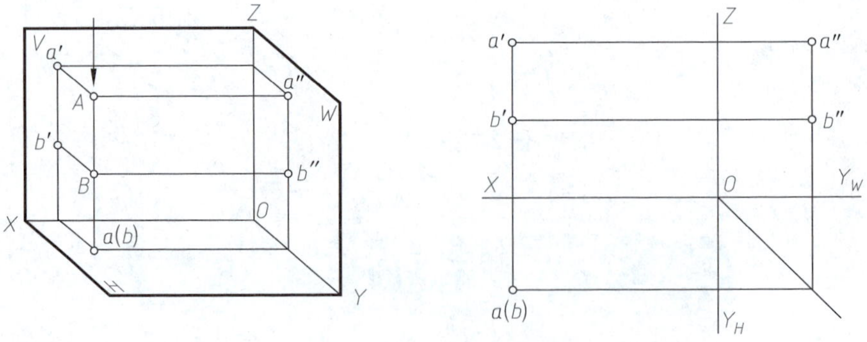

(a) (b)

图 2-9 两点连线垂直于 *H* 面

2. 两点连线垂直于 *V* 面(见图 2-10)

C、*D* 两点的连线与 *V* 面垂直，其正面投影 *c′*和 *d′*重合为一点。*C*、*D* 两点的坐标关系为 $x_C=x_D$，$z_C=z_D$，$y_C>y_D$，由此可知，*C* 点在前，*D* 点在后，从前向后投射时，其正面投影 *c′*可见，*d′*不可见，重影点标记为 *c′*(*d′*)。

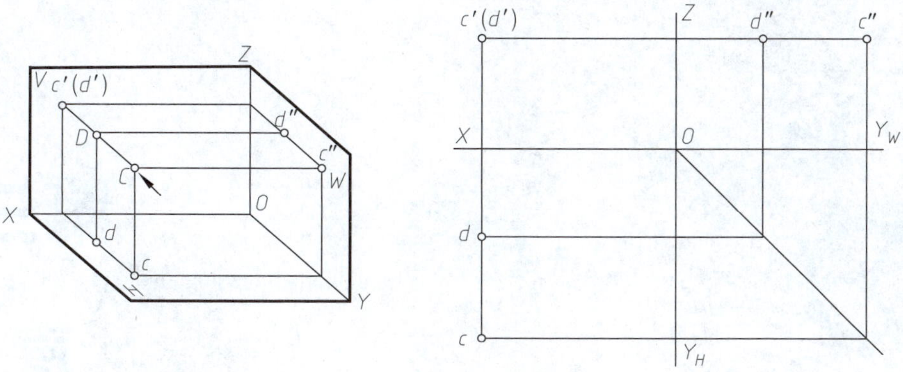

（a）　　　（b）

图 2-10　两点连线垂直于 *V* 面

3. 两点连线垂直于 *W* 面(见图 2-11)

E、*F* 两点连线垂直于 *W* 面,它们的侧面投影 e''和 f''重合为一点。*E*、*F* 两点的坐标关系为 $y_E = y_F$,$z_E = z_F$,$x_E > x_F$,由此可知,*E* 点在左,*F* 点在右,从左向右投影时,其侧面投影 e''可见,f''不可见,重影点标记为 $e''(f'')$。

由上可知,当两点投影未重合时,均可见。当空间两点的连线垂直于某投影面时,它们在该投影面上的投影重合。对重影点可见性,要根据其余两投影之一来判断这两点的空间位置,即高低、前后、左右的关系。

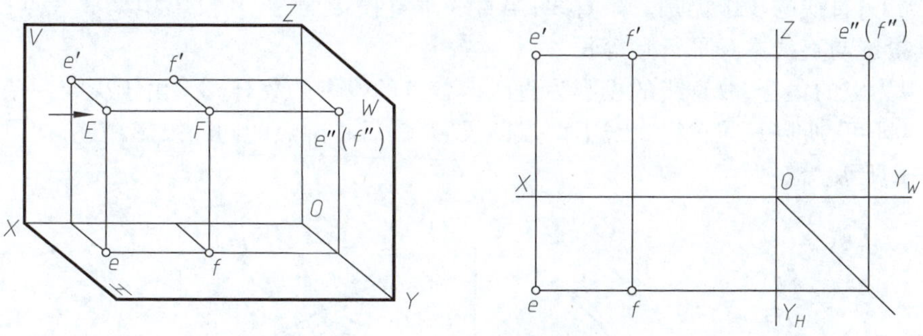

（a）　　　（b）

图 2-11　两点连线垂直于 *W* 面

第三章
直 线

第一节 直线的投影

一、直线的投影特性

一般情况下，直线的投影仍是一条直线；当直线垂直投影面时，其投影积聚成一点；当直线平行投影面时，其投影与直线本身平行且等长。

线可以视为点的集合，故直线的投影为直线上各点的投影的集合。又由于决定一条直线只需有直线上的两点即可，所以只需求得直线上两点的投影，然后将两点的同面投影相连，便得到了直线的投影，如图 3-1 所示。

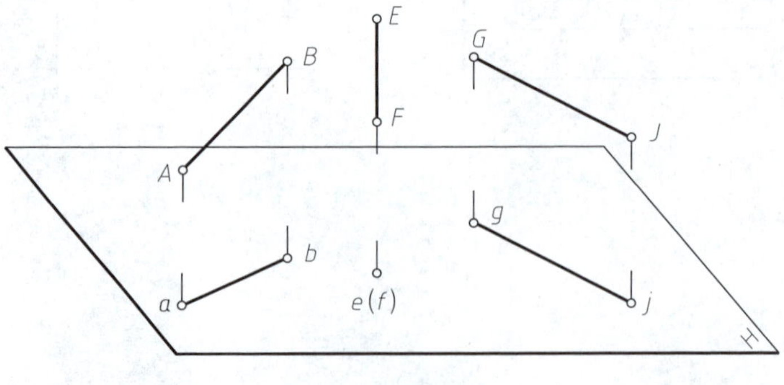

图 3-1 直线的投影

特殊地，当直线垂直于投影面时，如图 3-1 中直线 *EF* 垂直 *H* 面，则通过 *EF* 上各点的投射线重合成一条，且与直线 *EF* 本身重合，故投影 *ef* 成为一点。因为直线上各点的投影均积聚在这个成为一点的投影上，所以该投影称为直线的**积聚投影**，投影的这种性质称为**积聚性**。而当直线平行于投影面时，如图 3-1 中直线 *GJ* 平行 *H* 面，则直线的投射平面 *GJjg*（由通过直线上各点的投射线组成的平面）与 *H* 面交得的投影 *gj* 必定平行于 *GJ*，并因 *Gg* 和 *Jj* 均垂直于 *jg*，故图形 *GJjg* 为一矩形，所以 *gj* = *GJ*，即投影与直线本身等长，故该投影称为直线的**实长投影**，投影的这种性质称为**实长性**。

二、直线的表示方法

在投影图中，直线用粗实线绘出。直线的表示方法有端点表示法和单一字母表示法，如直线 AB 为直线的端点表示法，而直线 L 为直线的单一字母表示法，如图 3-2 所示。

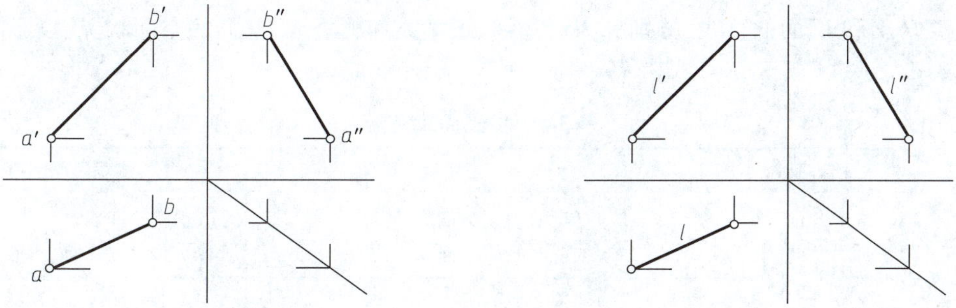

（a）用端点标记　　（b）用单一字母标记

图 3-2　直线的表示方法

因为直线的端点位置可由两个投影面上的投影来决定，所以一条直线由端点标记时，也只需直线的两个投影即可决定该直线的空间位置，并可由此求出直线的第三个投影。直线由单一字母标记时，一般情况下，作出过 l、l' 的两个投射平面，可以交得 L 的空间位置，但是，当直线平行于某投影面时，如用两个投影来表示这条直线，必须画出该直线所平行的投影面上的投影，如图 3-3(a) 中直线 L 平行 W 时，不能仅由 l 及 l' 表示 L，因为过 l 及 l' 的两个投射平面，实际上为一个平面，不能交得 L。但当画出 l'' 及另一投影（l 和 l' 中的任意一个）时，则过两个投影可以作出两个投射平面，从而可以交得直线 L 在空间的位置。

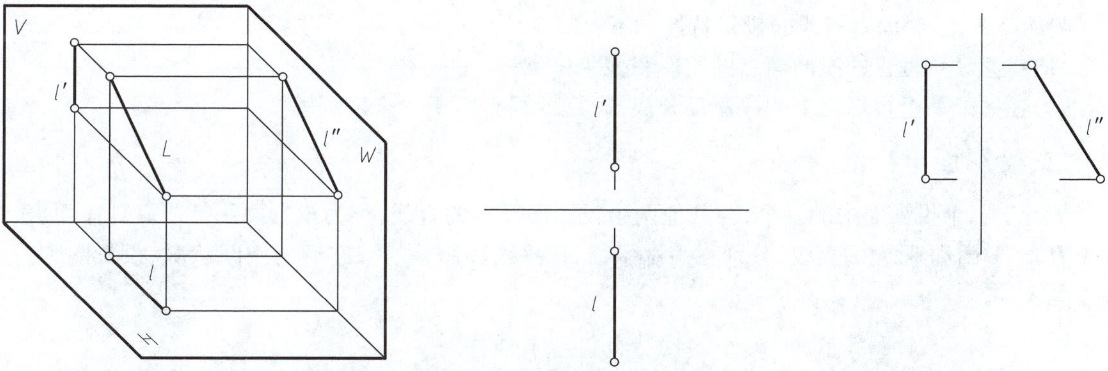

（a）空间状况　　（b）投影图不能表示 L　　（c）投影图能表示 L

图 3-3　平行于 W 面的直线用单一字母标记

第二节　直线对投影面的相对位置

根据直线对投影面的相对位置不同可分为一般位置直线、投影面平行线和投影面垂直线。与各投影面都倾斜的直线，称为**一般位置直线**；与任一投影面平行或垂直的直线，称为**特殊位置直线**，包括投影面平行线和投影面垂直线。

直线与投影面所成的夹角称为直线的**倾角**。直线对 H 面、V 面和 W 面的倾角，分别用小写希腊字母 α、β、γ 表示。

一、投影面垂直线

垂直于 H、V 和 W 面的直线，分别称为**铅垂线**、**正垂线**和**侧垂线**，它们的空间状况、投影图和投影特点见表 3-1。

表 3-1 投影面垂直线

	铅垂线（$\perp H$）	正垂线（$\perp V$）	侧垂线（$\perp W$）
空间位置特点	（1）垂直于 H 面 （2）平行于 V、W 面	（1）垂直于 V 面 （2）平行于 H、W 面	（1）垂直于 W 面 （2）平行于 H、V 面
投影图	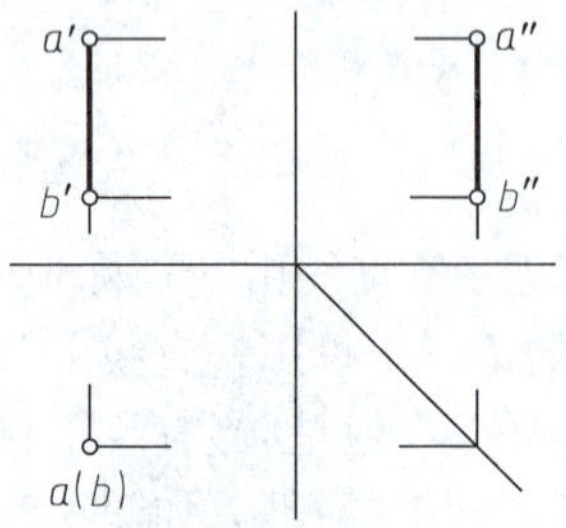	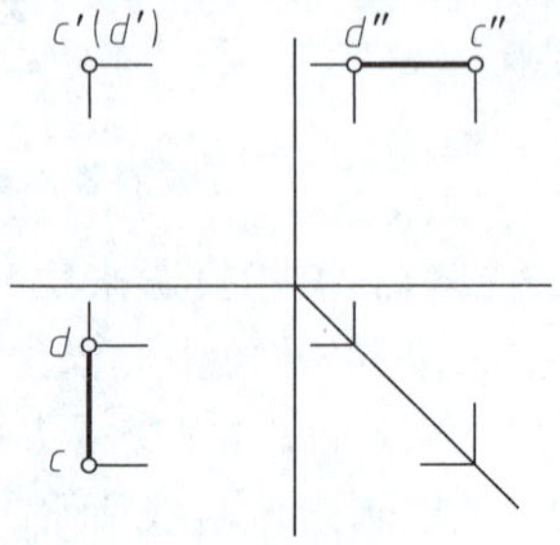	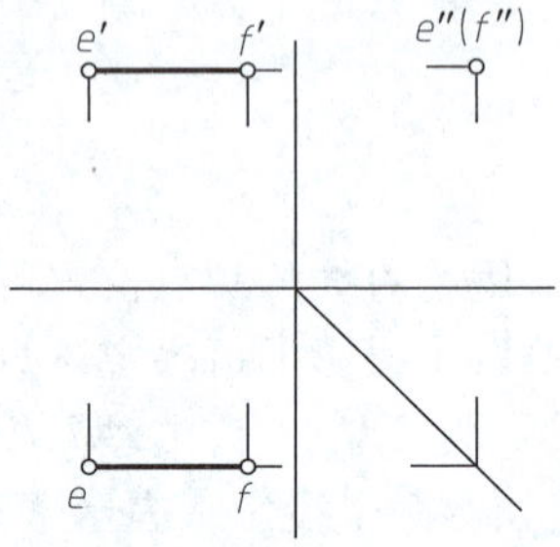
投影特点	（1）ab 积聚为一点 （2）$a'b'$、$a''b''$ 均为竖直方向 （3）$a'b'$、$a''b''$ 均反映实长	（1）$c'd'$ 积聚为一点 （2）cd 为竖直方向，$c''d''$ 为水平方向 （3）cd、$c''d''$ 均反映实长	（1）$e''f''$ 积聚为一点 （2）$e'f'$、ef 均为水平方向 （3）$e'f'$、ef 均反映实长

归纳而言，投影面垂直线的投影特性如下：

（1）**在直线所垂直的投影面上的投影积聚为一点**。

（2）**在另外两个投影面上的投影反映实长，且共同平行于一条投影轴**。

二、投影面平行线

平行于三个投影面中的一个，与其他两个投影面倾斜的直线，称为**投影面平行线**。具体而言，平行于 H 面、V 面和 W 面的直线，分别称为**水平线**、**正平线**和**侧平线**。它们的空间状况、投影图和投影特性见表 3-2。

表 3-2 投影面平行线

	水平线（$/\!/ H$）	正平线（$/\!/ V$）	侧平线（$/\!/ W$）
空间位置特点	（1）平行于 H 面 （2）倾斜于 V、W 面	（1）平行于 V 面 （2）倾斜于 H、W 面	（1）平行于 W 面 （2）倾斜于 V、H 面
投影图	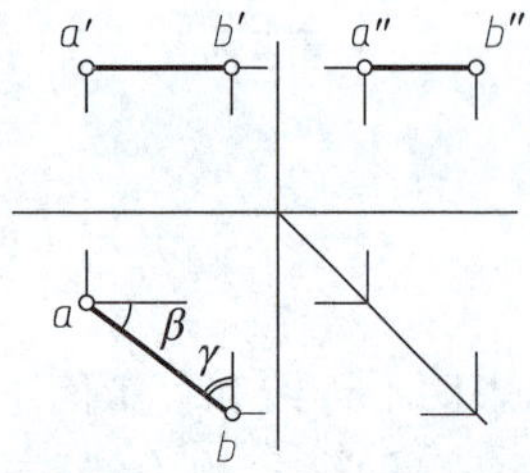	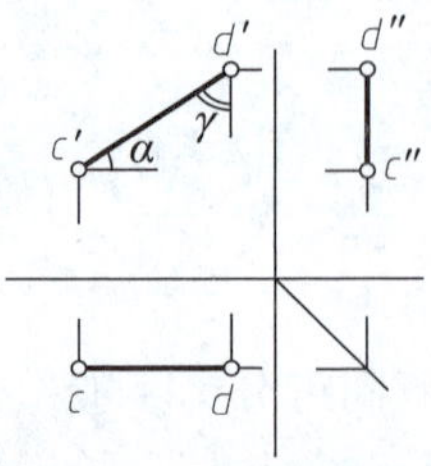	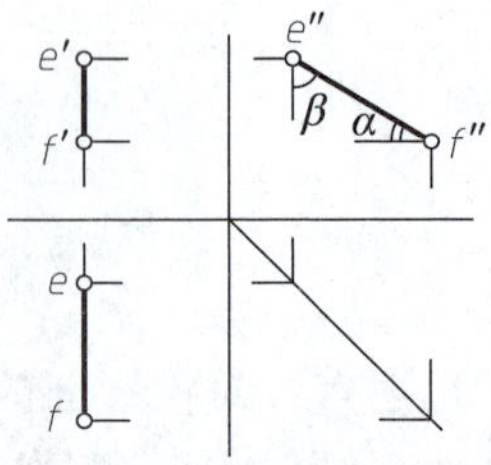

续上表

	水平线(//H)	正平线(//V)	侧平线(//W)
投影特点	(1)$a'b'$、$a''b''$均为水平方向 (2)ab 反映实长 (3)ab 与水平线间夹角反映 β,与竖直线间夹角反映 γ	(1)cd 为水平方向,$c''d''$为竖直方向 (2)$c'd'$反映实长 (3)$c'd'$与水平线间夹角反映 α,与竖直线间夹角反映 γ	(1)ef、$e'f'$均为竖直方向 (2)$e''f''$反映实长 (3)$e''f''$与水平线间夹角反映 α,与竖直线间夹角反映 β

归纳而言,投影面平行线的投影特性:

(1)**在直线平行的投影面上的投影,平行于直线本身,反映实长,且该实长投影与水平或竖直方向间的夹角,分别反映了直线对其他两个投影面倾角的大小。**

(2)**在直线不平行的两个投影面上的投影,共同垂直于一条投影轴。**

三、一般位置线

一般位置线的各投影均倾斜于投影轴,既无积聚性,也无实长性,且各投影长度均小于线段的真实长度,且在投影图中,一般位置线的各倾角均不能直接反映出来,如图 3-4 所示。

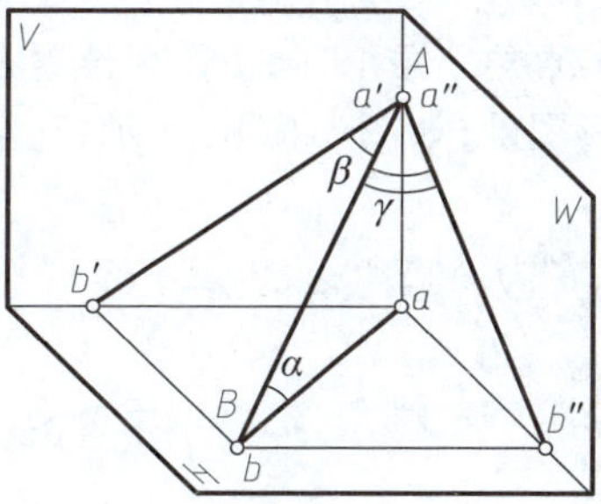

(a)

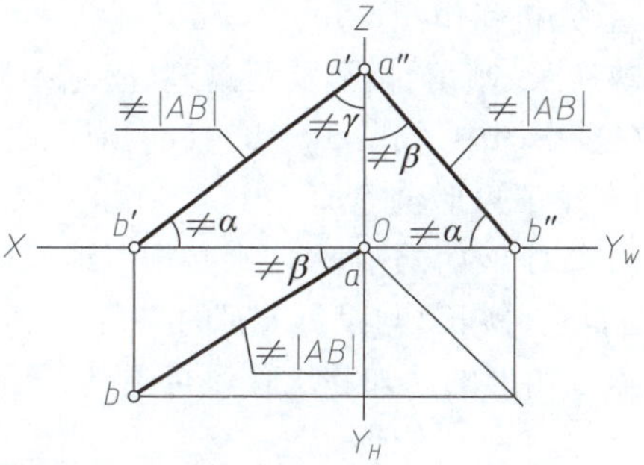

(b)

图 3-4　一般位置线的投影不反映实长和倾角

尽管一般位置线的投影不反映实长和倾角,但可以通过一定的作图过程求作出实长和倾角,方法主要有两种:**直角三角形法**和**辅助投影面法**(亦称**换面法**),其中直角三角形法是最基本的方法。

如图 3-5(a)所示,由 A 点作水平线 AB_1//ab,与 Bb 交于 B_1。因 $Bb\perp ab$,故在$\triangle ABB_1$中,$BB_1\perp AB_1$,因而$\triangle ABB_1$是一个直角三角形。AB 为该直角三角形的斜边;$\angle BAB_1=\alpha$;底边 $AB_1=ab$;另一直角边 $BB_1=Bb-B_1b=Bb-Aa$,即为 A、B 两点离开 H 面的高度差 Δz,可由 a'、b'两点的高度差 Δz 表示出来。

图 3-5(b)、(c)反映了由投影图求实长和倾角的作图过程:在图 3-5(b)中,以 ab 为一直角边,过 b(或 a)作线垂直 ab,并在其上量取 $\Delta z=|z_A-z_B|$为另一直角边,连出斜边即为 AB 的实长,实长与 ab 的夹角即为 α;在图 3-5(c)中,以 $a'b'$为一直角边,过 a'(或 b')作线垂直 $a'b'$,并在其上量取 $\Delta Y=|Y_A-Y_B|$为另一直角边,连出斜边即为 AB 的实长,实长与 $a'b'$的夹角即为 β。

由此可知,利用空间分析出来的直角三角形,可以建立①投影、②线段两端点到相应投影面的距离差、③线段的实长、④线段对投影面的倾角四个因素之间的相互关系,因而已知任意两个因素都可通过作出直角三角形来求得其余两个因素。这种利用直角三角形求线段实长和倾角的方法,称为**直角三角形法**。

重要的是必须弄清楚:求 α 时,要以 ab 长度为一直角边,Δz 为另一直角边,α 是斜边(即实长)与投影 ab 的夹角;求 β 时,则要以 $a'b'$ 的长度为一直角边,Δy 为另一直角边,β 是斜边(即实长)与投影 $a'b'$ 的夹角。当然,直角三角形(分别包含 α、β)的斜边是等长的,因为它们都等于线段的实长。

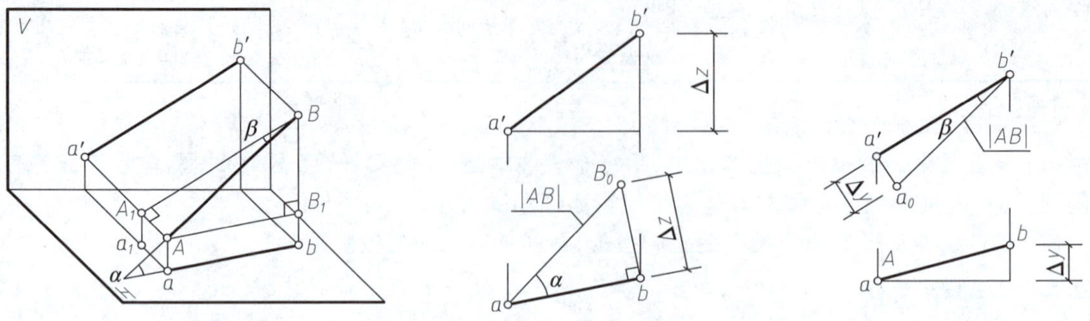

(a)空间状况　　(b)实长和 α 角　　(c)实长和 β 角

图 3-5　线段 AB 的实长和倾角 α、β

通过以上分析和作图可知:

(1)反映实长、倾角、投影及距离差(坐标差)四者关系的直角三角形,画在什么位置是无关紧要的,可以画在投影图中,如图 3-5(b)、(c)所示,亦可画在投影图外,如图 3-6(b)所示,它们均与空间分析出来的直角三角形全等。

(2)若需求对 W 面的倾角 γ,则必须以线段的 W 投影 $a''b''$ 为一直角边,以 $\Delta x = |x_A - x_B|$ 为另一直角边,γ 是斜边(实长)与投影 $a''b''$ 的夹角。

(3)直角三角形的已知和求作是可逆的,既可以由投影求实长、倾角,也可以反过来由实长或倾角求投影。

例 3-1　设直线 AB 长 27 mm,倾角 $\alpha = 45°$,$\beta = 30°$,如图 3-6(a)所示,已知其左、前、下方端点 A 的投影 a、a',作全 AB 的投影。

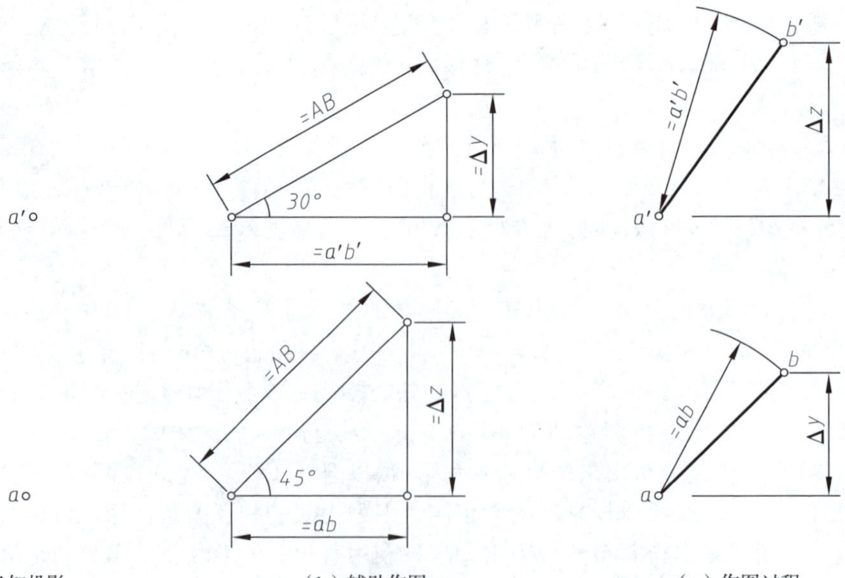

(a)已知投影　　(b)辅助作图　　(c)作图过程

图 3-6　已知直线的实长和倾角,补全投影

解　已知实长和倾角，可作出反映实长和倾角的两个直角三角形，于是可得到投影的长度 ab、$a'b'$ 和坐标差 Δy、Δz。由于两个直角三角形的作图位置与求解结果无关，只要它们与空间分析出来的直角三角形全等即可，故图 3-6(b)的辅助作图安排在投影图外的空白地方。图 3-6(c)是利用辅助作图求作出来的 $a'b'$、ab、Δy 及 Δz，进一步作出 b' 和 b，连接 $a'b'$ 及 ab，即得到直线的两面投影。

第三节　直线上点

一、直线上点的投影特性

1. 从属性

直线上一点的投影必在该直线的同名投影上，如图 3-7(a)所示，直线 AB 上有一点 C，则 C 点的 H 面投影 $c\in ab$（直线 AB 的 H 面投影），C 点的 V 面投影 $c'\in a'b'$（直线 AB 的 V 面投影），C 点的 W 面投影 $c''\in a''b''$（直线 AB 的 W 面投影）。

2. 定比性

直线上各线段同名投影的比值相等，均等于直线上各线段实长之比。如图 3-7 所示，即 $ac:cb=a'c':c'b'=a''c'':c''b''=|AC|:|CB|$。

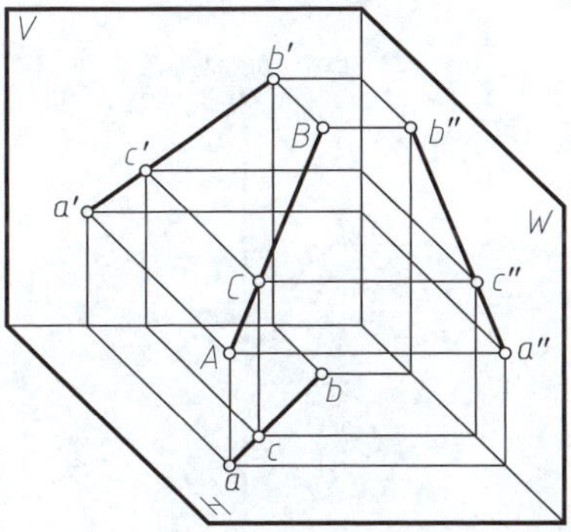

（a）空间状况

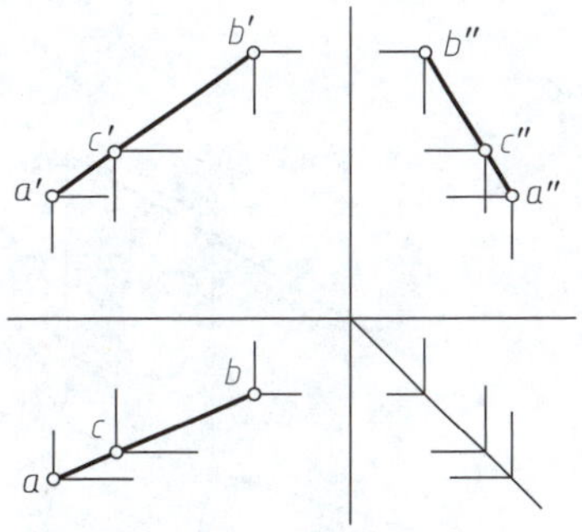

（b）投影图

图 3-7　直线上 C 点的投影

二、点在直线上的判定

一点的各投影如分别在直线的各同名投影上，则空间该点必在直线上。一般地，可由它们的任意两个投影来决定空间点是否在直线 AB 上。如图 3-7 所示，由 c 及 c' 所引的 H 面及 V 面的垂直线（即投射线），必位于通过 ab 及 $a'b'$ 垂直于 H 面及 V 面的平面（即投射平面）内，因而投射线的交点 C 必位于两投射平面的交线 AB 上。特殊地，当直线平行于某一投影面时，判定点是否在直线上，方法有两种：

(1)观察所平行的那个投影面的投影，如图 3-8 所示，C 点在直线 AB 上，虽然 d 位于 ab 上，d' 位于 $a'b'$ 上，但观察 W 投影 d'' 不在 $a''b''$ 上，故 D 不在 AB 上。

(2)定比法，即检验 $a'd':d'b'=ad:db$ 是否成立，若成立则 D 在 AB 上，反之则不在。

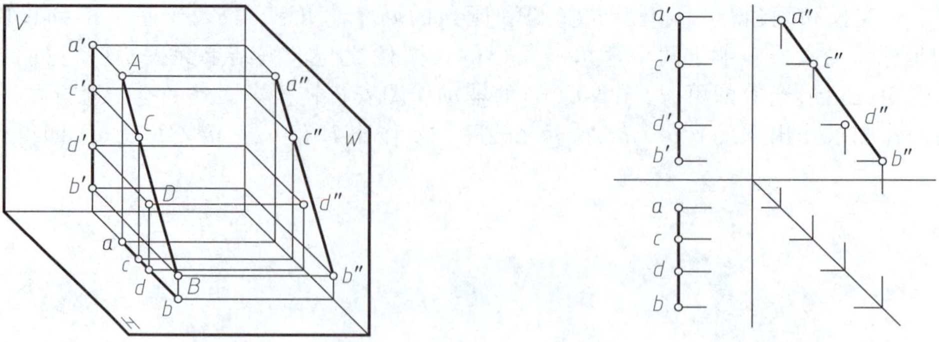

（a）空间状况　　（b）投影图

图 3-8　W 面平行线上的点

例 3-2　如图 3-9 所示，已知 AB 的投影 ab 及 $a'b'$，该直线上有一点 C，使 $|AC|:|CB|=3:2$，试定出 C 点的投影。

解　过 a 作任意直线 $a5$，以任意长度为单位，在 $a5$ 上，由 a 点连续量取五个单位，得点 $1,2,3,4,5$。作连线 $b5$，过 3 作 $b5$ 的平行线，与 ab 交得 c，则 $ac:cb=3:2$，过 c 作投影连线，定得 c'。

例 3-3　如图 3-10 所示，已知一条 W 面平行线 AB 的投影 ab 和 $a'b'$ 以及 AB 上的 C 点投影 c，试不利用 W 投影作出 c'。

解　利用定比性，作辅助线 $b'a_1=ba$，$b'c_1=bc$，过 c_1 作 $c_1c'/\!/a_1a'$ 即可与 $a'b'$ 相交得 c'。

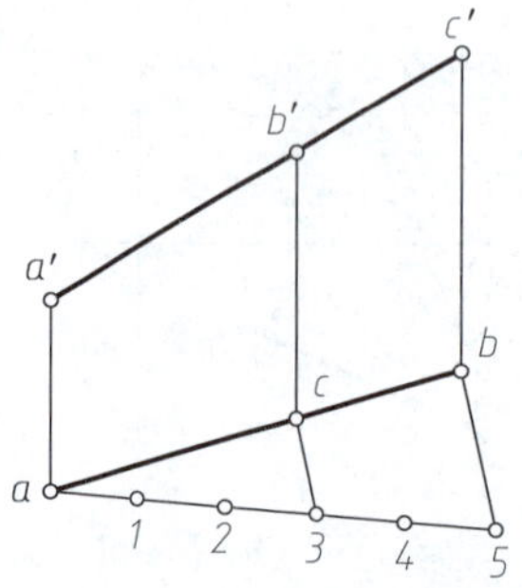

图 3-9　求直线段 AB 上的分点 C

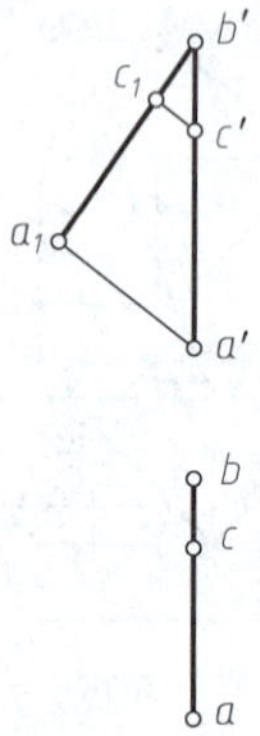

图 3-10　求 W 面平行线上的分点 C

三、直线的迹点

直线与投影面的交点，称为**迹点**。如图 3-11 中直线 AB 延长后，与 H 面、V 面的交点 C、D，分别称为**水平迹点**和**正面迹点**。同样地，直线与 W 面的交点称为**侧面迹点**。

由迹点的定义，我们不难看出迹点的双重特性。第一，迹点是直线上的点；第二，迹点是投影面上的点。因而迹点的投影应具备以下特点：迹点在它所在的投影面上的投影，与其本身重合，另外两个投影则在投影轴上；而且，迹点的投影还应分别在直线的同名投影上。

例 3-4　如图 3-11(b) 所示，已知直线 AB，求 AB 的 H 面迹点 C 和 V 面迹点 D。

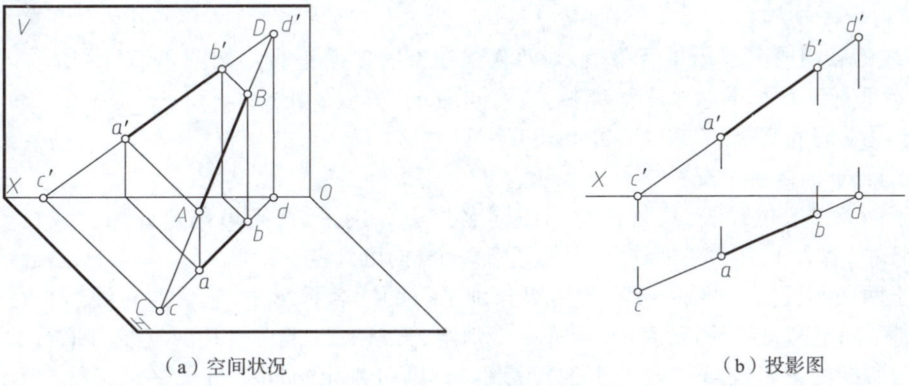

图 3-11　直线的迹点

解　已知 ab、$a'b'$，则延长 $a'b'$ 与 OX 轴交于点 c' 是 H 面迹点 C 的 V 面投影；由 c' 作竖对正线，与 ab 交于 c；同样延长 ab，与 OX 轴交于 d，是 V 面迹点 D 的 H 面投影，由 d 作竖对正线，与 $a'b'$ 交得 d'。

第四节　两直线的相对位置

空间两直线的相对位置有三种：平行、相交及交叉，其中相交和交叉中包含垂直这种特殊情况。

一、平行

1. 两直线平行的性质

空间两直线互相平行，则它们的同名投影亦必互相平行；且两直线的同名投影的长度比值都与它们本身实长比值相等，因而各同名投影间的比值也相等。

如图 3-12(a)所示，直线 AB 平行于 CD，过 AB 和 CD 所作的垂直于 H 面的两个投射平面亦必互相平行，因而与 H 面交得的投影 ab 和 cd 也一定平行。同理，V 面和 W 面的投影亦必相互平行，即 $a'b' /\!/ c'd'$，$a''b'' /\!/ c''d''$。三面投影图如图 3-12(b)所示。此外，由于两直线平行，因此这两直线对 H 面的倾角 α 相等。又因为 $ab = |AB|\cos\alpha$，$cd = |CD|\cos\alpha$，所以 $ab : cd = |AB| : |CD|$，同理 $a'b' : c'd' = |AB| : |CD|$，$a''b'' : c''d'' = |AB| : |CD|$，故 $ab : cd = a'b' : c'd' = a''b'' : c''d''$。

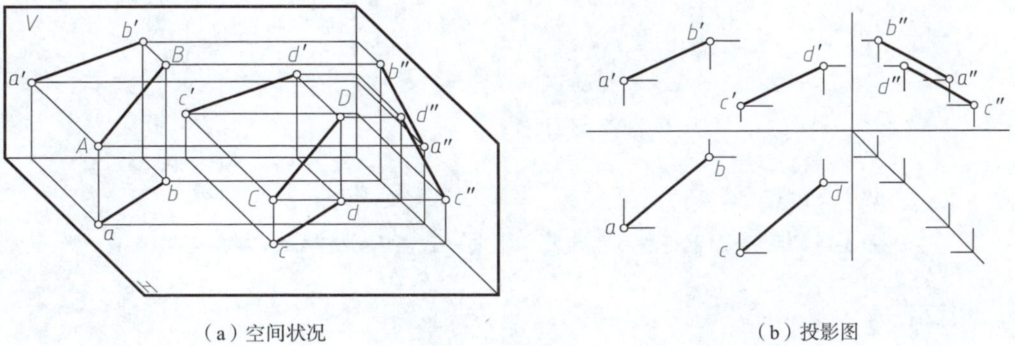

图 3-12　两直线平行

2. 两直线平行的判定

若两直线的各组同名投影相互平行，则两直线在空间亦必平行。如图 3-13（a）所示，若 $ab/\!/cd$，则过 ab 和 cd 垂直于 H 面的两个平面亦相平行，同理 $a'b'/\!/c'd'$，则过 $a'b'$ 和 $c'd'$ 垂直于 V 面的两个面亦相平行，于是它们的交线 AB 和 CD 亦必相互平行。

判定原则分下面两种情况：

（1）对于两条一般位置线，只要任意两组同名投影分别平行，则可判定此两直线在空间平行。如图 3-12（b）中，省去 V、H、W 三个投影中的任意一个，仍可判定平行。

（2）对于两条某投影面的平行线，若两组分别平行的同名投影中，包含两直线所平行的投影面上的投影，则可确定两直线平行，否则，须进一步判定，方法有二：第一，补两直线所平行的投影面上的投影（亦即所缺的第三投影），若补出的投影平行，则可判定空间二直线平行，反之则不平行，如图 3-13 所示；第二，依据定比且指向一致原则，即各同名投影的比值相等，而且指向相同，则可肯定两直线平行。反之亦然，特别注意，定比和指向应同时满足，二者缺一不可，如图 3-14 所示。

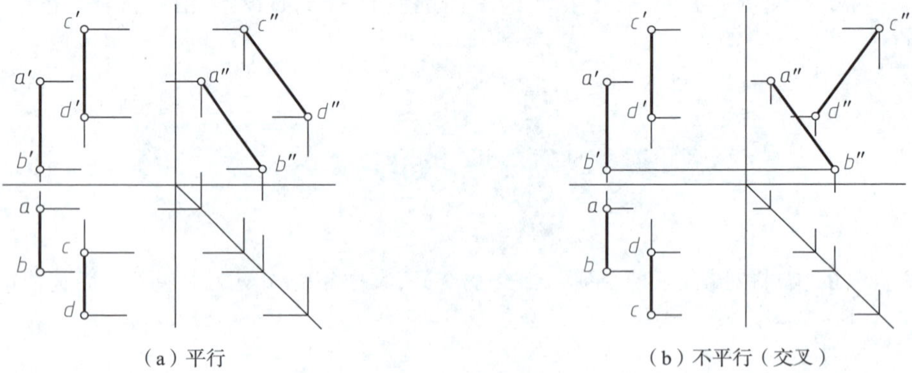

图 3-13　用补 W 投影的方法判定直线 AB、CD 是否平行

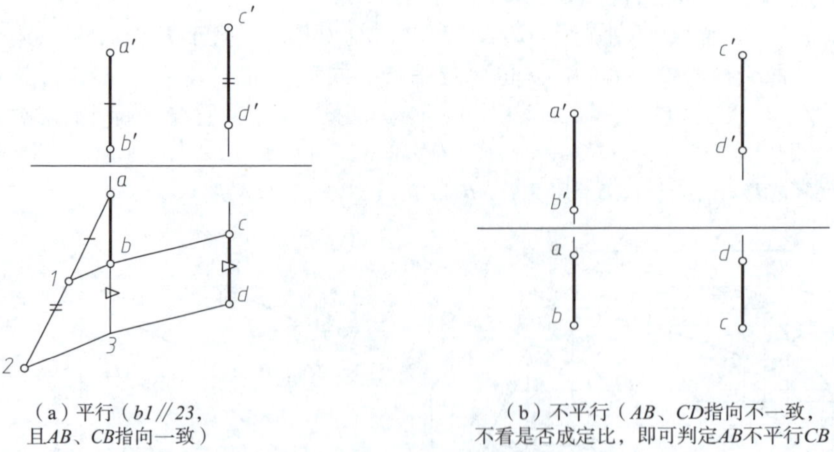

图 3-14　两 W 面平行线利用定比和指向一致原则判定 AB、CD 是否平行

二、相交

1. 两直线相交的性质

两直线相交，则它们的同名投影必相交，而且投影的交点是空间同一点的投影，必满足“竖对

正、高平齐、宽相等”的投影规律。如图 3-15(a)所示，两直线 AB 和 CD 相交于 K 点，因 K 在 AB 上，也在 CD 上，所以 k 必在 ab 上，又在 cd 上，即 k 为 ab 和 cd 的交点。同理，k' 为 $a'b'$ 和 $c'd'$ 的交点，k'' 为 $a''b''$ 和 $c''d''$ 的交点。

2. 两直线相交的判定

若两直线的各组同名投影分别相交，且投影的交点满足空间同一点的三面正投影规律，则两直线在空间必相交。如图 3-15(b)所示，因为 k 和 k' 分别在 ab 和 $a'b'$ 上，可知空间点 K 在 AB 上，同理可知点 K 在 CD 上，即 AB 和 CD 相交于 K 点，K 点的空间位置则过 k 和 k' 分别作 H 面和 V 面的垂线，即可交出。判定原则的进一步简化可分下面两种情况来讨论：

(1)对于两条一般位置线，只要任意两组同名投影，符合上述条件，即可判定两直线在空间相交，如图 3-15 中省去 V、H、W 三个投影中任意一个仍可判定 AB 和 CD 相交。

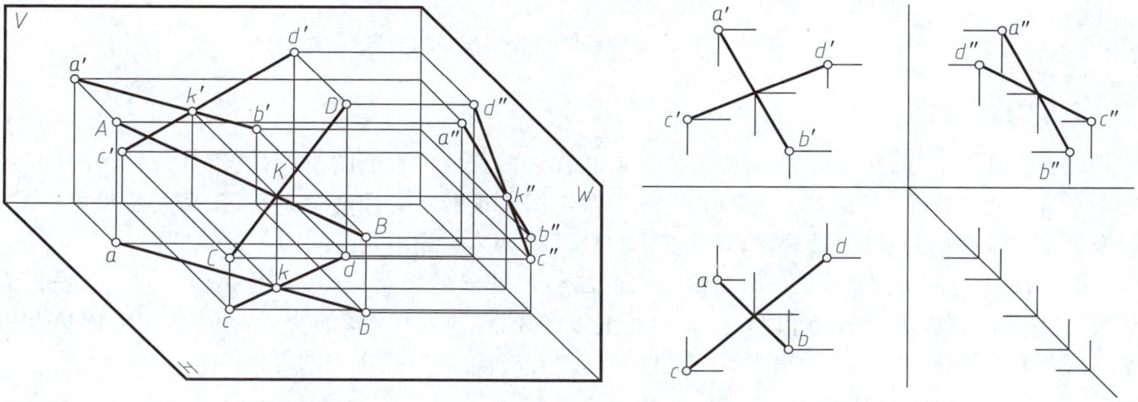

(a) 空间状况　　　　(b) 投影图

图 3-15　相交两直线

(2)两条直线中只要有一条为某一投影面的平行线，则要看满足上述相交条件的两个投影是否包含该平行投影面的投影，若包含，则可判定相交，否则，须作进一步判定。方法有两种：第一，补平行投影面的投影，若补出的投影相交，且交点与另两个投影的交点满足同一点的三面正投影规律，则可判定相交，反之亦然，如图 3-16 所示；第二，利用定比性，判定 K 点是否在投影面的平行线上，若成定比，则 K 点在此投影面平行线上，即可判定两直线相交，否则，两直线不相交(必为交叉)，如图 3-17 所示。

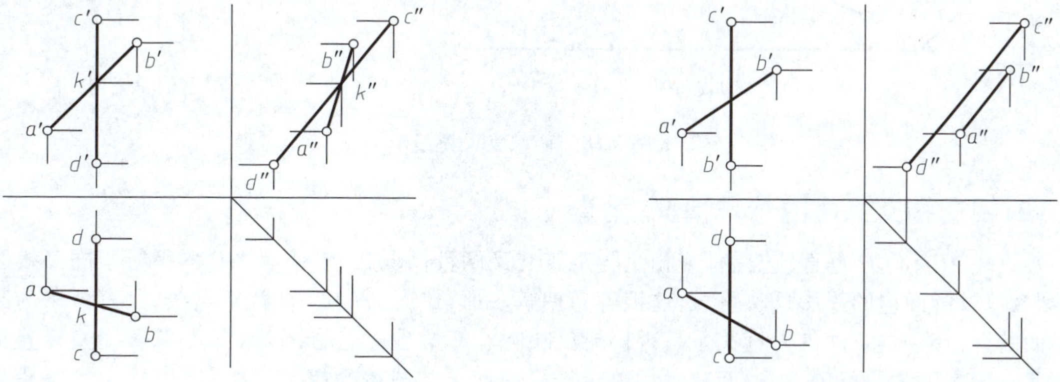

(a) 相交　　　　(b) 不相交(交叉)

图 3-16　有一条 W 面平行线时两直线相交的判定(补 W 投影)

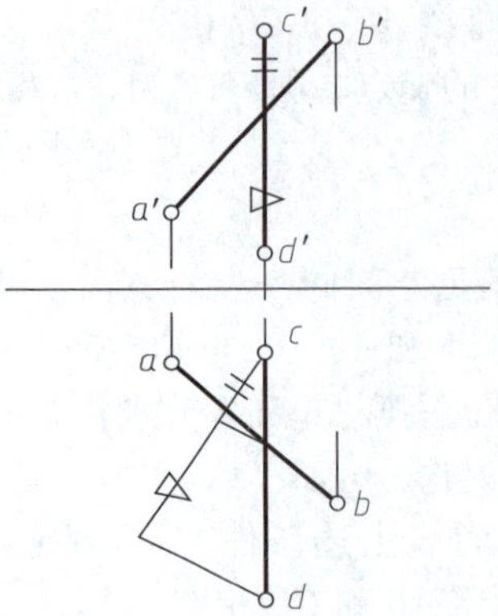

（a）相交　　（b）不相交（交叉）

图 3-17　有一条 W 面平行线时两直线相交的判定（定比法）

三、交叉

两直线既不平行，又不相交时，称为**交叉直线**或**异面直线**。它们的投影，既不具备平行的特性，亦不具备相交的特性，即**两直线交叉时，它们的各组同名投影不会同时分别平行，若同名投影相交，投影的交点不会同时满足“竖对正、高平齐、宽相等”**。因为它们不是空间同一点的投影。

图 3-18 中有两条交叉直线 *AB* 和 *CD*，*H* 面投影 *ab* 和 *cd* 的交点 *k*、*l*，实际上是位于同一条垂直于 *H* 面的投射线上的 *AB* 上 *K* 点和 *CD* 上 *L* 点的重影点，同样，*a′b′*和 *c′d′*的交点 *m′*、*n′*为 *CD* 上 *M* 点和 *N* 点两个重影点的投影。利用重影点可见性的判别方法，可确定投影中的可见性。

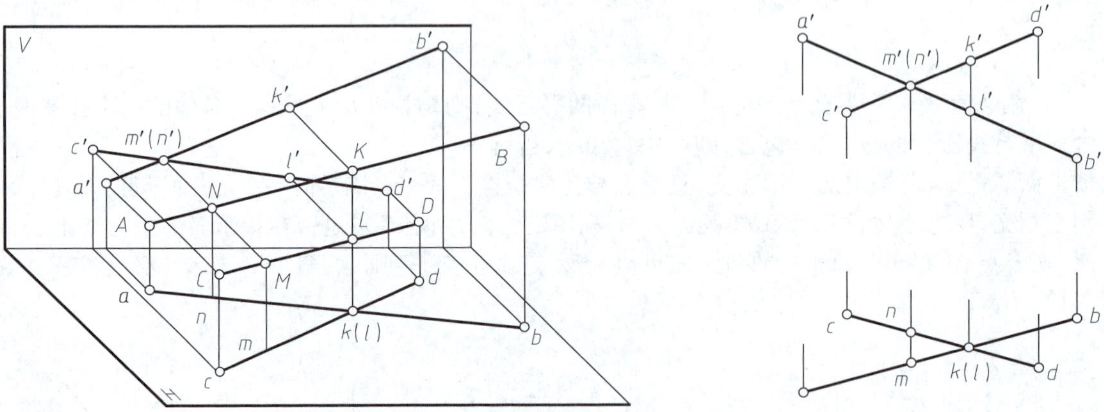

（a）空间状况　　（b）投影图

图 3-18　两条交叉直线

四、相交和交叉中的特殊情况：垂直

两直线 *AB* 和 *CD* 垂直（包括垂直相交与垂直交叉两种情况），当 *AB* 和 *CD* 均平行于同一投影面时，则在该投影面内的投影反映垂直，这很容易理解。那么，当 *AB* 和 *CD* 两条直线，只有一条为某一投影面的平行线时，空间的垂直关系是否仍能反映呢？答案是肯定的，也就是说：**只要垂直两直线之一为某一投影面的平行线，则这两直线在该平行投影面上的投影也垂直**，这一结论称为**直角投影法则**。简要证明如下：

在图 3-19（a）、（b）中，$\angle ABC = 90°$，其一边 *AB* 为水平线，另一边 *BC* 为一般位置线，现要证明

$\angle abc = 90°$。

因为 $AB \perp BC$, $AB \perp Bb$，所以 $AB \perp$ 平面 $BbcC$。

因为 $ab /\!/ AB$，所以 $ab \perp$ 平面 $BbcC$。

故 $ab \perp bc$ 即 $\angle abc = 90°$。

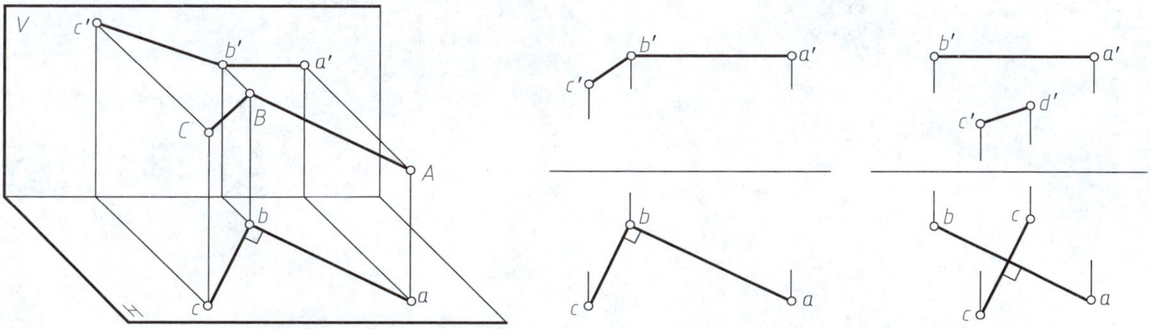

（a）空间状况　（b）垂直相交　（c）垂直交叉

图 3-19　一条线平行于投影面时的两线垂直

显然，上述直角投影法则的逆过程也是成立的，即：**两直线之一为某投影面平行线，若两直线在该投影面上的同名投影垂直，则空间两直线必垂直。**

应该注意到：在图 3-19（a）中，我们同样可以证得：若 $ab \perp bc$ 则 $AB \perp BC$，但在其他投影面上的投影，则不具备这种空间垂直和投影垂直的一致关系，即 $a'b'$ 不垂直 $b'c'$，$a''b''$ 不垂直 $b''c''$。

例 3-5　在图 3-20 中求 A 点到 V 面平行线 CD 的真实距离（设垂足为 B）。

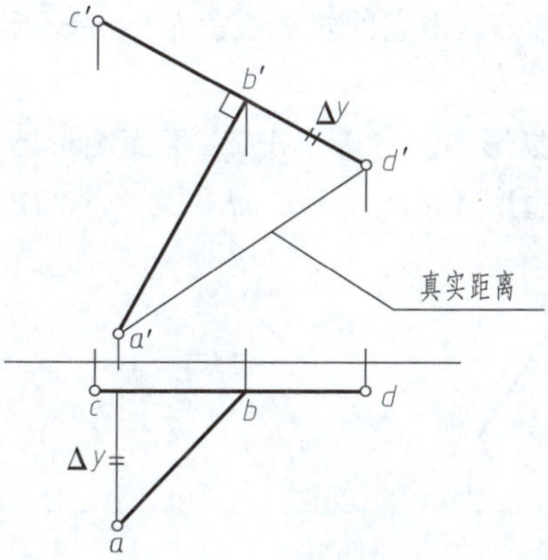

图 3-20　点 A 到直线 CD 的距离

解　因为直线 CD 平行于 V 面，故 AB 和 CD 的 V 面投影反映垂直，作图时，过 a' 作 $a'b' \perp c'd'$，垂足为 b'，由此求出 b，连接 ab，利用直角三角形法，作出真实距离。

第四章

平　面

第一节　平面的投影

一、平面的投影特性

一般情况下，直线的投影仍是一条直线；当直线垂直投影面时，其投影积聚成一点；当直线平行投影面时，其投影与直线本身平行且等长。

平面图形的形状、大小和位置等是由它的轮廓线决定的，故平面图形的投影由其轮廓线的投影表示。

图 4-1 所示为一个三角形的投影图。一般情况下，平面图形的投影仍是一个图形，但形状大小均可发生变化，如图 4-2(a)中四边形 *ABCD* 投影 *abcd* 仍为一个四边形，但形状不同。

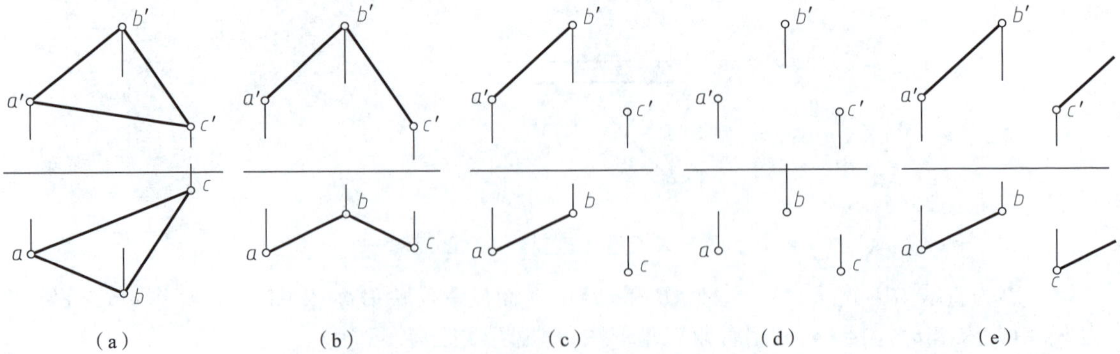

图 4-1　平面的表示方式

特殊地，平面垂直于某投影面时，其投影积聚成一条直线。如图 4-2(b)中，平面 *P* 垂直于 *H* 面，则 *H* 面投影 *p* 为一直线，平面内任何图形的 *H* 投影均积聚在此直线上，该投影为平面的积聚投影，即平面投影的**积聚性**。

平面图形平行于某一投影面时，其投影反映平面图形的真实形状和大小。如图 4-2(c)中平面

ABCD 平行 *H* 面，其 *H* 面投影 *abcd* 的各边与 *ABCD* 的各边对应平行且长度相等，故 *abcd* 和 *ABCD* 全等，即平面投影的**实形性**。

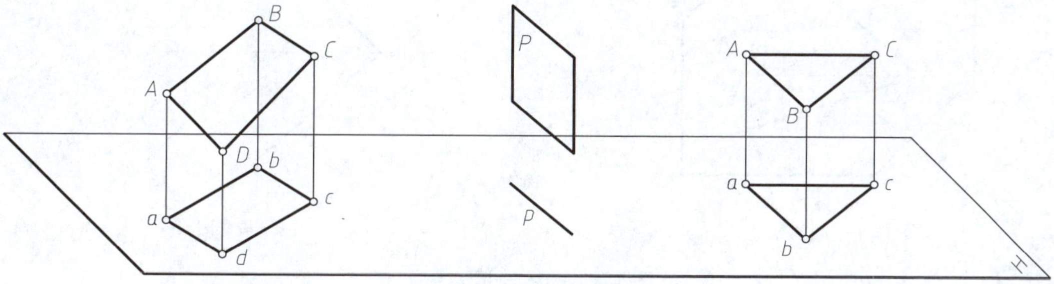

（a）平面倾斜于投影面　（b）平面⊥投影面　（c）平面//投影面

图 4-2　平面的投影特性

二、平面的表示方法

广义上的平面是无限的，但在图学中，通常存在两种表达平面的方式：一种是用平面内的一个具体图形（即平面图形）来表达平面，这时既要确定平面图形的空间位置，又要确定平面图形的形状和大小；另一种方式是用平面内的特殊直线来表达一平面，此时只需确定平面的空间位置。

1. 用几何元素表示平面

确定空间平面的位置，通常有下列几种表示方式：

（1）用多边形——三角形或四边形等（平面的一部分）确定。

（2）用两相交直线确定。

（3）用一直线及直线外一点确定。

（4）用不在同一直线上的三点确定。

（5）用两平行直线确定。

平面的投影，就以这些几何元素的投影表示（见图 4-1）。这些表示平面的方式可以互相转换。如图 4-1 所示，表示空间有一△*ABC*（视为广义平面的一部分）。△*ABC* 的投影△*abc*、△*a′b′c′* 是分别由三个顶点 *A*、*B*、*C* 的同名投影连成的。由于点的两面投影就能唯一确定点的空间位置，所以它们连成的两面投影△*abc* 和△*a′b′c′* 便唯一确定了△*ABC* 的空间位置和实际大小，△*ABC* 的实际大小可用直角三角形法求得各边实长后求得，或用换面法求得。

2. 用平面内的特殊直线表示平面

平面与投影面的交线称为**迹线**。当不考虑平面的具体形状和大小时（即广义平面），平面的位置可由迹线表示，由迹线表示的平面又称**迹线平面**，由于平面与每一投影面只能交出唯一的迹线，所以由迹线便能把平面的空间位置唯一地确定下来。

如图 4-3 所示，平面 *P* 与 *H*、*V* 和 *W* 面的交线 P_H、P_V 和 P_W 分别称为 *P* 面的 *H* 面、*V* 面和 *W* 面迹线，它们两两相交于 P_X、P_Y、P_Z，也是平面 *P* 与投影轴的交点，称为**迹线集合点**。标记迹线和迹线集合点时，分别用大写字母，并于右下角加注投影面或投影轴的字母来表示。

投影图中，迹线仍用原来的大写字母表示。例如 P_H，它在 *H* 面内，*H* 投影与本身重合，又 *V* 面投影一定在投影轴上，故在投影图中，迹线只由与迹线本身重合的投影来表示，而不表示在投影轴上的投影。

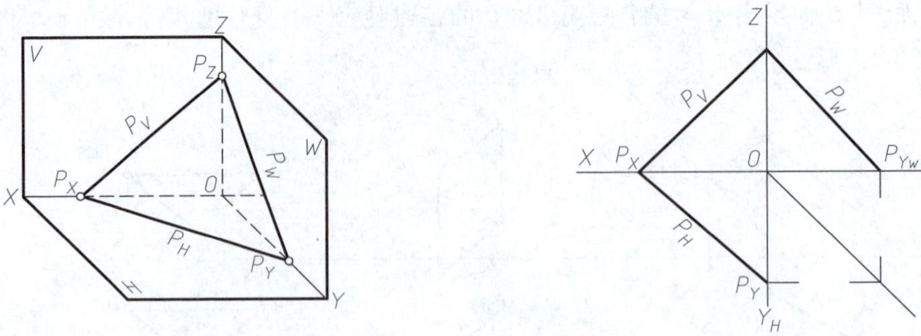

（a）空间状况 （b）投影图

图 4-3 迹线表示的平面

第二节 平面内点和直线

一、平面内点

若一点位于平面内一直线上，则该点一定位于平面内。如图 4-4 所示，*D* 点位于三角形 *ABC* 的一边 *BC* 上，故 *D* 点位于△*ABC* 内。

二、平面内直线

若一条直线上有两点位于一平面内，则该直线位于平面内。如图 4-4 所示，直线 *AD* 有两点 *A* 及 *D* 位于△*ABC* 内，故直线 *AD* 位于△*ABC* 内。又若一直线有一点位于一平面内，且平行于平面内任一直线，则该直线也是位于平面内。如图 4-5 所示，直线 *DE* 上有一点 *D* 位于△*ABC* 内，且 *DE* 平行于△*ABC* 的一边 *BC*，故 *DE* 位于△*ABC* 内。

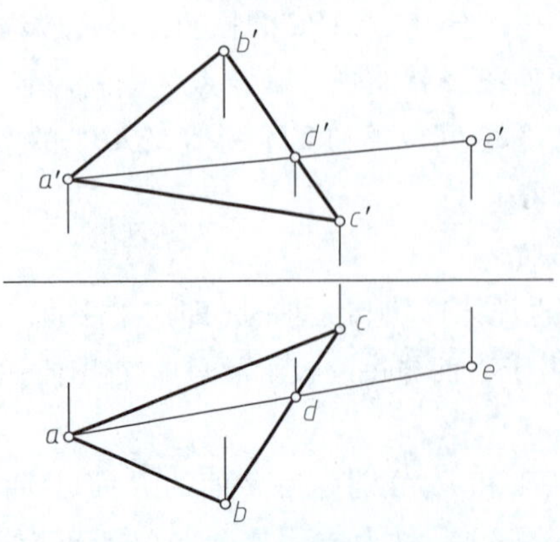

图 4-4 平面内的点和直线

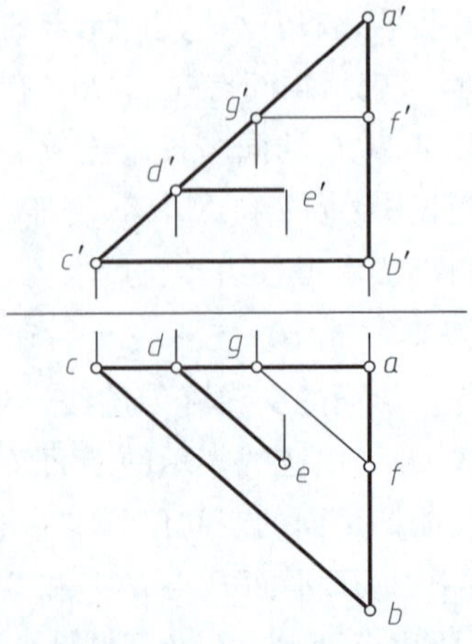

图 4-5 平面内 *H* 面平行线和点

三、平面内的投影面平行线

平面内的投影面平行线，除了满足平面内直线的条件外，还应符合投影面平行线的投影特性，如图 4-5 中直线 *DE*，不仅位于△*ABC* 内，而且 $d'e' // ox$ 轴，故 *DE* 为△*ABC* 内的一条 *H* 面平行线。

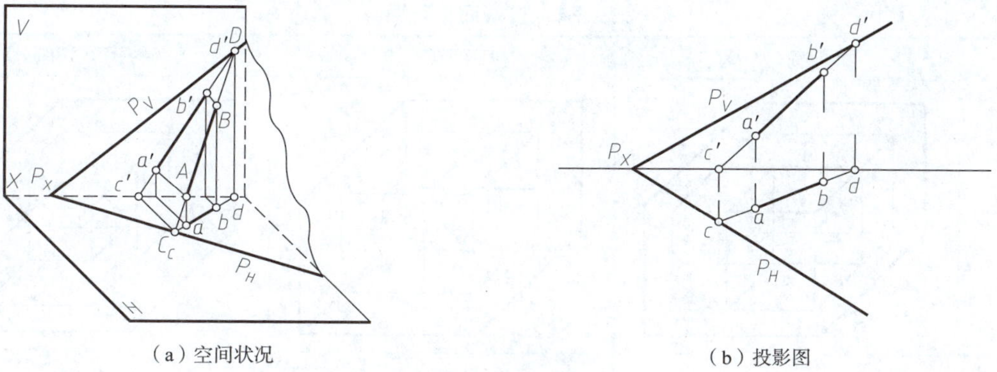

图 4-6　迹线平面内直线

例4-1　如图 4-4 所示,已知△ABC 平面以及面内一点 E 的 H 面投影 e,求 v 面投影 e′。

解　利用面内定点所采用的方法——过点在面内作直线(可作无数条,任选其中一条),连接 ae,AE 为△ABC 平面内的一条线,其与 BC 必相交,设交点为 D,则 d 即为 ae 与 bc 的交点,由此作出 d′,连接 a′d′,由于 E 点就在 AD 这条线上,故 e′必在 a′d′上,延长 a′d′与过 e 的竖对正线交于一点,此点即为所求 e′。

例4-2　如图 4-5 所示,已知△ABC 平面以及面内一点 F 的 H 面投影 f,求 V 面投影 f′。

解　因 f 在 ab 上,故 F 必在 AB 上,AB 为一侧平线,可用补投影或定比法求解,在此用面内定点的方法来解,即过点 F 在平面内作直线 FG∥BC,在投影图中,过 f 作直线 fg∥bc,交 ac 于 g,由此求得 g′,因为 BC∥GF,故 g′f′∥b′c′,所以过 g′作直线 f′g′∥b′c′,与 a′b′交于一点,此点即为所求 f′。

四、迹线平面内的直线

迹线平面内的直线的迹点,在平面的同名迹线上。

在图 4-6 中,因直线 AB 在平面 P 内,故直线的 H 面迹点 C 位于平面的水平迹线 P_H上,同理,AB 的 V 面迹点 D 位于平面的 V 面迹线 P_V上,图 4-6(b)为投影图。

第三节　平面对投影面相对位置

根据平面相对于投影面的位置不同,平面可以分为一般位置平面、投影面垂直面和投影面平行面。对各投影面都倾斜的平面,称为**一般位置平面**。垂直或平行于任一投影面的平面,称为**特殊位置面**,包括投影面垂直面和投影面平行面。

一、投影面平行面

平行于 H 面的平面,称为**水平面**。

平行于 V 面的平面,称为**正平面**。

平行于 W 面的平面,称为**侧平面**。

它们的空间状况、投影图和投影特性见表 4-1。表中水平面 P 的投影特性如下:①P 平行于 H 面,故 H 面投影 p 反映了平面的真实形状;②P 亦垂直于 V 面和 W 面,故 V 面、W 面投影 p′、p″均积聚成一直线。而且,由于 P 平行于 H 面,故 p′与 P_V、p″和 P_W分别平行于 OX 轴和 OY 轴,即垂直于 OZ 轴,成水平方向。

表 4-1　投影面平行面

	水平面(//H)	正平面(//V)	侧平面(//W)
空间状况	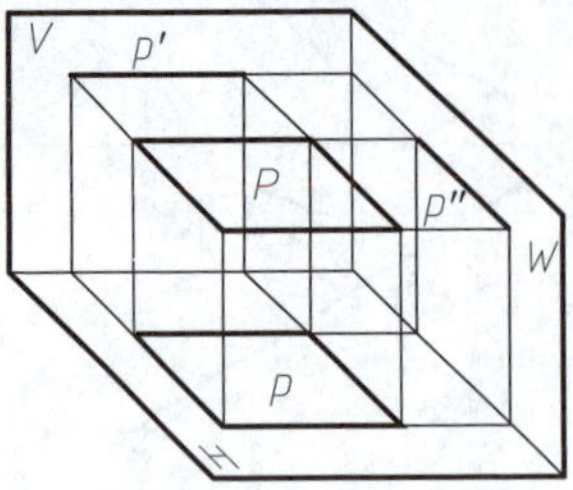	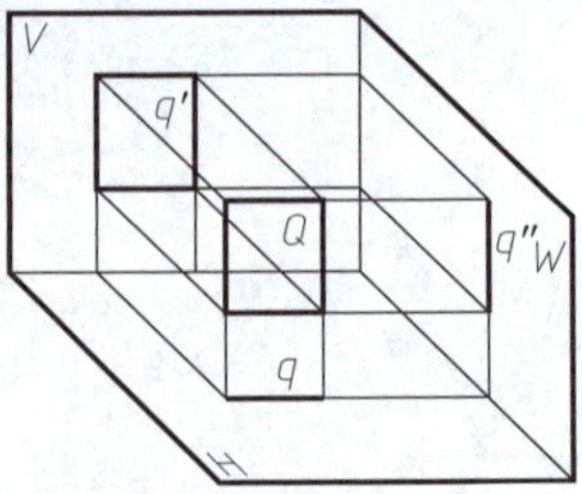	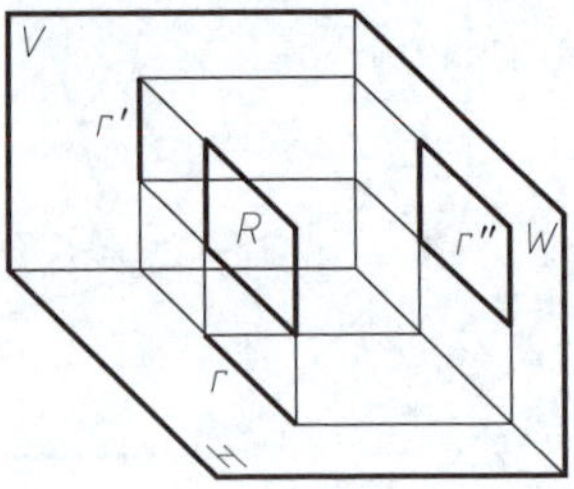
投影图	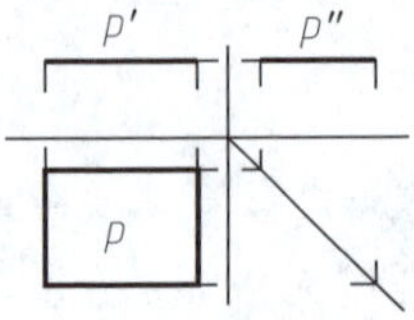	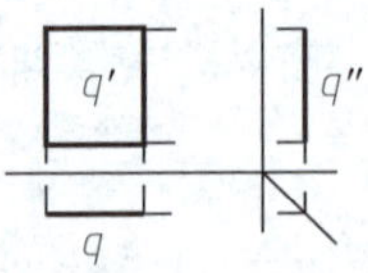	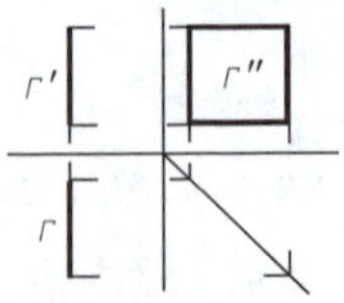
投影特性	(1)H 面投影 p 反映实形 (2)V 面、W 面投影积聚成水平线 p' 和 p''	(1)V 面投影 q' 反映实形 (2)H 面、W 面投影积聚成水平线 q、竖直线 q''	(1)W 面投影 r'' 反映实形 (2)H 面、V 面投影积聚成竖直线 r 和 r'

图 4-7(b)表示出了 P 的迹线 P_H、P_V。由此可得，投影面平行面具有下列投影特性：

(1)平面图形在它所平行的投影面内的投影，反映真实形状和大小。

(2)在其余两个投影面内的投影，均积聚成直线，即积聚投影，且共同垂直于一条投影轴。

对于广义平面，可只用有积聚性的一个投影或一条迹线来表示，如图 4-7(c)所示，P 可只由 p' 或 P_V 表示。

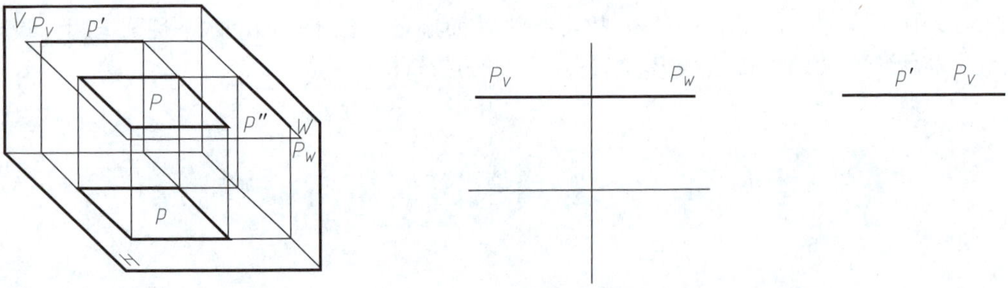

(a) 空间状况　　(b) 两条迹线表示　　(c) 一个积聚投影表示

图 4-7　水平面

二、投影面垂直面

垂直于三个投影面中的一个，而与其他两个投影面斜交的平面，称为**投影面垂直面**。具体而言，垂直于 H、V 和 W 面的平面，分别称为**铅垂面**、**正垂面**和**侧垂面**，它们的空间状况、投影图和投影特性见表 4-2。表中正垂面 Q 的投影特性如下：

(1)Q 垂直于 V 面，故 V 面投影积聚成一直线 q'。

(2)图 4-8(a)是 Q 扩大后的状况，V 面投影 q' 亦为 Q 扩大后与 V 面相交成的迹线 Q_V，因 Q 面垂直于 V 面，又 H 面也垂直于 V 面，故 Q_V 与 OX 之间夹角，即投影 q' 和 OX 之间夹角就是 Q 对 H 面的倾角 α，此角也可由 q' 与任意水平线之间夹角来表示，同样，q' 与 OZ 轴或任一竖直线间夹角，就是 Q 对

W 面的倾角 γ。

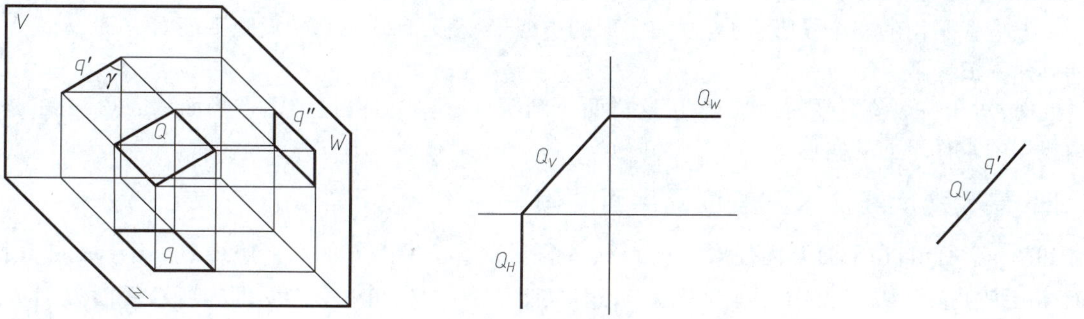

（a）空间状况　　（b）迹线表示　　（c）一个积聚投影表示

图 4-8　正垂面

由此可知，投影面垂直面具有下列特性：

（1）在它所垂直的投影面内的投影积聚成一直线，其余两投影均不反映实形。

（2）积聚投影与水平或竖直方向间的夹角，分别反映了平面对另外两个投影面的倾角。

对于形状和大小任意的广义平面，当其垂直于某一投影面时，可以只用有积聚性的那个投影或那条迹线来表示平面，如图 4-8（c）所示，Q 可只由 Q_V 或 q' 表示。

表 4-2　投影面垂直面

	铅垂面（$\perp H$）	正垂面（$\perp V$）	侧垂面（$\perp W$）
空间状况	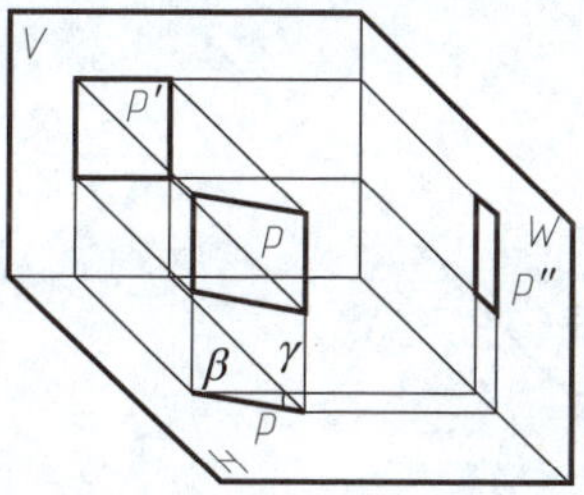	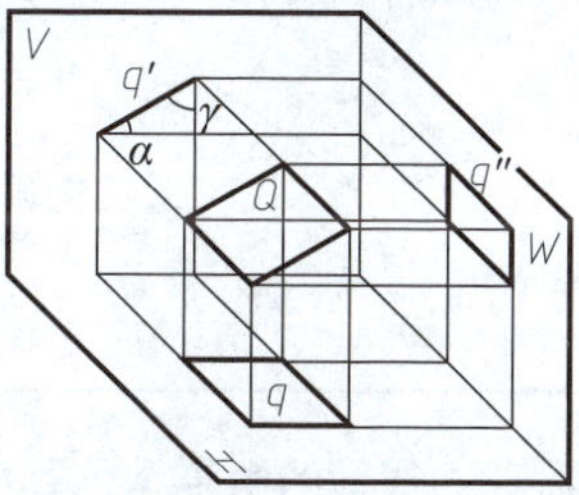	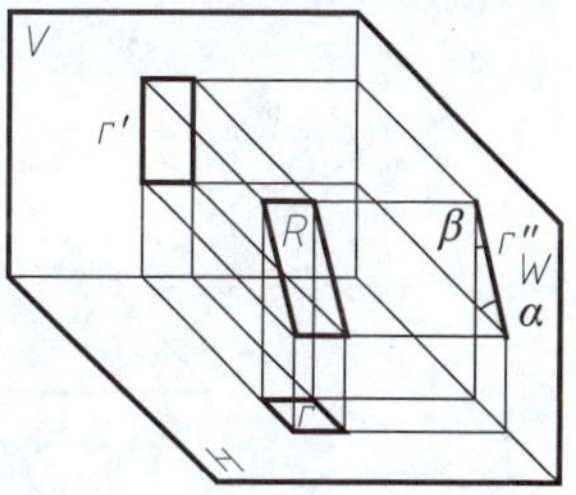
投影图	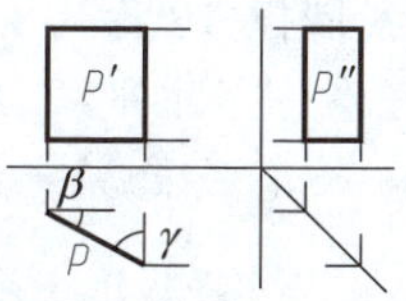	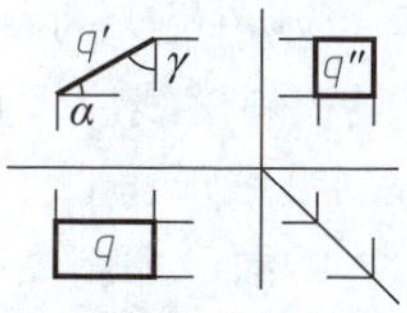	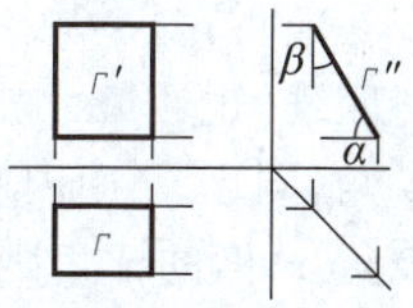
投影特性	（1）H 面投影积聚成一倾斜直线 p （2）p 与水平线间夹角反映 β，与竖直线间夹角反映 γ	（1）V 面投影积聚成一倾斜直线 q' （2）q' 与水平线间夹角反映 α，与竖直线间夹角反映 γ	（1）W 面投影积聚成倾斜直线 r'' （2）r'' 与水平线间夹角反映 α，与竖直线间夹角反映 β

三、一般位置平面

一般位置平面的三个投影不会积聚成直线，也不会反映平面图形的真实大小，而是与空间的平面图形相类似的图形。例如，图 4-2（a）中四边形 $ABCD$ 的投影 $abcd$ 仍是一个四边形，显然这两个四边形不是全等图形，也不是几何学中的相似形，因为四边形对应的各个内角的大小是不相等的，它们之间的关系只具备以下两点：第一，顶点数相等，即空间是几边形，则其对应的投影仍是几边形；第二，对应边的平行性不变，即若空间四边形为矩形，对边分别平行，则其投影必应为矩形或平行四边形，以保证空间对应边的平行性不变。具备以上关系的图形称为**类似形**。

一般位置平面的三个投影，均为空间实形的类似形投影，且均不直接反映平面对 H 面、V 面和 W 面的倾角 α、β、γ。

此时，对于一般位置平面，就产生了这样两个问题：一是如何由投影图求平面的 α、β、γ；二是如何由投影图求作平面的实形。

四、最大斜度线法求一般位置平面的倾角

如图 4-9 所示，在平面 P 内任取一点 A，过 A 作线垂直于平面 P 的水平迹线 P_H，由于 $Aa \perp H$ 面，因而 $Aa \perp P_H$，这样 $P_H \perp \triangle ABa$，因而 $P_H \perp Ba$，由二面角的定义，可知 $\angle ABa$ 即为所求平面 P 对 H 面的倾角 α，而 $\angle ABa$ 亦即 AB 线的 α 倾角，故求面的 α 角转化成了求直线的 α 角。对于直线的 α 角的求法，有直角三角形法和换面法，大家在第三章的学习中已经掌握。

对于上述思路，我们有必要作进一步的简化。P_H 求作起来较为麻烦，应注意到，对于 P 面内的任意一条水平线均与 P_H 平行，故可以用 P 面内的任一水平线来替代 P_H，即过 A 作线垂直于面内的任一水平线。这样做不仅避去了求作 P_H 的麻烦，而且保证了所作垂线的方向没有改变，从根本上保证了 α 角的求作过程不仅简单，而且正确。

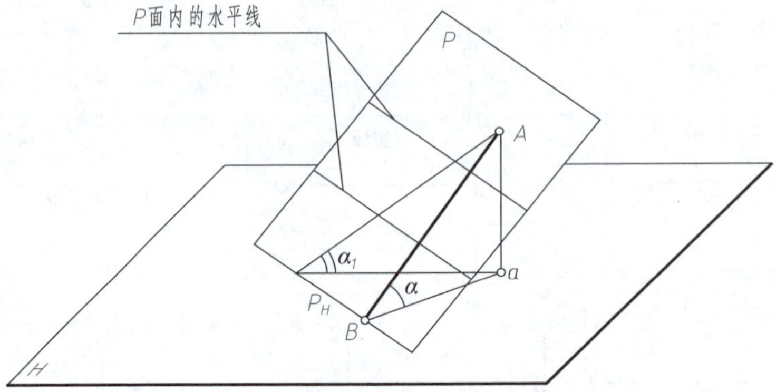

图 4-9　平面的倾角 α 和最大斜度线 AB

容易证明，图 4-9 中 AB 是 P 面内 α 倾角最大的一条线，所以，我们把 AB 称为 P 面内**对 H 面的最大斜度线**（也叫**最大坡度线**），这条最大斜度线应垂直于 P 面内任意一条水平线，它的 α 角就是 P 面的 α 角，同理，P 面内对 V 面的最大斜度线应垂直于 P 面内任意一条正平线，这条线的 β 角就是 P 面的 β 角，P 面的 γ 角则应是 P 面内对 W 面最大斜度线的 γ 角。

由上述可知，求一个平面对某一投影面的倾角，可按以下三个步骤进行：①在平面内任作一条该投影面的平行线；②在该面内任取一点，过该点作直线垂直于面内的投影面平行线，此垂线即为平面对该投影面的最大斜度线；③求此最大斜度线对该投影面的倾角，即为平面对该投影面的倾角。

第五章

直线与平面、平面与平面间的相对位置

直线与平面、平面与平面间的相对位置可分三种：平行、相交、垂直。

第一节 平　　行

一、直线与平面平行

直线与平面平行的几何条件：如果一直线平行于平面内任一直线，则该直线平行于该平面。如图 5-1 所示，$AB \parallel CD$，CD 在平面 P 内，则 $AB \parallel$ 平面 P。

无论是作一直线平行于已知平面，还是检验已知直线与平面是否平行，都要以直线和平面平行的几何条件为依据。

如图 5-2 所示，判断直线是否与△ABC 平行。图中给出了直线 DE 和△ABC 的二投影，判断它们是否平行。作图方法：在△ABC 的正面投影中，任作一直线 $a'f'$，使 $a'f' \parallel d'e'$，由 $a'f'$ 作出 af，若 $af \parallel de$，则 $DE \parallel$ 平面 ABC，否则 DE 就不平行于△ABC。

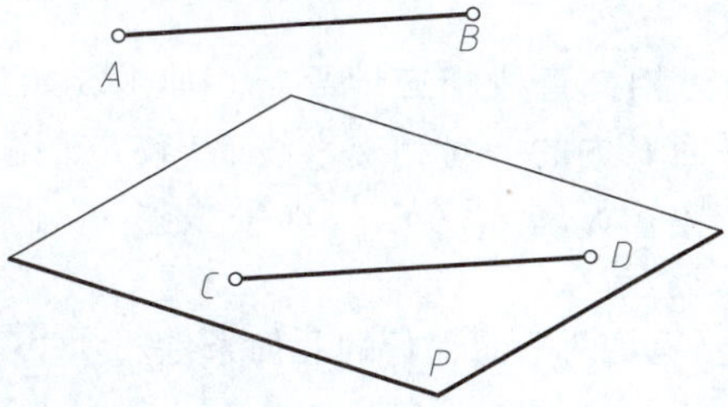

图 5-1　直线与平面平行的几何条件

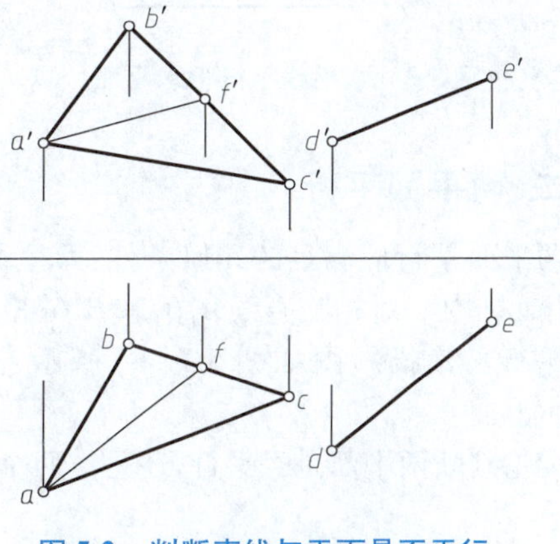

图 5-2　判断直线与平面是否平行

如图 5-3 所示，判断 *EF* 与 *AB* 和 *CD* 所确定的面是否平行，作法同上。

如图 5-4 所示，过 *D* 点作△*ABC* 的平行线。所求直线不唯一，既可作成一般位置直线，也可作成投影面的平行线。例如，过 *D* 可作 *DE*//*AB*，也可作 *DF*//*AG*，*AG* 为 *ABC* 面内水平线。

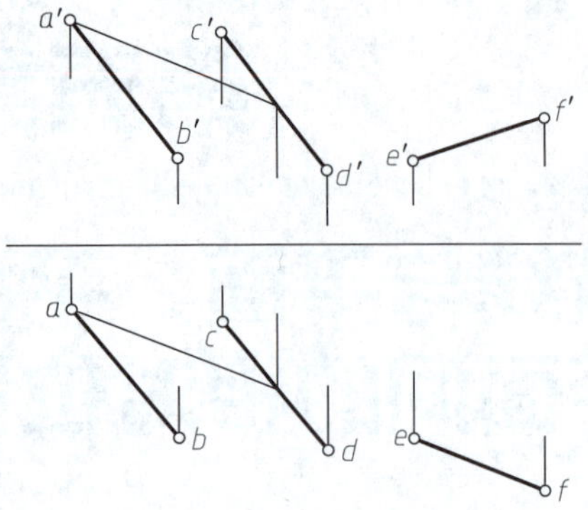

图 5-3　判断 *EF* 与平面 *ABCD* 是否平行

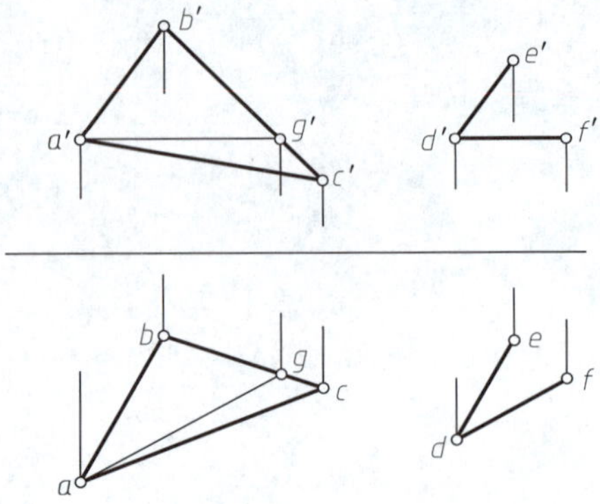

图 5-4　过（平面外一点）*D* 点作平面 *ABC* 的平行线

如图 5-5 所示，*EF*//*ABC*，即水平线与水平面平行，因为在水平面上可作出与水平线平行的直线。因此，同一投影面的平行线和平行面平行。

如图 5-6 所示，直线 *Ⅴ-Ⅵ* 平行于铅垂面 *Ⅰ-Ⅱ-Ⅲ-Ⅳ*，因直线的水平投影 *5-6* 平行于铅垂面具有积聚性的水平投影，也就能平行于该平面内的某一直线 *Ⅶ-Ⅷ*，满足直线与平面平行的几何条件。由此可见，若投影面垂直面的积聚投影与直线的同面投影平行，则直线平行于该平面。

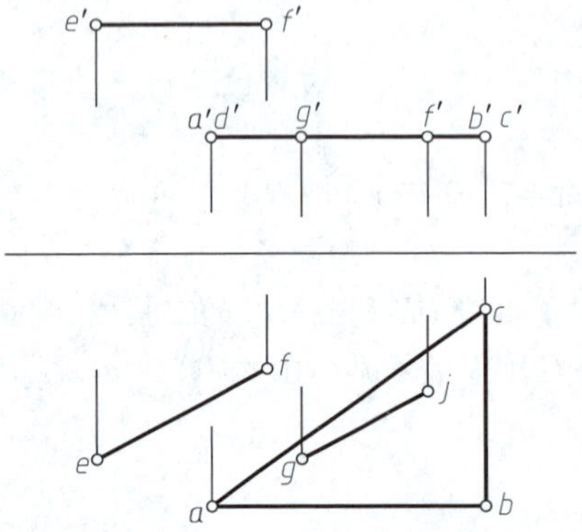

图 5-5　水平线平行于水平面

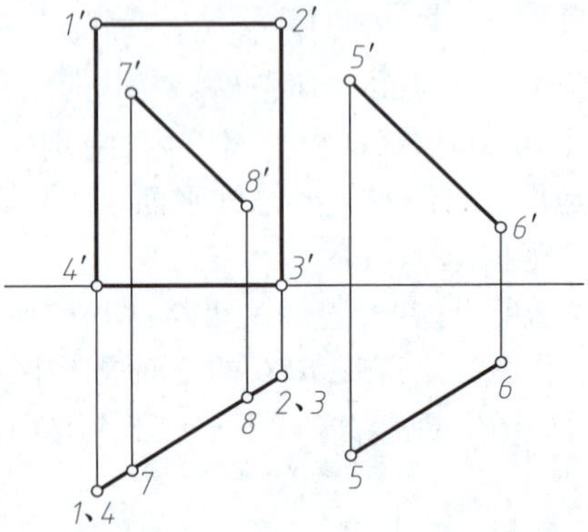

图 5-6　直线平行于铅垂面

二、两平面平行

两平面平行应满足的几何条件：两个平面内各有一对相交直线相应地平行。如图 5-7（a）所示，平面 *Q* 内一对相交直线 A_1B_1 和 B_1C_1 相应地平行于平面 *P* 内的一对相交直线 *AB* 和 *BC*，则此两平面平行。其投影图如图 5-7（b）所示，正面投影 $a_1'b_1' // a'b'$，$b_1'c_1' // b'c'$，水平投影 $a_1b_1 // ab$，$b_1c_1 // bc$。

无论判断两平面是否平行，还是作两个平面平行，都要满足两平面平行的几何条件。

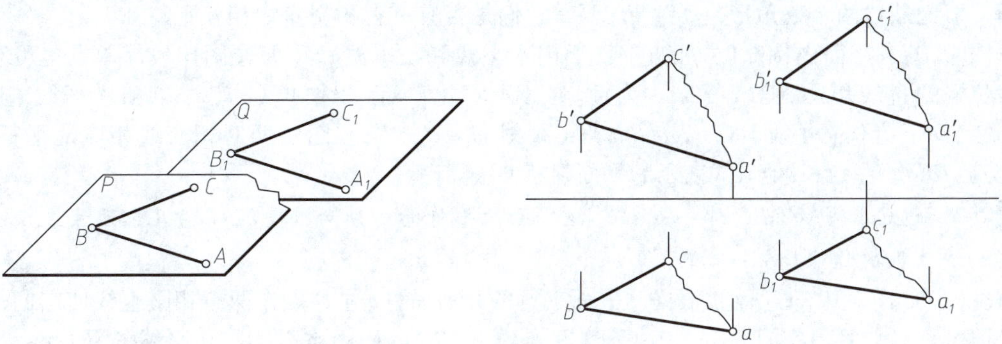

（a）　　　　（b）

图 5-7　两平面平行的几何条件

例5-1　判断两平面是否平行(见图 5-8)。

解　由图 5-8 知,两平面具有积聚性的水平投影互相平行,则可判断此二平面平行。因为在两平面上必能画出一对相互平行的相交直线,满足两平面平行的几何条件。由此可知,若两平面具有积聚性的投影平行,则二平面平行。

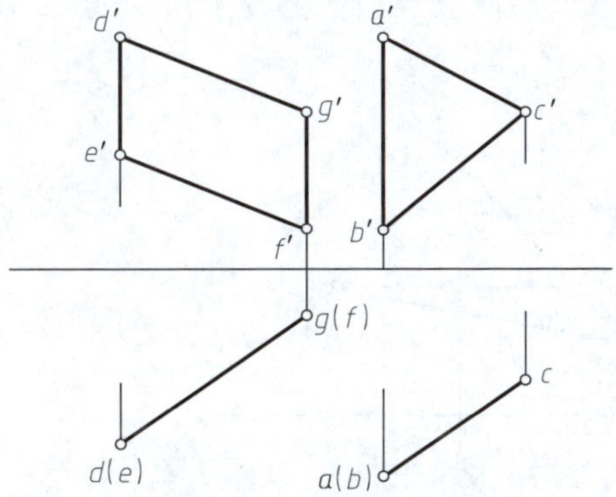

图 5-8　两铅垂面平行

例5-2　判断两个三角形 *ABC* 和 *DEF* 是否平行(见图 5-9)。

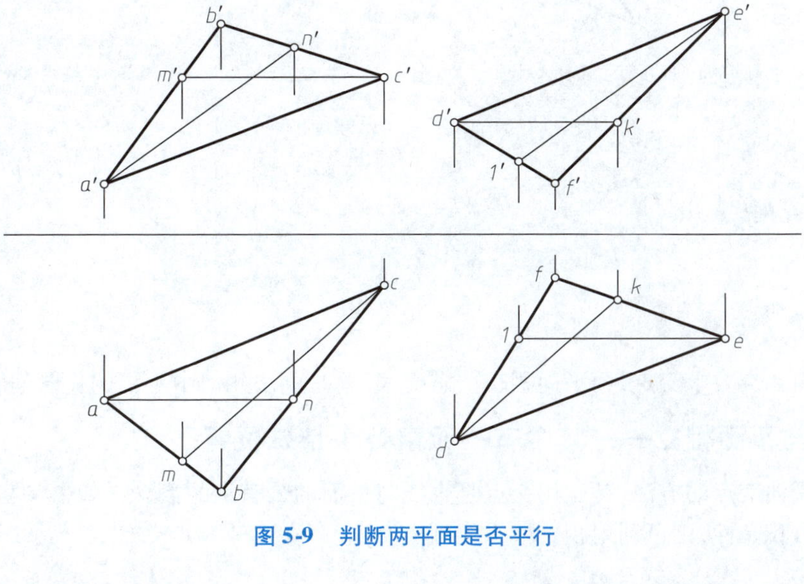

图 5-9　判断两平面是否平行

解 要判断这两个三角形是否平行，要看它们是否有一对相交直线相互平行。

作图时，若利用面内特殊位置的直线（面内水平线和正平线），可使作图比较简单。也可利用面内一般位置的直线作图，但较复杂。为此，在△*ABC* 上作正平线 *AN*（*an*，*a′n′*）和水平线 *CM*（*cm*，*c′m′*）；在△*DEF* 上作水平线 *DK*（*dk*，*d′k′*）和正平线 *EL*（*el*，*e′l′*）。图中两对相交线相应地平行，所以△*ABC*∥△*DEF*。注意：其他形式表示的平面判断方法同理。

例5-3 过已知平面 *ABC* 外一点 *D* 作该平面的平行面。分两种情况：(1)几何元素表示的平面作法；(2)迹线面的作法。

解 (1)如图 5-10(a)所示，根据两平面平行的几何条件，过 *D* 点作两条相交直线使它们平行于△*ABC* 即可。可分两种作图方法：一种是过 *D* 点作△*ABC* 的面内水平线和正平线的平行线；另一种是过 *D* 点作两条一般位置直线与△*ABC* 平行。图 5-10(a)所示为第一种作法，另一种作法读者自己考虑。

(2)如图 5-10(b)所示，只要过 *A* 点作一迹线面 *Q*，使 Q_V∥P_V，Q_H∥P_H，则平面 *Q*∥平面 *P*。

作法 ①过 *a* 作 P_H的平行线与 *OX* 轴相交于 *n*；

②过 *n* 作 *nn′*⊥*OX*；

③过 *a′*作 *a′n′*∥*OX*，与 *nn′*交于 *n′*；

④过 *n′*作 P_V的平行线 Q_V交 *OX* 轴于 Q_X，过 Q_X作 P_H的平行线 Q_H，则 Q_V、Q_H所示迹线面即为所求。

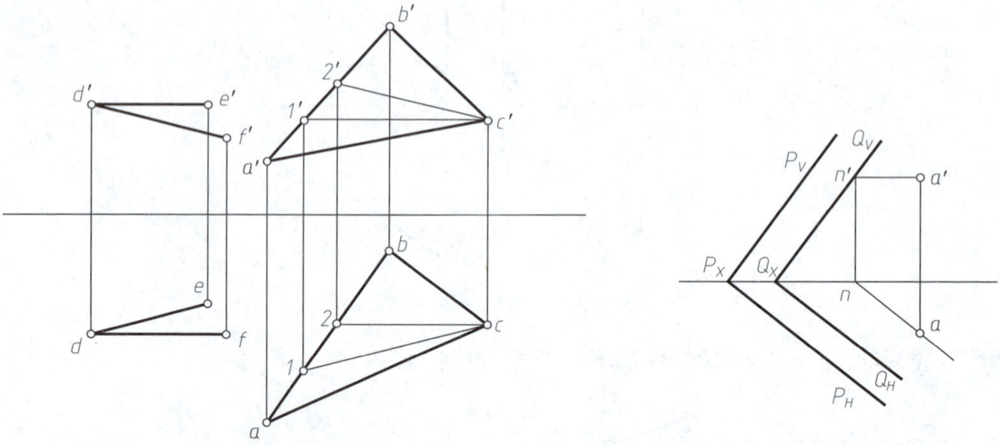

(a) 以几何元素表示　　　(b) 以迹线面表示

图 5-10　由面外点作已知面的平行面

第二节　相　交

直线与平面相交要求交点，两平面相交要求交线，这是画法几何中重要的作图问题。

一、直线与平面相交——其中有一元素处于特殊位置

求直线与平面交点的方法，是运用交点是直线与平面的**公有点**的概念。如果参与相交的直线或平面的投影具有积聚性，则可利用积聚性直接画出交点。

例5-4　求直线 AB 与△CDE 的交点 K，并判断线段的可见性（见图 5-11）。

解　从图 5-11 可知，△CDE 为铅垂面，水平投影积聚，AB 为一般位置直线，交点 K 为直线 AB 与△CDE 的公有点，所以 ab 与 ced 相交得交点 K 的水平投影 k，由 K 可在 $a'b'$ 上定出 k 点的正面投影 k'。

假定平面是不透明的，则直线穿过平面后，有一部分被平面挡住看不见了；为使图样清晰，规定把可见线段画为实线，不可见线段画为虚线。

图 5-11 中线段 AB 的水平投影 ab 可见，画为实线，线段的正面投影 $a'b'$在 $c'd'e'$范围以外的部分均可见；与三角形重合的部分，以 k'为分界点，一边为可见，一边为不可见。从水平投影可以看出，线段 BK 在△CDE 之前，所以正面投影 $b'k'$为可见，画成实线；另一侧与△$c'e'd'$重合部分则不可见，画成虚线。

例5-5　求直线Ⅰ-Ⅱ与△Ⅲ-Ⅳ-Ⅴ的交点 M，并判明可见性（见图 5-12）。

解　由图 5-12 知，Ⅰ-Ⅱ为铅垂线，水平投影积聚为一点，△Ⅲ-Ⅳ-Ⅴ为一般位置平面，利用Ⅰ-Ⅱ水平投影的积聚性和交点为直线与平面的公共点，可以看出，交点的水平投影 m 也在Ⅰ-Ⅱ积聚的点上，交点的正面投影可用面内的定点的方法定出，最后以 m'为分界点判明线段的可见性。

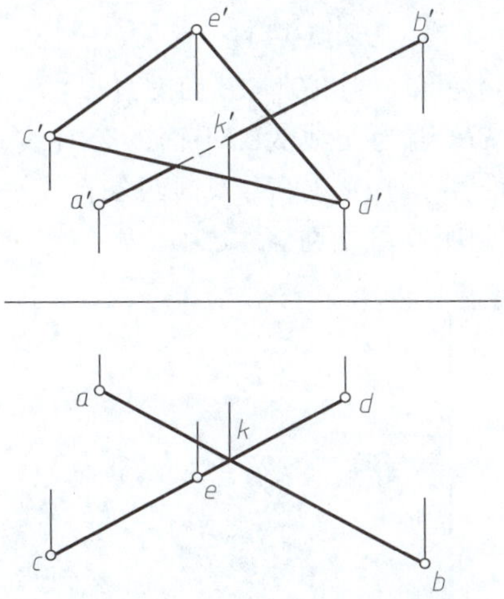

图 5-11　求 AB 与△CDE 的交点

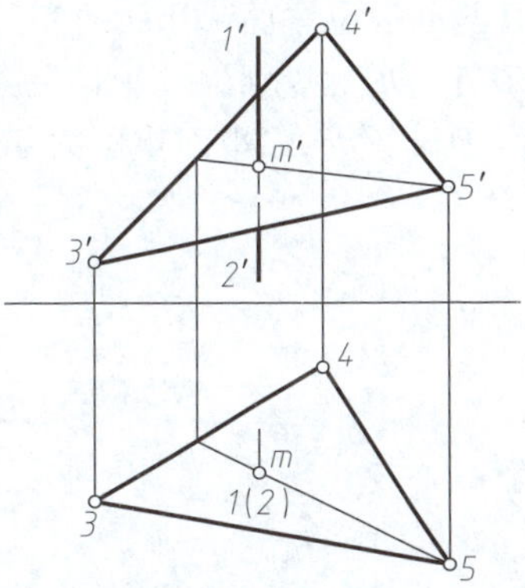

图 5-12　求直线Ⅰ-Ⅱ与△Ⅲ-Ⅳ-Ⅴ的交点

二、两平面相交——其中一元素为特殊位置

两个平面相交时，交线是直线，为两个平面的公有线。只要求出两个平面的两个公有点，就可确定交线，所以，求两平面交线的问题，实质上变为求两平面两个公有点的问题。当相交两平面中有一个平面的投影有积聚性时，则在投影图上可以直接找到两个公有点，连接两点便可得到两平面的交线。两平面交线求出后，还要判断平面的可见性。

例5-6　求△ABC 与平面 P 的交线（见图 5-13）。

解　平面 P 是一个铅垂面，P_H有积聚性，因此在水平投影中直接找到两平面的两个公共点 1 和 2，1 在 ac 上，2 在 bc 上，利用点的从属性关系，可在正面投影上定出 $1'$和 $2'$，连 $1'2'$即可求得交线的正面投影，交线的水平投影 12 与 P_H重合。由二平面的水平投影知，△ABC 的ⅠⅡAB 部分在 P 面之前，从前向后投影时，在正面投影中，ⅠⅡAB 可见，ⅠⅡC 不可见。从图 5-13 中可以看出，可见与不可见部分是以交线ⅠⅡ为分界线的。

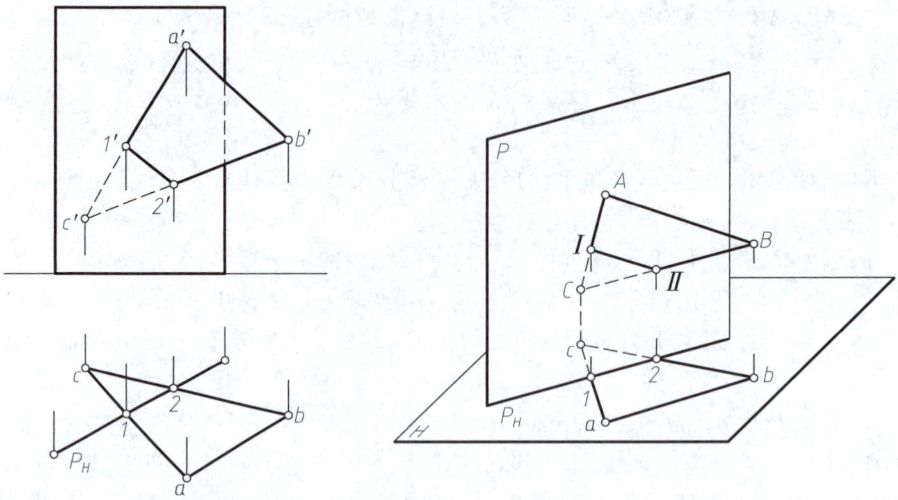

(a)　　(b)

图 5-13　求两平面交线

例 5-7　平面 P（矩形）与梯形 $ABCD$ 相交，求两平面的交线（见图 5-14）。

解　P 为水平面，P_V 有积聚性，$a'd'$ 与 P_V 相交，交点为 e'，e' 和 e 为 AD 与 P 面交点 E 的二投影。

水平面 P 与一般位置面 $ABCD$ 的交线为一条水平线 EF，因为交线为二平面的公有线，既在 P 上，也在 $ABCD$ 上，DC 也为 $ABCD$ 上的一条水平线（在 H 面上），则 $DC /\!/ EF$，根据两条直线平行的投影特性，可过 e 作 $ef /\!/ dc$，二平面重影的部分按上下位置可判明其可见性。

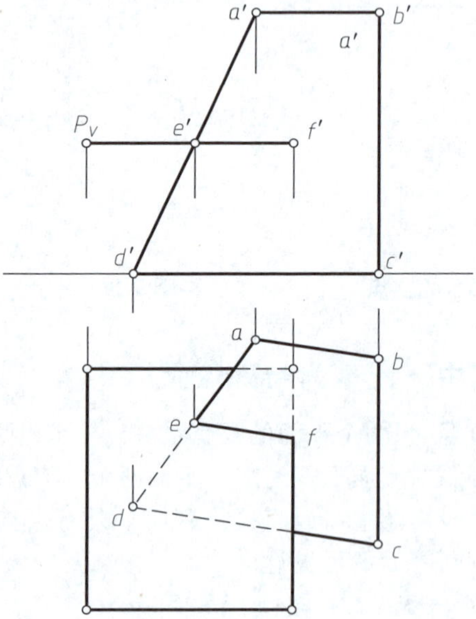

图 5-14　求两平面交线

三、一般位置直线和平面相交

一般位置直线与平面相交时，因其投影均无积聚性，不能直接定出交点，要采用辅助平面法。

如图 5-15 所示，直线 AB 与 P 平面相交，若交点为 K，则 K 必在 P 面上，也一定在 P 面上过 K 点的一条直线上（如 MN）。MN 与已知直线 AB 组成一平面 R，则 MN 为 P 与 R 的交线。MN 与 AB 的交点，即为所求的 K 点。因为 MN 只要满足过 K 点，且在 P 平面上的条件可任意选取，则包含直线 AB 和 MN 的 R 平面就有无数个。利用 R 平面作出交线 MN，从而确定交点 K，所以 R 平面称为辅助平面。利用辅助平面求直线与平面交点的作图步骤如下：

(1)包含直线(如 AB)作辅助平面(如 R)。

(2)求平面 R 与 P 的交线 MN。

(3)求直线 AB 与 MN 的交点 K。点 K 就是直线 AB 与平面 P 的交点。

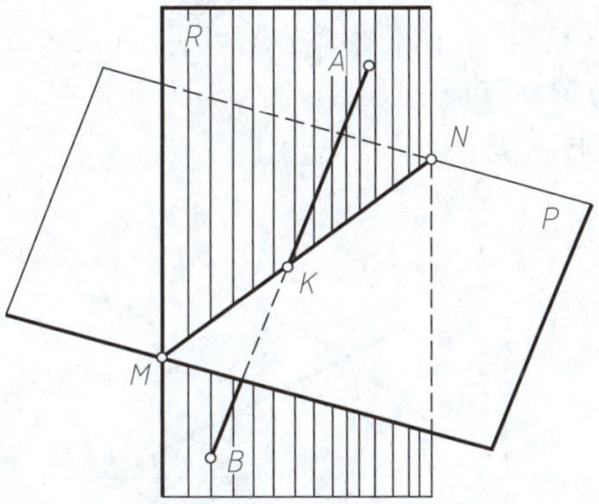

图 5-15　用辅助平面法求直线与平面的交点

注意：辅助平面一般应选取投影面的垂直面。

例5-8　已知直线 DE 与△ABC 相交，求其交点 K(见图 5-16)。

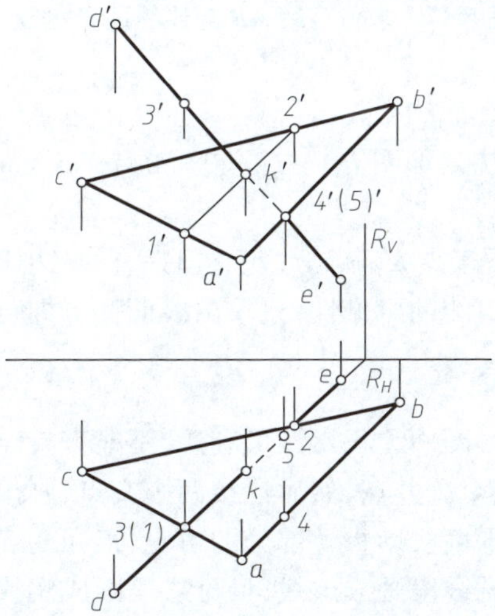

图 5-16　求一般位置直线与平面的交点

解　按以下三个步骤作图：

(1)含线作面。在前面已学习了两平面相交，有一元素为特殊位置，可直接求出两平面交线，所以包含直线 DE 作辅助平面 R(R 为铅垂面)。

(2)面面交线。利用辅助面 R 在 H 面的积聚性，求铅垂面 R 与△ABC 的交线 MN(mn，$m'n'$)。先找出直线 AC、BC 与 R 面的公有点 M、N 的水平投影 m、n，然后根据点在线上的从属性，由水平投影定出正面投影 m'、n'，连接两点的同面投影即为二平面交线。

(3)线线交点。交线 MN 与已知直线 DE 的交点 $K(k,k')$,即为 DE 与△ABC 的交点。

(4)以交点为分界点判定线段的可见性。判断方法有两种:一种是根据投影图,直接判定线段与平面的上下、前后位置关系,决定线段可见性;另一种是根据直线与平面边线重影点的高低、前后位置关系,判断对应线段的可见性,若判断水平投影 kd 是否可见,可利用 KD 与 AC 的重影点Ⅰ、Ⅲ的正面投影的高低来决定,从图 5-16 上看:$3'$高于 $1'$,即Ⅲ点的 Z 坐标大于Ⅰ点,DK 在 AC 之上,则 dk 可见,画成实线,ke 与△abc 重叠部分不可见,应画成虚线。若判断正面投影 $k'e'$的可见性,可利用 KE 与 AB 的重影点Ⅳ、Ⅴ的水平投影的前后关系来决定,从图 5-16 可看出:4 在 5 之前,即Ⅳ点 y 坐标大于Ⅴ点,AB 在 KE 之前,则 $k'e'$与△$a'b'c'$重叠部分不可见,画成虚线,$k'd'$可见,画成实线。

注意:此题也可选正垂面为辅助平面。

例5-9 求作直线 AB 与迹线面 P 的交点(见图 5-17)。

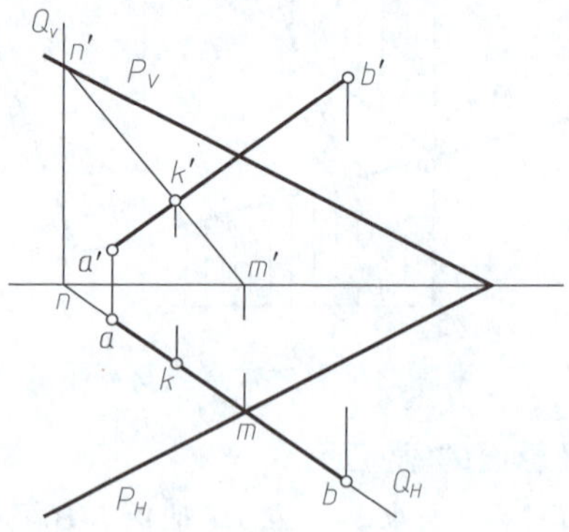

图 5-17 求作直线 AB 与迹线面 P 的交点

解 (1)包含 AB 作辅助铅垂面 $Q(Q_H,Q_V)$。

(2)求 P、Q 两平面的交线 MN。如图 P_H与 Q_H交于 $M(m,m')$,P_V与 Q_V交于 $N(n,n')$。连接 mn 和 $m'n'$得二平面交线的二投影。

(3)直线 AB 与交线 MN 相交于点 $K(k,k')$,此点即是直线 AB 与 P 平面的交点。

迹线面与直线相交,不判断直线的可见性,只求出线面交点即可。

四、一般位置两平面相交

一般位置两平面相交时,投影图中无积聚性可利用,不能直接定出公共点,此时可利用求一般位置直线与平面交点的方法求出两个公共点,然后连接两个交点,画出交线。

画出交线后,还需要判明两平面投影重叠部分的可见性,可见部分与不可见部分以交线为分界线。为使图形层次分明,把不可见线段画成虚线,可见线段画成实线。判断可见性的方法,除可直接观察外,也可利用两点的重合投影(即重影点),根据重影点的第三坐标的大小判断线段的可见性,两平面重叠以外的部分均可见。如两点正面投影重合,正面投影反映 x、z 坐标,它们的第三坐标为 y 坐标。如两点水平投影重合,水平投影反映 x、y 坐标,它们的第三坐标为 z 坐标。

例 5-10 说明了用求线面交点的方法作两个一般位置平面交线及判明可见性的过程。

例5-10 已知△ABC 与△DEF 相交,作出其交线并判明可见性(图 5-18)。

解 (1)任选一平面上两条直线,如△DEF 的两边 DE 和 DF。

(2)用求一般位置线面交点的方法作这两条边与△ABC 的交点 K 和 L。

(3)连接 KL,即为两平面的交线。

(4)判断可见性。

两平面为一般位置时，需用两线段重影点的第三坐标判定对应线段的可见性。若要判定正面投影中两平面重叠部分的可见性，则比较重影点的水平投影的 y 坐标大小，对 y 坐标大的重影点，它所在的线段可见，y 坐标小的重影点所在线段不可见。如 BC 和 DE 对 V 面的重影点为Ⅱ、Ⅲ点，以交线为分界线，y 坐标大的点(Ⅲ点)所在的线段(DE)正面投影为可见，画成实线，y 坐标小的点(Ⅱ点)所在的线段(BC)正面投影重叠部分不可见，画成虚线，重叠部分以外的线段均为可见。若判定水平投影重叠部分的可见性，则比较两线段重影点的正面投影的 z 坐标，如Ⅳ、Ⅴ点，$z_4 > z_5$，则在水平投影中，lf 可见，画成实线，ac 重影部分为不可见，画成虚线。由上可见，交线 KL 是可见与不可见的分界线。对两相交平面之一而言，交线一侧的线段可见，则另一侧的线段即为不可见。重叠部分以外均为可见。当两平面不完全相交时，要根据重影点判定重叠各部分的可见性。

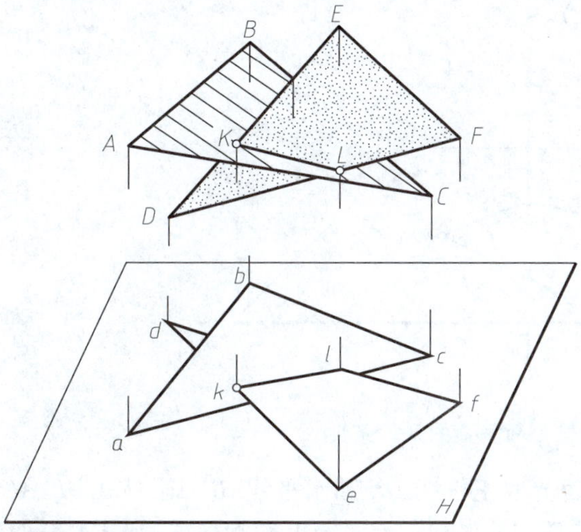

(a)

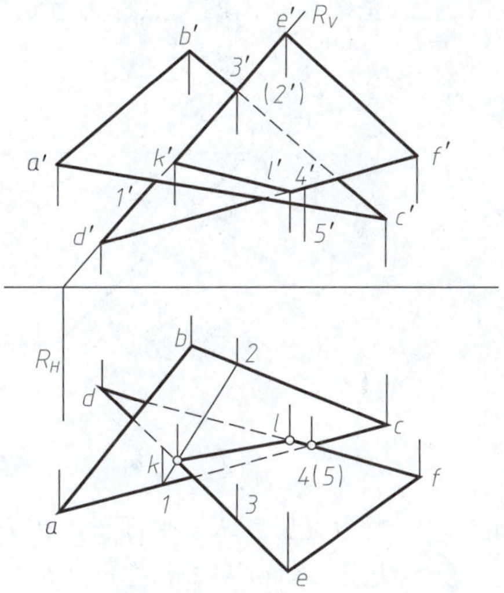

(b)

图 5-18　求两个一般位置平面的交线

迹线平面相交，同名迹线相交，其交点的同名投影的连线即为交线，如图 5-19 所示。

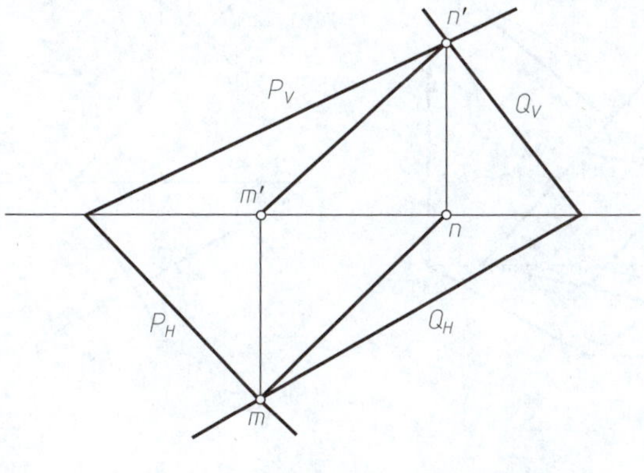

图 5-19　二迹线面求交线

第三节 垂 直

垂直是相交中的特殊情况。在解决几何元素间的距离问题时，常利用垂直关系。本节介绍直线与平面及二平面垂直的投影关系。

一、直线与平面垂直

几何条件：**如果直线（*AB*）垂直于平面（*P*）内的一对相交直线，则直线垂直于该平面**（见图5-20）。直线垂直于平面，那么直线垂直于平面内的所有直线，这条直线称为这个平面的**垂线**，此平面称为这条直线的**垂面**，垂线与平面的交点称为**垂足**（*K*）。

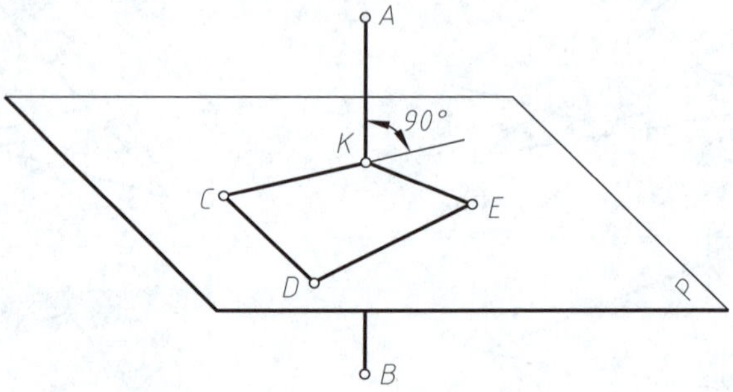

图5-20 直线与平面垂直的几何条件

如图5-21所示，已知 $AK\perp$ 平面 P。在 P 面上取正平线 DE 和水平线 BC，则 $AK\perp DE$，$AK\perp BC$。根据直角投影法则可知：$a'k'\perp d'e'$，$ak\perp bc$。同理，AK 也垂直于 P 面上的侧平线，则 $a''k''$ 也垂直于这条侧平线的侧面投影（图中未示）。

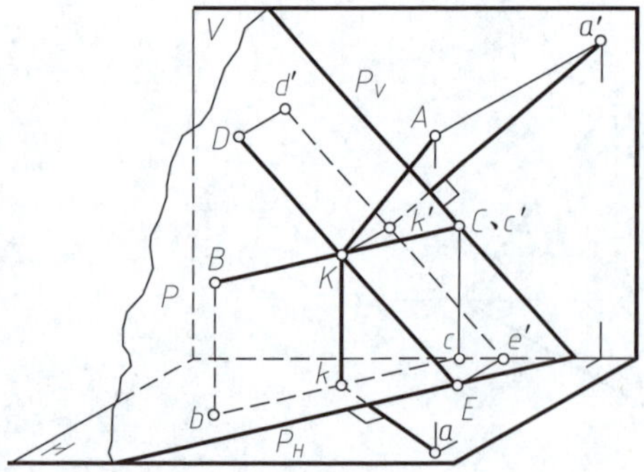

（a）

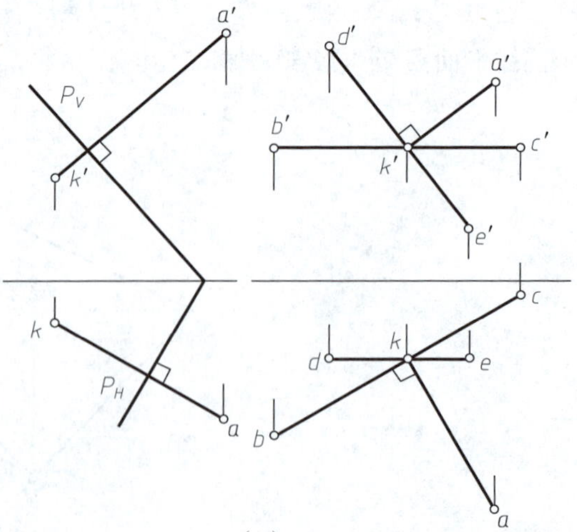

（b）

图5-21 直线与平面垂直

由此得出直线与一般位置平面相垂直的投影特性：直线的水平投影，垂直于这个平面上的水平线的水平投影，也垂直于该面的水平迹线；直线的正面投影，垂直于这个平面上的正平线的正面投影，也垂直于该面的正面迹线；直线的侧面投影，垂直于这个平面上的侧平线的侧面投影，也垂直于该面的侧面迹线。在解决点到面的距离、点到线的距离等问题时，常需要这个投影特性。

例5-11　求点 M 到平面 $ABCD$ 的距离（见图 5-22）。

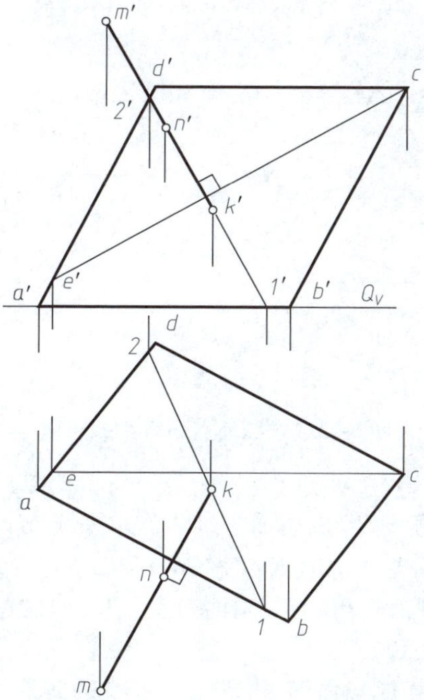

图 5-22　求点 M 到面 ABCD 的距离

解　要求点 M 到平面 $ABCD$ 的距离，需先过 M 点作 $ABCD$ 的垂线，再利用一般位置线面求交点的方法求出。

垂足点 K，最后用直角三角形法求出 MK 的实长。

作图步骤：

（1）过 M 点作 $ABCD$ 的垂线，即过面外一点作面的垂线。由图 5-22 可知，AB 为平面 $ABCD$ 与 H 面的交线，即面的水平迹线，作面上正平线 CE（ce，ce'），自 m' 作 $m'n' \perp c'e'$，自 m 作 $mn \perp ab$。直线 MN（mn，$m'n'$）即为 $ABCD$ 面的垂线。

（2）求线面交点即垂足点 K。包含直线 MN 作辅助正垂面 Q，求出 Q 平面与 $ABCD$ 平面的交线 Ⅰ-Ⅱ（12，$1'2'$），从而确定直线 MN 与平面 $ABCD$ 的交点 K（k，k'），K 点就是垂足点。

（3）求 MK 实长。用直角三角形法求 MK 的实长。另外，本题也可用换面法，先将面 $ABCD$ 变换成投影面的垂直面，再过点 M 的新投影向面的积聚投影作垂线，此垂线即为点到平面的距离。

例5-12　求点 A 到直线 BC 的距离（见图 5-23）。

解　求解本题既可用解析法，也可用换面法。

解法一：因为 BC 为一般位置直线，过 A 作 BC 的垂线，在投影图中不能反映垂直关系，故不能用直角投影法则。可过 A 点作 BC 的垂面，再求出 BC 与该垂面的交点，即线面的垂足点 K，然后用直角三角形法求出 AK 的实长，就是点 A 到 BC 直线的距离。

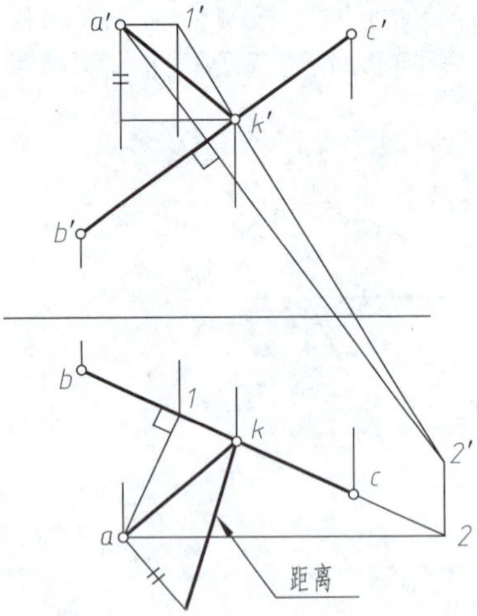

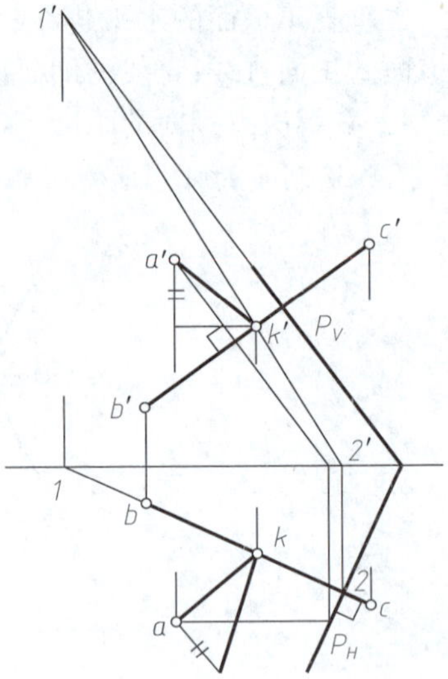

图 5-23 求线外点到直线的距离

作图步骤:

(1)过直线 *BC* 外一点 *A* 作直线 *BC* 的垂面。过 *A* 作水平线 *AI*,使其垂直于 *BC*,如图 $a'1' /\!/ OX$,$a1 \perp bc$,过 *A* 作正平线 *AⅡ*,使其垂直于 *BC*,则 $a2 /\!/ OX$,$a'2' \perp b'c'$。

(2)求线面交点,即垂足点 *K*。求 *BC* 与其垂面交点,用一般位置线面求交点的方法作图。

(3)用直角三角形法求 *AK* 实长。

解法二:本题也可将 *ABC* 连接成三角形,再求出△*ABC* 的实形(可用直角三角形法或换面法),过 *A* 所作 *BC* 边的垂线 *AK*,即为点 *A* 到直线 *BC* 的距离,可用定比定律将 *K* 点返回投影图。

解法三:本题也可用换面法求解,将 *BC* 经两次换面,转换成投影面的垂线,其积聚投影与 *A* 点的新投影间的距离即点 *A* 到 *BC* 直线的距离。

例5-13 已知直角△*ABC* 的一直角边 *AB* 的两投影 *ab*、*a'b'*及另一直角边 *BC* 的正面投影 *b'c'*,完成三角形的水平投影(见图 5-24)。

解 从题意知 $AB \perp BC$,但 *AB*、*BC* 均为一般位置直线,直角关系不能从投影图中反映出来,不能直接利用直角投影法则进行作图,可将 *AB* 换面,转换成投影面平行线,然后再用直角投影法则作图。若不进行换面,可过 *B* 点作 *AB* 的垂面,*BC* 必包含在此垂面内,利用面内定线的方法,可定出 *BC* 的水平投影 *bc*,然后完成三角形的投影。用解析法的作图步骤如下:

(1)过直线 *AB* 的端点 *B* 作 *AB* 的垂面,即过线上一点作直线的垂面。自 *B*(*b*,*b'*)作水平线 $BN \perp AB$。根据直角投影法则,使 $bn \perp ab$,$b'n' /\!/ OX$。又自 *B* 作正平线 $BM \perp AB$,使 $b'm' \perp ab$,$bm /\!/ OX$。二直线 *BN* 和 *BM* 构成直线 *AB* 的一个垂面,如图 5-24(b)所示。

(2)用面上定点的方法由 *c'* 定出 *c*。为此,连接 *MN*(*mn*,*m'n'*),因 $AB \perp BC$,$AB \perp BNM$,则直线 *BC* 为△*BNM* 上的一条直线,在正面投影中,*b'c'* 与 *n'm'* 相交于 *d'* 点。*D* 点在 *NM* 上,故由 *d'* 可在 *nm* 上定出 *d* 点。连接 *bd*,*c* 就在 *bd* 的延长线上,由 *c'* 可定出 *c*。连接 *ac* 就完成△*ABC* 的水平投影。

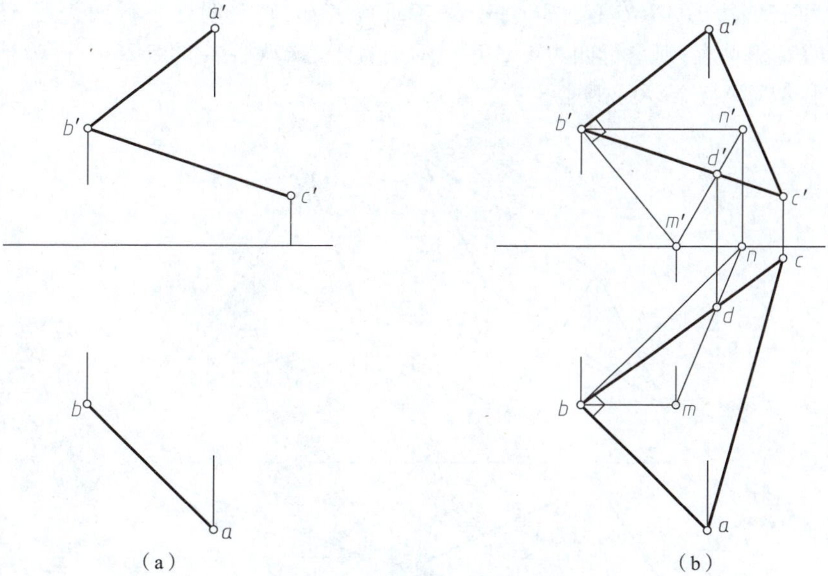

图 5-24　完成直角三角形的投影

二、两平面相互垂直

两平面互相垂直的几何条件：**一个平面上有一条直线垂直于另一平面**（或通过平面的一条垂线所作的任何平面，必垂直于已知平面）。

如图 5-25 所示，直线 *MN* 垂直于平面 *Q*，则包含 *MN* 的任何平面，如 P_1，P_2，…，P_i，都垂直于平面 *Q*。反之，如果 P_i平面垂直于 *Q* 平面，则 P_i平面上一定包含 *Q* 面的垂线。

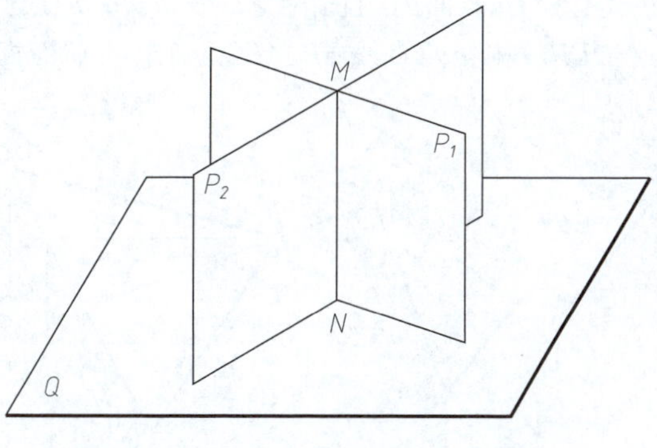

图 5-25　两平面垂直的几何条件

例 5-14　如图 5-26 所示，判断平行四边形 *ABCD* 与△*EFG* 是否互相垂直。

解　只要检验能否在平行四边形 *ABCD* 上作出一条直线垂直于△*EFG* 即可。判断步骤如下：

(1)在△*EFG* 上作正平线 *EM* 和水平线 *EN*：先作出 *em*∥*OX* 和 *e'n'*∥*OX*，再由 *em* 作出 *e'm'*，由 *e'n'*作出 *en*。

(2)过 *b'*作直线垂直于 *e'm'*，与 *a'd'*交于 *k'*；由 *k'*作投影连线，与 *ad* 交得 *k*，连 *b* 和 *k*。

(3)检查 *bk* 是否与 *en* 相垂直：若 *bk*⊥*en*，就表明在平行四边形 *ABCD* 上能作出一直线 *BK* 垂直于△EFG,因而平行四边形 $ABCD\perp$△EFG;若 bk 不垂直于 en,则表明在平行四边形 $ABCD$ 上不能作出直线与于△EFG 相垂直,则平行四边形 $ABCD$ 不垂直于△EFG。在图 5-26 中检验结果是 $bk\perp en$,所以平行四边形 $ABCD$ 与△EFG 相垂直。

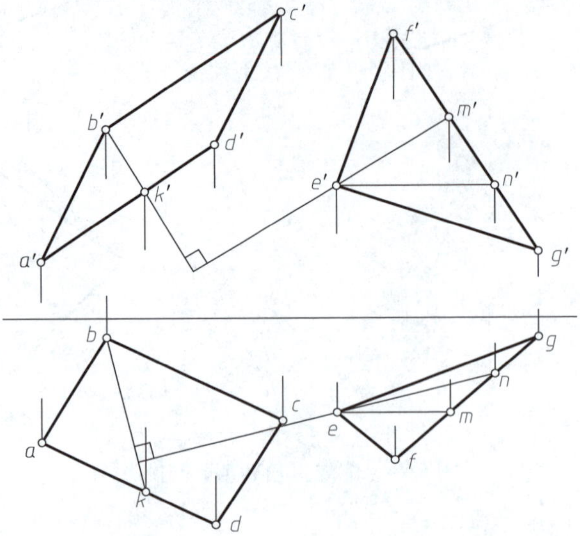

图 5-26 判断两平面是否互相垂直

例 5-15 如图 5-27 所示,过点 A 作平行于直线 CJ 且垂直于△DEF 的平面。

解 过点 A 作直线平行于 CJ,作直线垂直于△DEF,则相交两直线所确定的平面即为所求。

作图步骤如下:

(1)作直线 $AB/\!/CJ$,即作 $a'b'/\!/c'j'$,$ab/\!/cj$。

(2)作直线 $AK\perp$△DEF:先作△DEF 面内的正平线 $DM(dm,d'm')$ 与水平线 $DN(dn,d'n')$;再作 $a'k'\perp d'm'$、$ak\perp dn$,则 $AK\perp$△DEF。相交两直线 AB、AK 所确定的平面即为所求,$a'b'k'$、abk 就是所求平面 ABK 的两面投影。

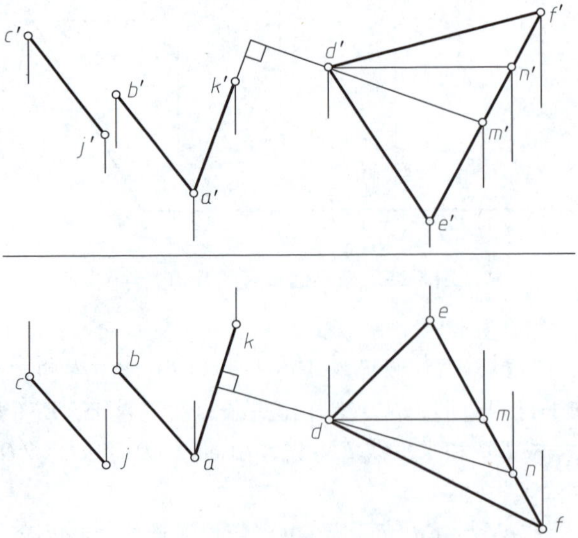

图 5-27 过点 A 作平面$/\!/CJ$,且$\perp$△DEF

第四节 分析法解点、直线和平面空间问题

从前面各章节中，着重介绍了基本理论、基本概念、基本作图方式、方法，注重了理论的系统性、完整性，本节就如何运用这些基本理论、基本概念来具体指导作图，揭示它们的规律作进一步的启迪，以解决“理论易懂，习题难作”的普遍问题，提高综合解题能力。

一、解题思路及方法

要解决“听得懂，看得懂，题难作”的问题，应注意以下几方面：

1. 揭示图解、图示与语言文字表达的一致性

通常人们用语言文字表达自己的思想，但用语言文字表达空间几何形体就显得无能为力。图形以其直观性好、生动形象而得到广泛应用，工程图样不仅直观、形象，更重要的还要求具有度量性。画法几何作为一门技术基础课，它主要研究三维空间几何要素与二维平面图形之间的关系，并以二维平面图形来解决三维空间几何要素之间的定位和度量等问题，是研究空间几何问题图示法和图解法的科学。图形与文字表达在本质上是一致的，只是形式不同：一个是使用抽象的文字符号；一个使是用直观的图形。

2. 深挖隐含条件，创造条件以利解题

画法几何的题难作，到底难在哪儿？画法几何的各类题目，由于问题的不同，解题的思路与解决的方案也不一样，但是，无论解答哪一类问题都需要有这样一个过程：首先按题目所定的条件进行空间情况分析，提出空间解题步骤；然后按已掌握的投影特性和具体作图方法把这些空间解题步骤化为投影图的作图步骤。可见空间状况的分析是正确解题的关键所在，初学者感到难，难在找不到或找不全已知条件，也就分析不出空间关系。已知条件在哪儿找，画法几何区别于初等几何的是给出投影图，而当投影图给定后，其中就隐含了许多已知条件。如等腰三角形的高、直角三角形的两直角边、正方形或菱形的对角线都隐含了垂直关系，而根据垂直关系制定作图步骤有两种：一是利用直角投影法则，二是用线面垂直的基本作图，到底采用哪一种方法解题呢？这要看投影图中元素的投影特性，同时还要看是用解析法还是换面法。

3. 抓典型例题，启迪思维，解决好从空间分析到平面图形表达的转化

空间几何元素有诸多因子，相对关系也千变万化，但只要熟练掌握基本投影理论和基本作图方法，理顺思路，就可使问题得到解决。应熟练掌握的作图方法如下：

(1)用直角三角形法的各种形式解题。

(2)直角投影法则的适用条件。

(3)平面内定点、定线。

(4)过直线外(或上)一点作直线的垂面。

(5)过平面内(或外)一点作平面的垂线。

(6)过已知平面外一点作该平面的平行面。

(7)定比定律与直角三角形法配合解题。

(8)求一般位置直线和平面的交点，并判断可见性。

(9)求面面交线，并判断可见性。

其中垂直关系是最重要也是最活跃的一个因素。

4. 理顺思路、总结规律、开拓视野

通常解题难，也难在对一些有规律性的分析方法探讨总结不够。规律是对分散的、个别的事物

属性的概括和总结，是事物本身固有的属性，总结归纳出一些解题的基本方法，就能站在共性的高度去把握个性，避免将问题割裂开来孤立对待，既简化、活跃了已有知识，又锻炼了认识问题、分析问题、理解问题的能力。

若不断总结具有普遍性的规律，去指导解题，画法几何"听得懂，看得懂，题难作"的问题一定会得到解决。

下面通过剖析和求解一些较典型习题，帮助初学者开阔思路，总结规律，增强空间形象思维能力，提高综合解决问题的能力。

二、分析法典型例题解析

例5-16 已知等腰△*ABC* 的顶点为 *A*，试完成△*ABC* 的投影（见图 5-28）。

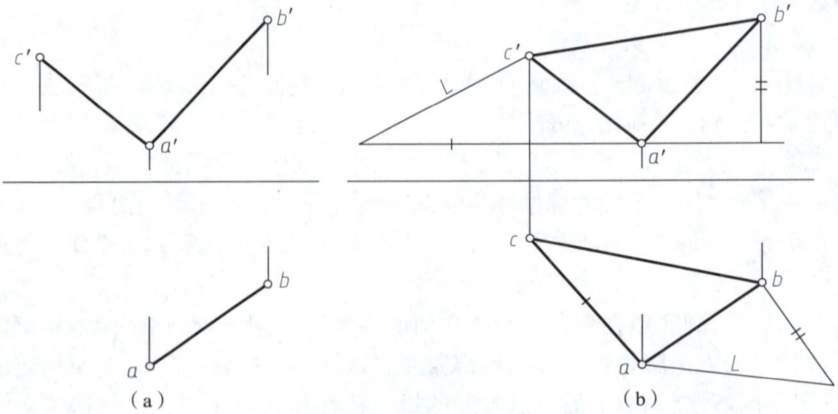

图 5-28 求等腰△*ABC* 的投影

解 等腰△*ABC* 中 *AB*＝*AC*。因为线段 *AB* 的两投影均已给出，*AB* 线段的空间位置也就确定了，此时利用直角三角形法求 *AB* 的实长。当 *AB* 的实长已知，*AC* 的实长也就确定了，再利用直角三角形法求出线段 *AC* 的水平投影长，由 *C* 点的正面投影和水平投影的连线垂直于 *OX* 及 *AC* 的水平投影长即可求得 *C* 点。

例5-17 已知菱形对角线 *BD*，且另一顶点 *A* 在 *EF* 上，求作菱形的投影（见图 5-29）。

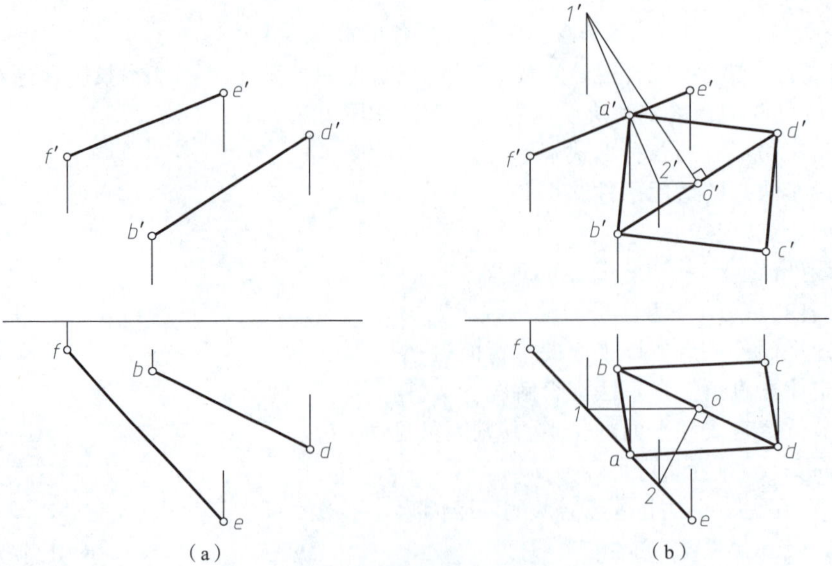

图 5-29 求菱形的投影

解　与解题有关的已知条件即菱形对角线互相垂直平分隐含在题解的要求中，即所求图形的性质中。因为直线 BD 处于一般位置，两直线垂直关系在投影中不能直接反映。这时利用集合论思想，过 BD 线段的中点作 BD 的垂面，则另一对角线 AC 一定在此平面内，再利用一般位置线面求交点的方法，求出 BD 的垂面与 EF 的交点，然后由菱形对边平行的性质即可完成投影图。

例5-18　已知 AB 直线为正平线，过直线 AB 上的一点 B 作一直线与 AB 成 30°，与水平面成 45°（见图 5-30）。

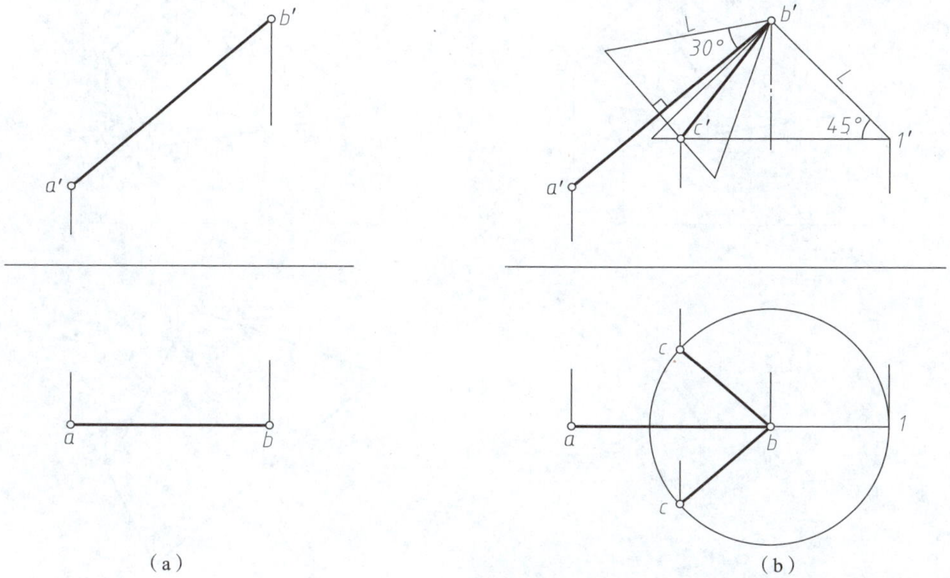

图 5-30　求与 AB 夹角 30°与 H 面倾角 45°的直线

解　所作直线必在以点 B 为锥顶，轴线垂直 H 面，母线与水平面成 45°倾角的正圆锥面上，又在以点 B 为锥顶，以 AB 为轴，母线与 AB 成 30°夹角的正圆锥面上，故此二圆锥面的交线即为所求。

例5-19　$\triangle ABC$ 的 BC 边投影已知，顶点 A 在 H 面上，$AB = 35$ mm，AC 的水平倾角为 30°，完成三角形的投影图（见图 5-31）。

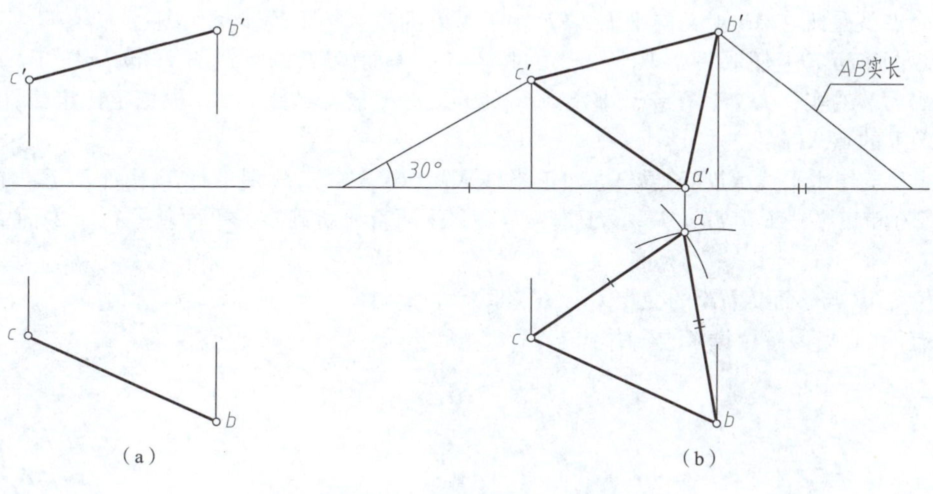

图 5-31　完成三角形的投影

解 图中给定了△*ABC* 的 *BC* 边的两投影，且知 *A* 点在 *H* 面上，则隐含了 *A* 点的正面投影在 *OX* 轴上，*AB* 和 *AC* 的 *z* 坐标差均已知，利用直角三角形法可分别求 *AB* 和 *AC* 的水平投影长，由此可完成△*ABC* 的投影图。

例5-20 如图 5-32 所示，已知 *MN* 为一圆球在平面 *ABCD* 上的一段自由滚动路线，试完成该平面的 *H* 面投影（假定平面和圆球均为理想平面和理想球）。

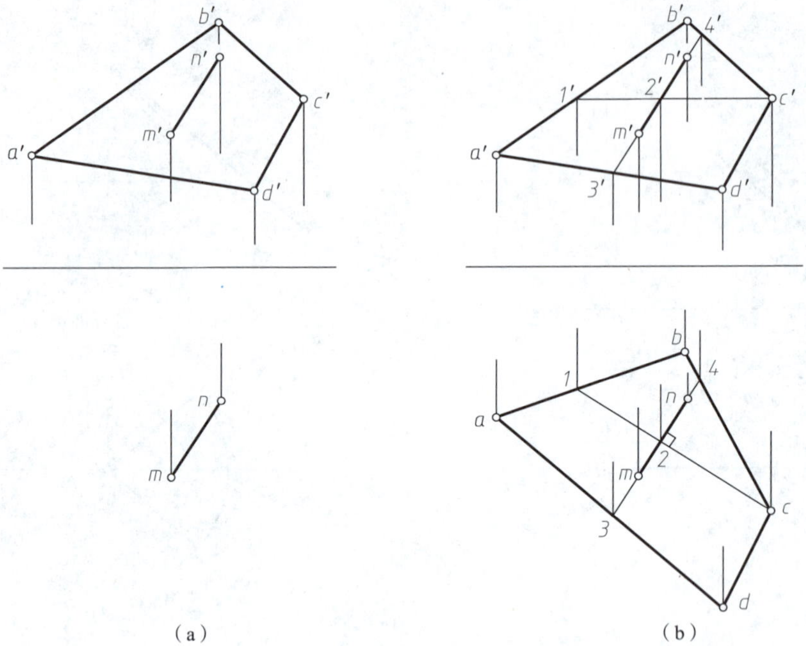

图 5-32 求平面 *ABCD* 的 *H* 面投影

解 由物理学知识可知，圆球的自由滚动路线为平面 *ABCD* 的最大坡度线，而面内最大坡度线与面内的水平线垂直，垂直关系可在水平投影反映出来，由此可求得 *ABCD* 的水平投影。

例5-21 在直线 *AB* 上求一点 *C*，使 *C* 点到平面 *DEF* 的距离为 *L*（见图 5-33）。

解 *C* 点一定位于一个与平面 *DEF* 平行且距离为 *L* 的平面上，如能作出这个平面，则 *AB* 与这个平面的交点就是既在 *AB* 上又与平面 *DEF* 相距为 *L* 的点。按下述步骤作图：

（1）在平面 *DEF* 上任取一点 $M(m,m')$，过 *M* 点作平面 *DEF* 的垂线 $MN(mn,m'n')$。用直角三角形法求出 *MN* 的实长 mN_0。在 mN_0 上定点 K_0 使 mK_0 等于已知的距离 *L*。根据定比定律，由 K_0 点作出垂线 *MN* 上的点 $K(k,k')$。

（2）过 *K* 点作水平线 *K*Ⅲ（$k3,k'3'$）和正平线 *K*Ⅳ（$k4,k'4'$），分别平行于平面 *DEF* 内的水平线 *F*Ⅱ（$f2,f'2'$）和正平线 *E*Ⅰ（$e1,e'1'$）。于是，*K*Ⅲ和 *K*Ⅳ两直线所确定的平面就平行于平面 *DEF* 且相距为 *L*。

（3）直线 *AB* 与平面 *K*ⅢⅣ的交点 $C(c,c')$ 即为所求。

本题有两解，另一解由读者自行作出。

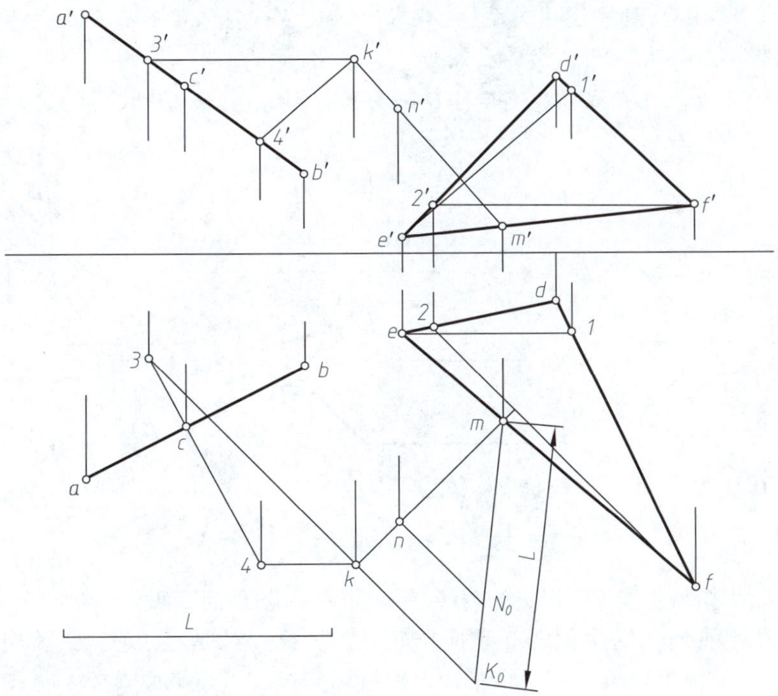

图 5-33　求 *AB* 上一点 *C* 到 *P* 面的距离 *L*

例 5-22　给出一段绳子 *BC*，要求从 *A* 点系绳索 *AD* 于 *BC*，两者相交成 60°（见图 5-34）。

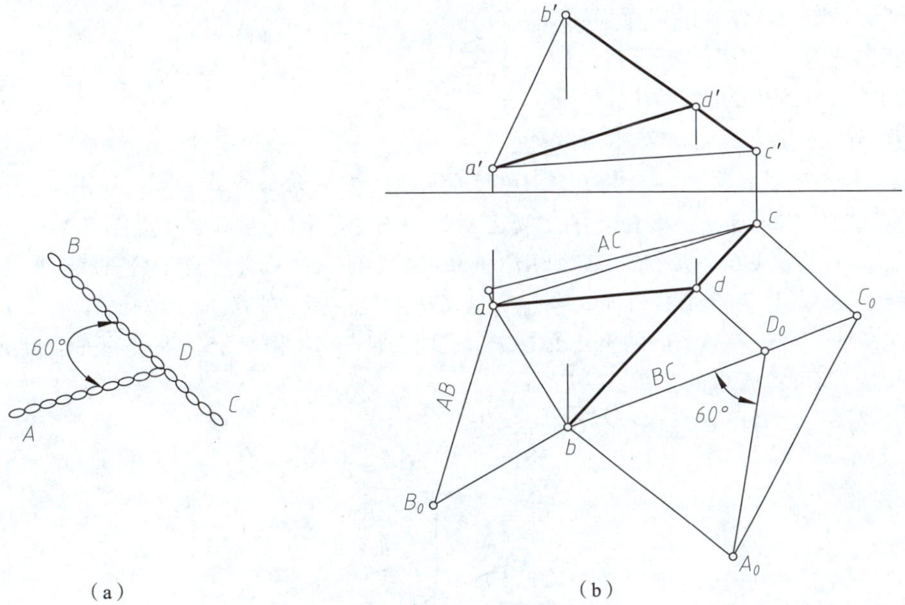

图 5-34　作 *AD* 与 *BC* 交成 60°

解　两条绳子的位置都是一般位置，其交角的实际大小在投影图中不能直接反映，因此必须求出两条绳子所决定的平面的实形，问题才能解决。

在图 5-34(b)中，由 *A* 点与 *BC* 直线确定一个平面，连接 *A*、*B*、*C* 三点形成一个三角形。求出 *AC*、*AB* 和 *BC* 三边的实长，并作出三角形的实形 bC_0A_0。在三角形的实形内，自 A_0 作 A_0D_0 与 bC_0 相交成

60°夹角，得 D_0 点（有两解）；利用定比关系，由 D 求出 d 及 d'；连接 ad 及 $a'd'$，便得到了与绳子 BC 成 60°的绳子 AD 的投影。

例5-23 经过 A 点求作直线 AB，使其与 Q 平面平行，且与直线 CD 相交（见图 5-35）。

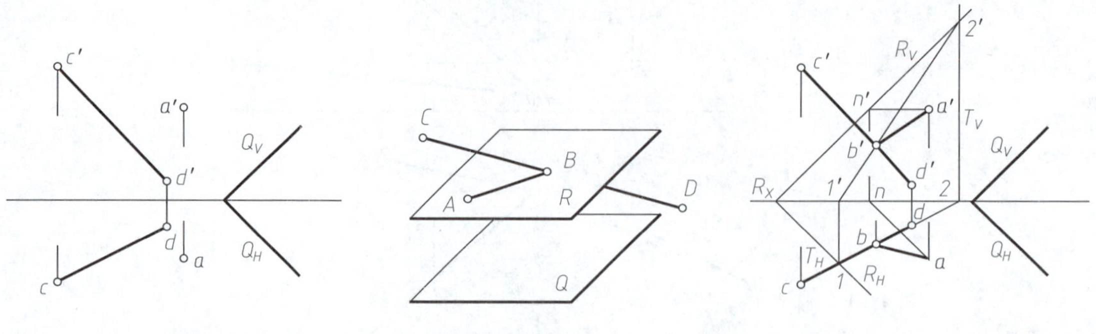

图 5-35 作 $AB /\!/ Q$ 并与 CD 相交

解 经过 A 点所作与直线 CD 相交的直线，不一定平行于 Q 面，而过 A 点作平行于 Q 面的直线，又不一定与 CD 相交，要解决这个问题必须应用轨迹的概念。凡是经过 A 点所作平行于 Q 面的直线，必定在过 A 点且平行于平面 Q 的一个平面上。所以先过 A 点作平面 $R /\!/ Q$［见图 5-35(b)］，然后求出直线 CD 与平面 R 的交点 B。连接 AB，则直线 AB 平行于 Q 平面，且与直线 CD 相交。具体作图步骤如下［见图 5-35(c)］：

(1) 过 $A(a、a')$ 作 $a'n' /\!/ OX$，$an /\!/ Q_H$；过 n' 作 $R_V /\!/ Q_V$ 得 R_X。再过 R_X 作 $R_H /\!/ Q_H$。

(2) 过 $CD(cd、c'd')$ 作辅助铅垂面 $T(T_H、T_V)$。

(3) 求出二平面 R 和 T 的交线 Ⅰ-Ⅱ（1-2、$1'$-$2'$）。

(4) 求出 CD 与 Ⅰ-Ⅱ 的交点 $B(b、b')$。

(5) 连接 $AB(ab、a'b')$，即为所求直线。

例5-24 已知一般位置的二交叉直线 AB 和 CD，求作它们的公垂线 EF。

解 设直线 AB 和 CD 是一般位置的二交叉直线，EF 是它们的公垂线（见图 5-36）。如果经 AB 上任意点，如 B，作直线 $BG /\!/ CD$，那么直线 AB 和 BG 组成的平面 P 必垂直于公垂线 EF。也就是说，平面 P 的垂线方向就是公垂线的方向。今过直线 CD 上任一点，如 D，向 P 平面作垂线 DK，并求出垂足 K，则过 K 而平行于直线 CD 的直线必在 P 平面上，且与 AB 相交于公垂线的一端点 F。由 F 引直线平行于 DK，即可得所求的公垂线 EF。

根据上述分析，读者可自行在投影图中解题。

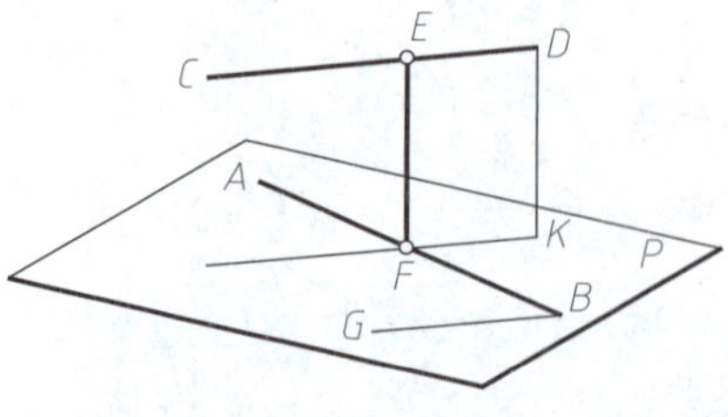

图 5-36 二交叉直线的公垂线

例5-25 求直线 AB 与平面 P 的夹角。

解 直线与平面的夹角 θ 由直线 AB 及其在该平面上的正投影 A_1B_1 的夹角所确定（见图 5-37）。

根据这个定义求角 θ 时，先要过直线上两个点，如 A 和 B，分别向平面 P 作垂线，求出此二垂线与平面的交点，即垂足 A_1 和 B_1，并连成直线 A_1B_1，然后求 AB 与 A_1B_1 夹角的实形。如果经直线 AB 上某一点，如 A，向 P 平面作垂线，并求出直线 AB 与这一垂线的夹角 θ_1，那么 $\angle\theta_1$ 的余角就是所求的直线与平面的夹角 θ。这一方法称为**余角法**。读者可自行作图。

求二平面夹角时，亦可采用类似的方法进行。即自空间任一点 A 分别向已知二平面 P 和 Q 作垂线（见图 5-38），则此二垂线间的夹角 θ_1 就是二平面夹角 θ 的补角，也是 $\angle\theta$ 的邻角。这一方法称为**补角法**。

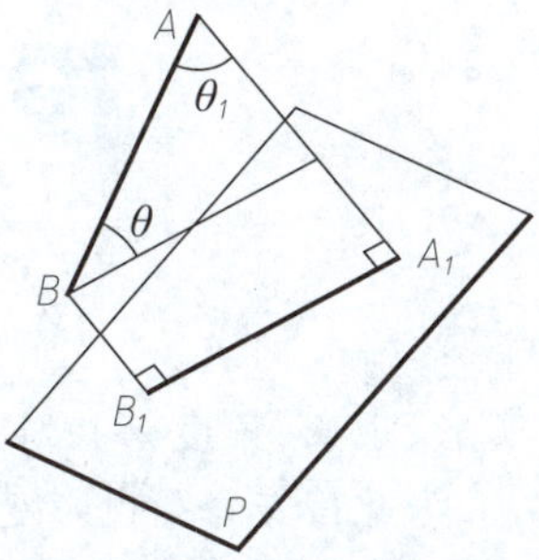

图 5-37 直线与平面的夹角

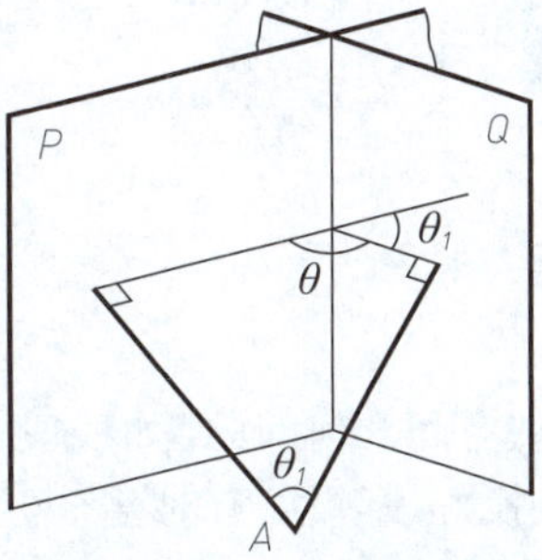

图 5-38 二平面的夹角

第六章

投影变换

对前述的一些空间几何问题（如线段实长、倾角、平面实形、距离、角度等），除采用解析法求解外，还可用投影变换方法解题，有时甚至更为简捷、容易理解。为此首先介绍投影变换的概念。

投影变换就是研究如何改变空间几何元素对投影面的相对位置，以简化解决空间度量问题和定位问题。常用的投影变换方法有**换面法**和**旋转法**，本章主要介绍换面法。

第一节　换　面　法

一、基本原理

换面法是在原有投影面体系中，保留一个投影面，换掉一个投影面，形成新的投影面体系，使原投影面体系中的空间几何元素在新投影面体系中处于有利于解题的位置，并根据原有的已知投影作出空间几何元素在新投影面体系中的新投影，来解决度量或定位问题。

如图 6-1(a)所示，A、B 为由 H、V 构成的二投影面体系中的两点，AB 连线与 H、V 投影面倾斜，它的两投影 ab、$a'b'$都不反映 AB 的实际长度。若建立一个新投影面 V_1，替换原投影面 V，使之垂直于 H 面并平行于 AB，则 V_1和 H 面组成新的投影体系。在新的投影体系中，$AB /\!/ V_1$面，则直线 AB 在 V_1 投影面的投影 $a_1'b_1'$ 就反映线段实长，如图 6-1 所示。

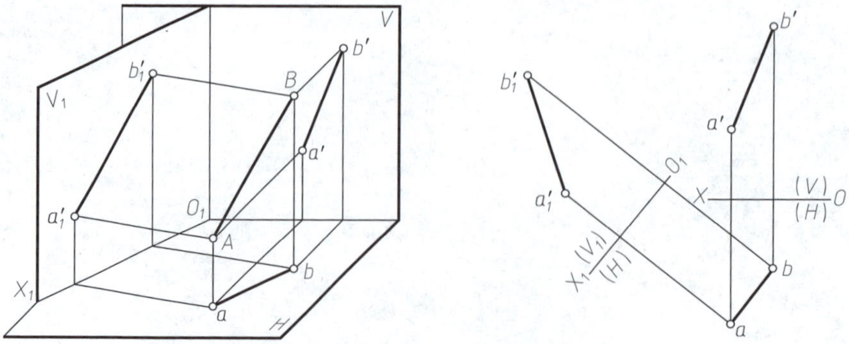

(a)　　　　　　　　　　(b)

图 6-1　建立新投影面 V_1

二、建立新投影面条件

建立新的投影面必须满足以下两个条件才能达到换面法的目的：

(1)新投影面必须垂直于保留的投影面，组成新投影体系，以便利用正投影规律作图。

(2)新投影面必须与空间几何元素处于特殊位置，便于解题。

图6-1中建立的垂直于H面的投影面称为**新的正立投影面**，以V_1标记；如果所设立的新投影面垂直于V面，则称为**新的水平投影面**，以H_1标记。新投影面和保留投影面垂直相交的交线称为**新投影轴**，以O_1X_1标记。A、B两点在新的正立投影面上的新投影以a_1'、b_1'表示；在新的水平投影面上的投影以a_1、b_1表示。若进行第二次换面，则新投影面及新投影符号右下角应标注2，如H_2、a_2b_2，依此类推。

三、点的投影变换

本节在阐述点的投影变换方法，总结点的投影变换规律，以此规律对直线、平面、立体的投影进行换面，解决空间几何问题。

1. 点的一次变换

如图6-2所示，已知A点在H、V投影体系中的投影a、a'，并给定新的正立投影面V_1的位置，求V_1面上新的投影a_1'。

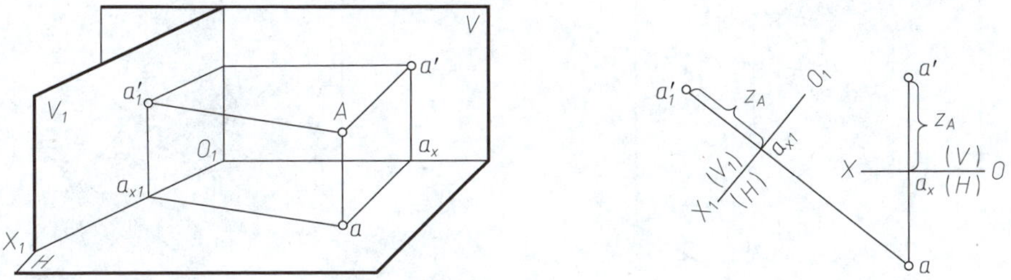

(a)　　　　　　　　　　　　　　(b)

图6-2　求A点在V_1面上的投影a_1'

首先从图6-2(a)所示的投影体系找出新投影与原投影间的关系。自空间A点向V_1面作垂线，得垂足a_1'。a_1'即A点在V_1面上的新投影。a_1'到新投影轴O_1X_1的距离反映了空间A点的Z坐标，即$a_1'a_{x1}=Aa=a'a_x=Z_A$。根据这个关系，在投影图中，由原有的两投影求新投影的作法如图6-2(b)所示。自a作O_1X_1的垂线，在此垂线aa_{x1}的延长线上量取$a_1'a_{x1}=a'a_x=Z_A$，即得新投影a_1'。

以上是换面法的基本作图方法。如果建立新的H_1面后，新投影的作法原理同上。

例6-1　已知B点的两投影b和b'，求B点在H_1面上的投影b_1(见图6-3)。

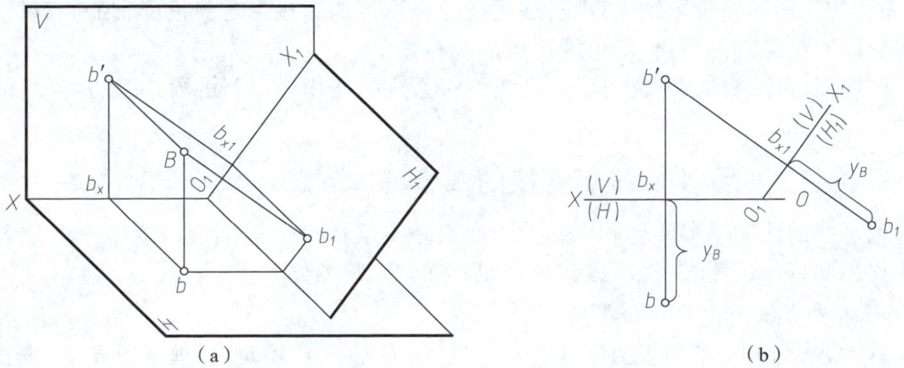

(a)　　　　　　　　　　　　　　(b)

图6-3　求B点在H_1面上的投影b_1

解 本例中用 H_1 面替换 H 面，H_1 面和 V 面组成新投影体系如图 6-3(a)所示，V 面为保留的投影面，其投影 b' 为保留投影，H 面上的投影 b 为旧投影，H_1 面上的投影 b_1 为新投影。b_1 到新投影轴 O_1X_1 的距离 b_1b_{x1} 反映 B 点的 y 坐标，因此，$b_1b_{x1}=bb_x=y_B$。作投影图时，将 H_1 面绕 O_1X_1 轴旋转到与 V 面重合，此时 $b'b_1\perp O_1X_1$。

在投影图中，新投影的作法如图 6-3(b)所示。自保留的投影 b' 向 O_1X_1 轴作垂线，与 O_1X_1 轴交于 b_{x1}，在垂线上截取 $b_{x1}b_1=b_xb=y_B$，所得 b_1 点即为所求 B 点在 H_1 面的投影。

2. 点的二次变换

在运用换面法解决实际问题时，更换一次投影面，有时不能解决问题，而必须更换两次或多次才行。

例6-2 已知 A 点的二投影 a 和 a'，先以 V_1 更换 V，再以 H_2 更换 H，求 A 点在 V_1、H_2 投影面上的新投影(见图 6-4)。

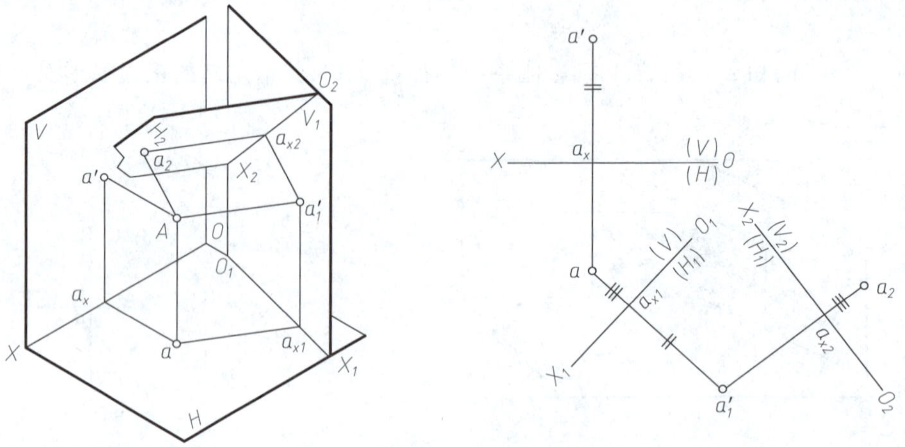

图 6-4 求 A 点在 V_1 面上的投影 a_1' 和 H_2 面上的投影 b_2

解 图 6-4(a)为新投影面与原投影面的空间位置关系，图 6-4(b)为投影面展开后的投影图。

投影图作法：自 a 向 O_1X_1 作垂线，交 O_1X_1 于 a_{x1}。在垂线上截取 $a_1'a_{x1}=a'a_x$，则 a_1' 为 A 点在 V_1 面上的新投影。自 a'_1 向 O_2X_2 作垂线，交 O_2X_2 于 a_{x2}。在垂线上截取 $a_2a_{x2}=aa_{x1}$，a_2 即为 A 点在 H_2 面上的新投影。

由上可知，无论更换几次投影面，根据点的原有两投影，总可以作点的新投影。换面法的作图规律：**自点所保留的投影向新投影轴作垂线，在垂线上量取点的新投影到新投影轴的距离，使其等于被替换的投影到原有投影轴的距离，即可得出点的新投影。**

按照上述作图规律，根据需要，可以连续进行一系列的变换作出新的投影，以达到求解空间几何问题的目的。

四、一般位置直线和平面投影变换的四个基本问题

以上讨论了换面法的基本原理和点的投影变换基本规律。这里继续讨论把一般位置直线和平面变换为新投影面特殊位置时经常遇到的四个基本问题，归纳如下：

1. 把一般位置直线变为投影面平行线

如图 6-5(a)所示，有一般位置直线 AB，若设直线 AB 平行于 V_1 面，且垂直于 H 面，则投影 $a_1'b_1'$ 必反映直线 AB 的实长及倾角 α，此时 V_1 与 H 面的交线 O_1X_1 轴必平行于 ab。图 6-5(b)中，已知直线 AB

两投影 ab 及 $a'b'$，首先作任意远近的 O_1X_1 轴，使其平行于 ab；其次按照换面法的基本作图原理，求出 $a_1'b_1'$，即反映直线 AB 实长；且 $a_1'b_1'$ 与新轴 O_1X_1 间的夹角反映直线的倾角 α。

若设 H_1 面垂直于 V，且平行于直线 AB，则可求出直线的实长及倾角 β（具体作图省略）。

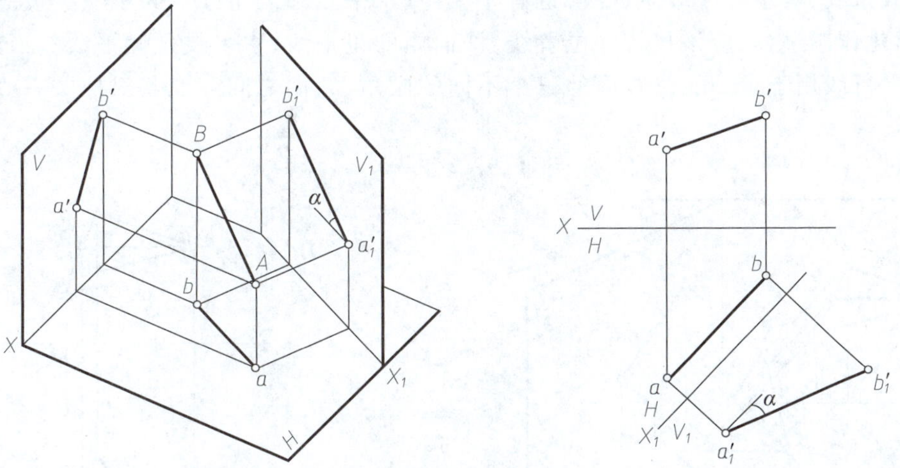

（a）空间状况　　（b）投影图

图 6-5　新投影面平行于一般位置线

2. 把一般位置直线变为投影面垂直线

要把一般位置直线变换为投影面垂直线，变换一次投影面显然是行不通的。若选择的新投影面垂直于一般位置直线，则所选的新投影面与原投影面体系中任何一个投影面均不垂直，不能构成新的投影体系。由于将投影面平行线变换为投影面垂直线变换一次投影面即可，因此，将一般位置直线变换为投影面垂直线可经过两次变换达到目标，如图 6-6（a）所示，先将一般位置直线变换为投影面平行线，再将投影面平行线变换为投影面垂直线。图 6-6（b）所示为作图过程。

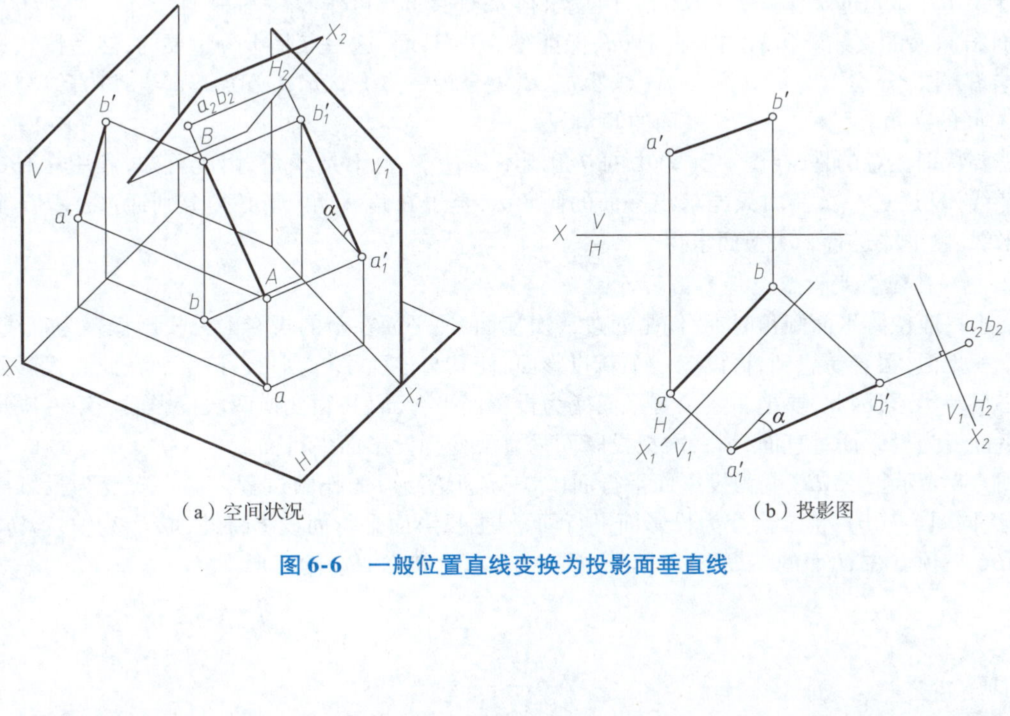

（a）空间状况　　（b）投影图

图 6-6　一般位置直线变换为投影面垂直线

3. 把一般位置平面变为投影面垂直面

如图6-7(a)所示,有一般位置平面△ABC,只要把△ABC面内的一条线变成新投影面的垂直线,那么△ABC平面必垂直于新投影面,这样面的投影就会积聚为一条直线。显然△ABC平面内有无数条线,其中有一般位置线,也有正平线、水平线和侧平线。为了减少设立新投影面的次数,简化作图过程,应该找特殊位置线,即面内的正平线、水平线及侧平线。当然,三种不同投影面平行线用于求一般位置面的三个不同的倾角,它们之间存在着对应关系。下面首先来看水平线。

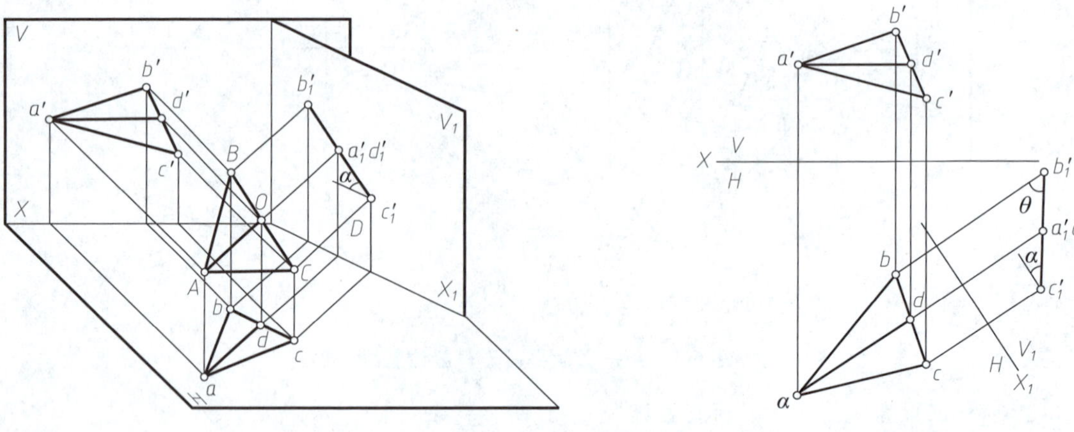

(a)空间状况　　　(b)投影图

图6-7　换面法求一般位置平面的α角

如图6-7(a)所示,在一般位置平面△ABC内作出一条水平线AD,此时,设立新投影面V_1,使其垂直于AD,容易理解V_1面必垂直于H面,这恰好符合前阐述的换面法应具备的条件,说明上述解题思路是完全可行的。在图6-7(b)中,已知平面△ABC的二投影△$a'b'c'$和△abc,先在△ABC内作H面平行线AD,即先过a'作$a'd'$//OX轴,由此求得d,连接ad;再作O_1X_1轴垂直于ad,显然O_1X_1轴既为H面和V_1面的交线。O_1X_1轴垂直于ad,保证了$AD \perp V_1$面,这一点是十分重要的,然后按点的投影变换作图方法,分别作出a'_1、b'_1、c'_1、d'_1(显然a'_1、d'_1重合为一点),$a'_1b'_1c'_1$必为一直线,该直线与新投影轴O_1X_1间的夹角,反映了△ABC平面的倾角α。

需要特别注意的是,在图6-7(b)中的θ角既不是β角,也不是γ角,由此可知,利用△ABC平面内水平线AD通过一次换面只能求出平面的倾角α,至于β角、γ角,则必须分别通过△ABC平面内的正平线、侧平线进行一次换面求得。

4. 把一般位置平面变为投影面平行面

在求一般位置平面倾角时,我们是通过一次换面,使平面在新的投影面上投影积聚为直线,而对于一个积聚面,很容易想到,再设置一个新投影面,使其与该面平行,那么,该平面在此新投影面上的投影必反映实形,因此,要把一般位置平面变为投影面平行面,必须变换两次投影面。第一次把一般位置平面变为投影面垂直面,第二次把投影面垂直面变为投影面平行面。

图6-8表示把△ABC变为投影面平行面(求三角形实形)的作图过程。第一次变为投影面垂直面,作法同图6-7(b);第二次变为投影面平行面,根据投影面平行面投影特性,取O_2X_2轴//$a'_1b'_1c'_1$,求出△ABC三顶点在H_2面的新投影a_2、b_2、c_2,则△$a_2b_2c_2$反映△ABC的实形。

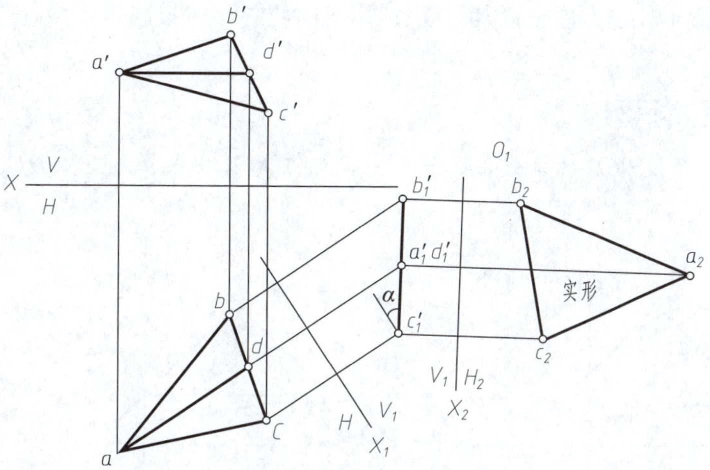

图 6-8 二次换面法求实形

第二节 换面法解点、直线和平面空间问题

一、投影图中直接反映点、直线、平面间距离和夹角的几种情况

如图 6-9 所示，列举了当两点或直线、平面对投影面 H 处于某种特殊位置时，水平投影能直接反映有关距离 L 和角度 θ 的真实大小的情况。

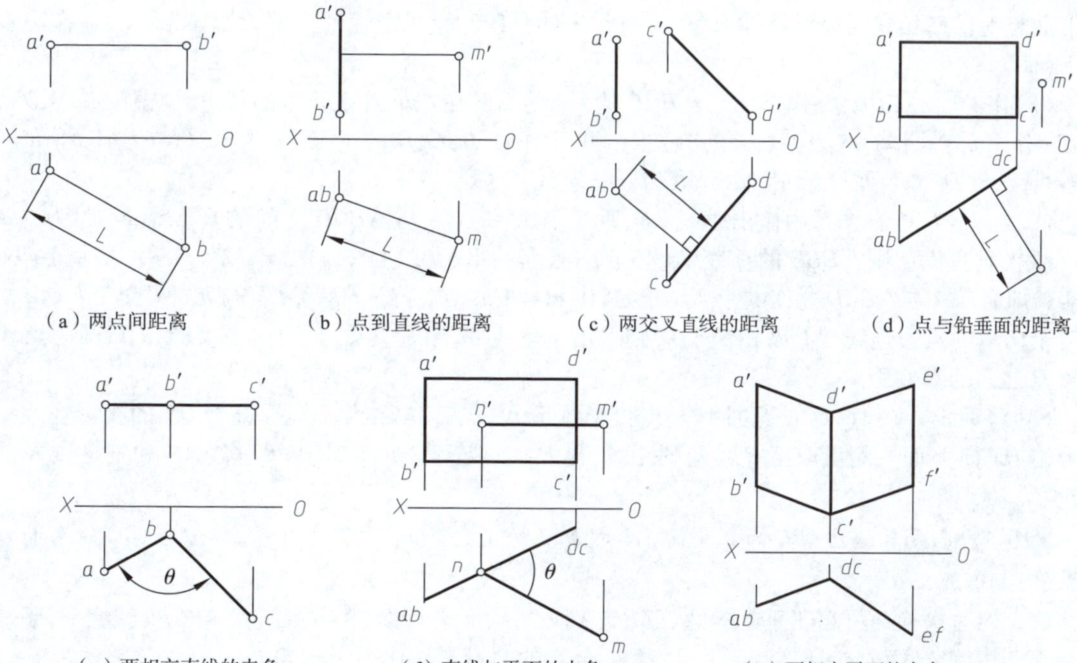

（a）两点间距离 （b）点到直线的距离 （c）两交叉直线的距离 （d）点与铅垂面的距离

（e）两相交直线的夹角 （f）直线与平面的夹角 （g）两相交平面的夹角

图 6-9 几种特殊情况

当点、直线、平面不处于上述位置时，可根据换面法使其在新投影体系中处于上述特殊位置，以解决相应问题。

二、换面法解题示例

例6-3 过点 A 作△BCD 的垂线 AK，并求出垂足点 K 以及点 A 与△BCD 之间的真实距离（见图 6-10）。

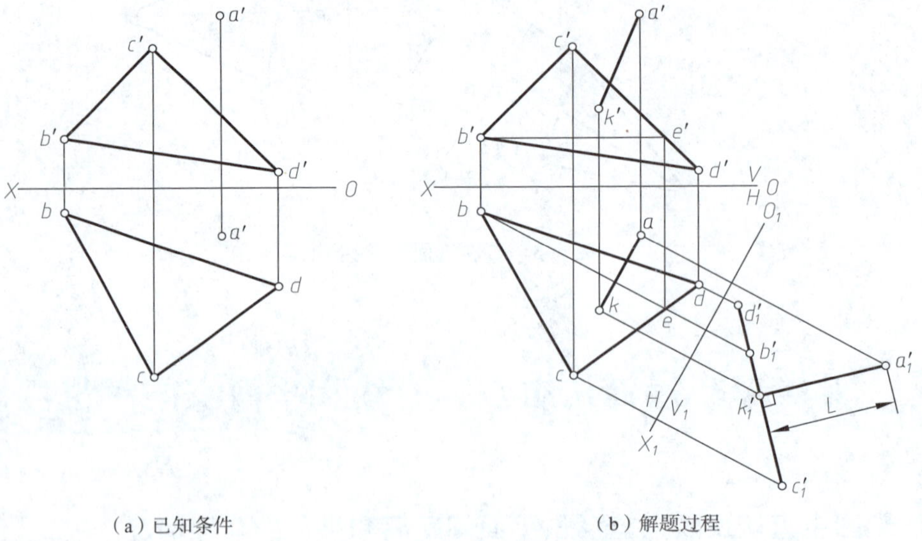

图 6-10 求点 A 到△BCD 面的垂线及距离

解 通过一次换面将△BCD 变换成投影面垂直面，在新投影体系中，就可按特殊情况下的直线与平面相垂直和相交的投影特性求解，并将作出的垂线和垂足点返回到原投影体系中去。作图步骤如下：

(1) 作 $V_1 \perp$ △BCD，并作点 A 和△BCD 的 V_1 面投影：在△BCD 上作水平线 BE（先作 $b'e' /\!/ OX$，再由 $b'e'$ 作出 be）。作 $O_1X_1 \perp be$，按投影变换的规律作 A、B、C、D 的 V_1 面投影 a'_1、b'_1、c'_1、d'_1，将 b'_1、c'_1、d'_1 连线，△BCD 的 V_1 面投影 $b'_1c'_1d'_1$ 积聚为一条直线。

(2) 在 V_1/H 投影体系中作出垂线 AK、垂足点 K 和点 A 与△BCD 之间的真实距离：因为△BCD 是 V_1 面的垂直面。则△BCD 的垂线 AK 必定是 V_1 面的平行线，且 $a'_1k'_1 \perp b'_1c'_1d'_1$。若 K 是垂足点，AK 的实长即为点 A 与△BCD 之间的距离。于是，作 $a'_1k'_1 \perp b'_1c'_1d'_1$，$ak /\!/ O_1X_1$，$a'_1k'_1$ 与 $b'_1c'_1d'_1$ 交于 k'_1，由 k'_1 作垂直于 O_1X_1 的投影连线，与 ak 相交于 k，则求出了垂线 AK 和垂足点 K 的水平投影，$a'_1k'_1$ 即为点 A 与△BCD 之间的真实距离。

(3) 将垂线 AK 和垂足 K 返回 V/H 点投影体系，求 $a'k'$ 和 k'：由 k 作垂直于 OX 的投影连线。在其上由 OX 向 V 面一侧量取至 $O_1X_1k'_1$ 的距离，得 k'，连接 a' 与 k'，则求出了垂线 AK 和垂足点 K 的正面投影。

例6-4 已知等边△ABC 为正垂面，AB 投影已给定，点 C 在 AB 的前方，补全△ABC 的两面投影（见图 6-11）。

解 经一次换面可将正垂的等边△ABC 变换为 H_1 面平行面，在 H_1 面上△ABC 反映实形，于是就可在 V/H_1 中作出这个△ABC，再返回 V/H，补全它的两投影。作图步骤如下：

(1) 作 $H_1 /\!/$ △ABC，并作 a_1b_1：作 $O_1X_1 /\!/ a'b'$（因 $a'b'c'$ 积聚成一直线，与 $a'b'$ 重合）；按投影变换规律作出 a_1 和 b_1，连成 a_1b_1。

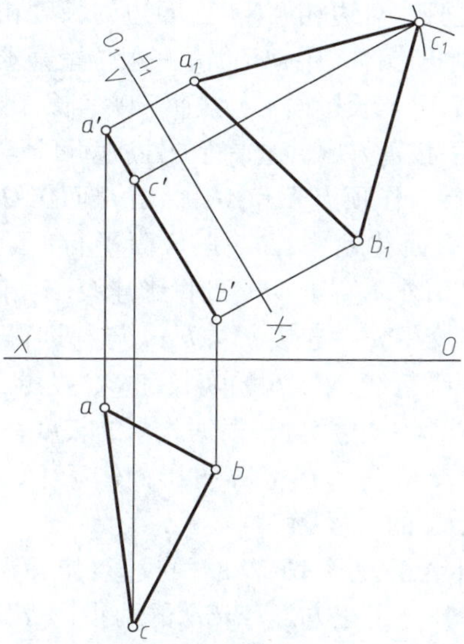

图 6-11　换面法解题

(2)在 V/H_1 中作出△ABC:分别以 a_1、b_1 为圆心,以 a_1b_1 长为半径作圆弧,于 a_1b_1 的前方交得 c_1,连得△$a_1b_1c_1$;由 c_1 作垂直于 O_1X_1 的投影连线,与 $a'b'$ 交出 c',即得△ABC 的积聚性的投影 $a'b'c'$。

(3)返回 V/H,作出△abc:由 c' 作垂直于 OX 的投影连线,在其上由 OX 向 H 面一侧量取在 V/H_1 中由 O_1X_1 至 c_1 的距离,得 c,与 ab 连成△abc,于是就补全了△ABC 的两面投影。

例6-5　如图 6-12 所示,正方形 ABCD 的顶点 A 在直线 EF 上,顶点 C 在直线 BG 上,补全该正方形的两投影。

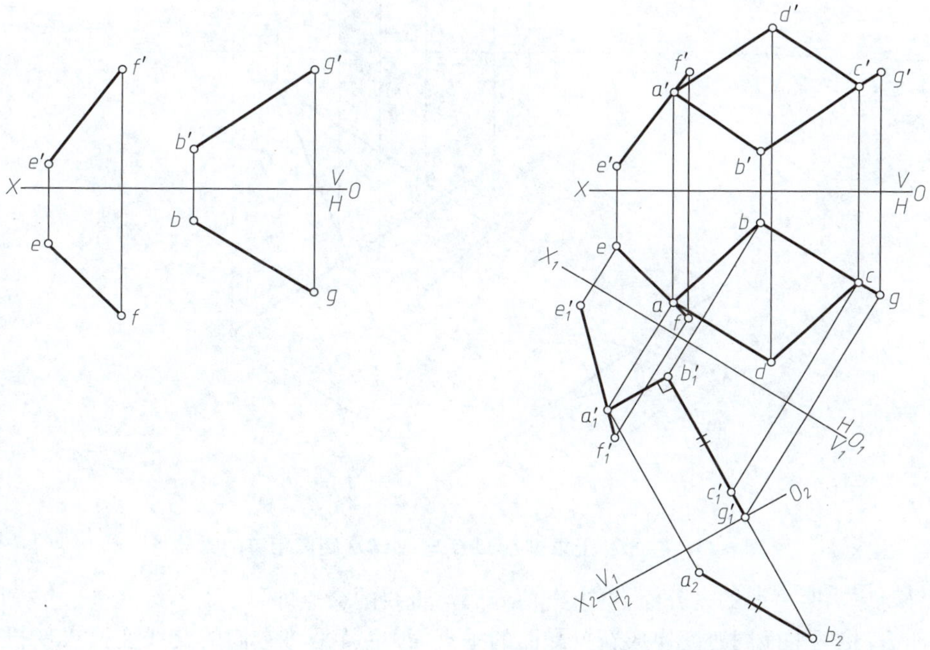

（a）已知条件　　（b）作图过程

图 6-12　由已知条件补全正方形 ABCD 的投影

解 因为正方形的邻边互相垂直，对边相互平行，四边的长度相等，所以先通过一次换面将直线BG变换成投影面平行线，由于在新投影体系中，AB仍是一般位置直线，BG是投影面平行线，因而再进行第二次换面，使BG垂直于新投影面AB与投影面平行线而反映实长，在BG上取BC的实长与AB相等，就可作出顶点C。作出AB和BC之后，按正方形对边平行的性质就可补全它的两面投影。作图步骤如下：

（1）将BG变换为投影面平行线，作顶点A和AB：保留H面作$O_1X_1 /\!/ bg$，按换面法的方法作出V_1面投影$b_1'g_1'$和$e_1'f_1'$。在V_1/H投影面体系中，BG是V_1面平行线，因$AB \perp BG$，由垂直定理过b_1'作$b_1'g_1'$的垂线，与$e_1'f_1'$相交得点a_1'；过a_1'作垂直于O_1X_1的投影连线，ef相交得点a。在V/H投影体系中，过a作垂直OX的投影连线，与$e'f'$相交得a'。连接a'与b'、a与b，即得AB的两面投影$a'b'$和ab。

（2）继续将AB变换成投影面平行线，求AB的实长和BC投影：作$O_2X_2 /\!/ a_1'b_1'$，根据投影变换的规律求a_2、b_2，连接a_2b_2，则a_2b_2长为AB边实长，根据a_2b_2的长度在$b_1'g_1'$上截量，得$b_1'c_1'$。过c_1'作垂直于O_1X_1的投影连线，在bg上相交得点c，在V/H投影面体系中，过c作垂直于OX的投影连线，在$b'g'$上相交得点c'。这样即得到点c的二投影。

（3）在V/H投影体系中，中补全正方形$ABCD$的两投影：作$a'd' /\!/ b'c'$、$c'd' /\!/ b'a'$，相交得d'；作$ad /\!/ bc$、$cd /\!/ ba$相交得d。于是就补全了正方形$ABCD$的两投影，d'和d一定位于同一条垂于OX的投影连线上。

例6-6 如图6-13所示，在直线MN上求一点K的二投影，使K点距相交两平面$\triangle ABD$及$\triangle ABC$的距离相等，其中$a'b' /\!/ OX$。

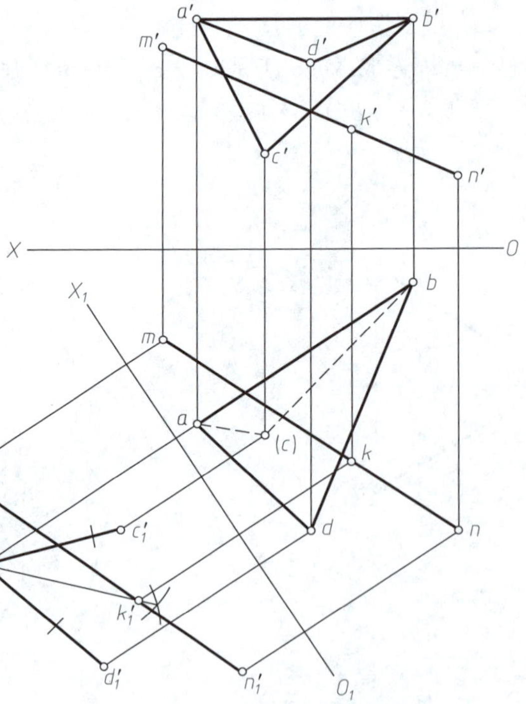

图6-13 在MN上求到$\triangle ABC$与$\triangle ABD$距离相等的K点

解 只要作出两平面的角分面，再求出角分面与直线的交点即可。

具体作法：将两平面同时变换成新投影面的垂直面，也就是将它们的交线变换成新投影面垂直线，则两平面积聚相交两直线之间的夹角，就反映出这两个平面之间的真实夹角，再作此夹角的平分线（即角分面的积聚投影）与MN直线新投影的交点即为K点的新投影。最后返回原V/H投影面体

系 V/H 中。作图步骤如下：

(1)因 $a'b'$∥OX，则两平面交线 AB 为水平线，经一次换面将两平面换成新投影面的垂直面：作 $O_1X_1 \perp ab$，按投影变换的规律作出 a_1'、b_1'、c_1'、d_1'、m_1'、n_1'，交线 AB 积聚为一点，连接 $c_1'a_1'$、$a_1'd_1'$、$m_1'n_1'$。

(2)作 $\angle c_1'a_1'd_1'$ 的平分线，即角分面的积聚投影，与 $m_1'n_1'$ 交于 k_1'，即为 K 点的 V_1 面投影。

(3)将 K 点返回原投影体系 V/H：由 k' 作垂直于 O_1X_1 的投影连线，与 mn 交得 k 点；再由 k 作垂直于 OX 的投影连线，与 $m'n'$ 交得 k' 点。于是就在 V/H 投影面体系中作出了所求点 K 的两投影。

例6-7　已知 AB 与 CD 平行，它们的距离为 15 mm，求 $c'd'$（见图 6-14）。

解　因 AB∥CD，且为一般位置直线，可将它们经两次换面后在新投影体系中分别积聚为一点，由两条直线的间距和 CD 的水平投影 cd 到 O_1X_1 的距离就可求出 c_2d_2，再逐步返回原投影体系 V/H。作图步骤如下：

(1)将 AB 换成投影面平行线：作 O_1X_1∥ab，按投影变换规律作出 a_1'、b_1'。

(2)将 AB 换成投影面垂直线：作 $O_2X_2 \perp a_1'b_1'$，由投影变换规律作出 a_2、b_2，它们积聚为一点。以 a_2、b_2 积聚的点为圆心，15 mm 为半径画圆，则 c_2、d_2 一定积聚在圆周上某点。由投影变换规律知，c_2、d_2 积聚的点到 O_2X_2 的距离等于 cd 到 O_1X_1 的距离，所以，作 O_2X_2 的平行线，使其距 O_2X_2 的距离等于 cd 到 O_1X_1 的距离，与圆弧的交点即为 CD 积聚投影，由图可知有两解，在此仅返回原投影一解。

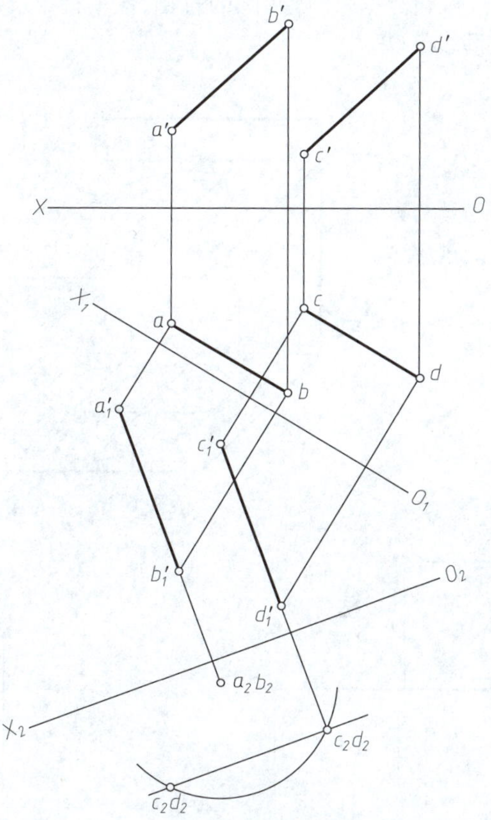

图 6-14　由已知条件补画 CD 的正面投影

(3)返回原投影面体系 V/H：由 c_2d_2 积聚的点作投影连线垂直于 O_2X_2，分别过 c、d 作垂直于 O_1X_1 的投影连线，它们的交点为 c_1'、d_1'，连接 $c_1'd_1'$；再由 c、d 作垂直于 OX 的投影连线，按投影变换规律可作出 c'、d'，连接 $c'd'$ 即得出 CD 的正面投影。

第三节　垂轴旋转法

投影面体系不动，而把空间几何元素绕选定的轴线旋转到与投影面处于有利于解题的位置，以达到投影变换的目的，这种方法称为**旋转法**。

旋转法研究几何元素绕定轴转动时的投影规律。旋转必须有旋转轴，轴的位置可根据需要选定，以能够解决问题和作图方便为原则。绕垂直于投影面的轴线的旋转称为**垂轴旋转**。

点的旋转是旋转法的基础。直线、平面和几何形体的旋转均可归结为点的旋转，因此首先应掌握点的旋转规律。点的放置基本原理如下：

点绕任意轴旋转时，点在空间的运动轨迹是一个垂直于轴线的平面上的圆周（见图 6-15）。这个圆周称为**旋转圆**，其所在平面 P 称为**旋转平面**；所绕的轴 OO 称为**旋转轴**，旋转圆的中心 S 称为**旋转中心**（即旋转轴与旋转平面的交点）。旋转圆的半径 R 称为**旋转半径**。

注意，旋转圆所在的平面一定垂直于旋转轴。

如图 6-16 所示，A 点绕铅垂线 OO 旋转时，其旋转圆所在的平面垂直于 OO 且平行于 H 面，所以正面投影为一垂直于 $O'O'$ 的线段，长度等于旋转圆的直径，水平投影反映旋转圆的实形。

图 6-17 所示为 A 点绕正垂线旋转。

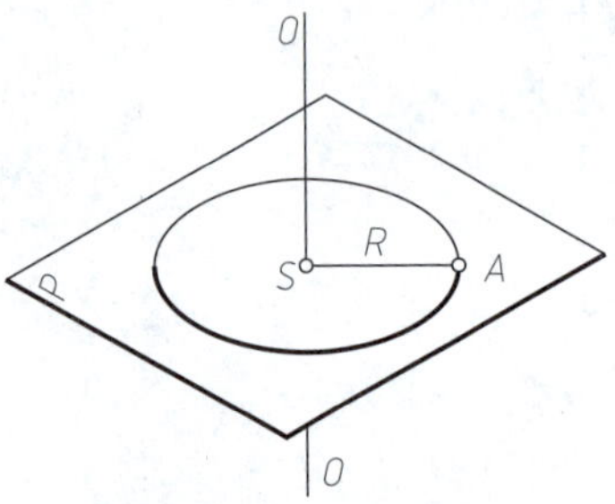

图 6-15　点绕轴旋转

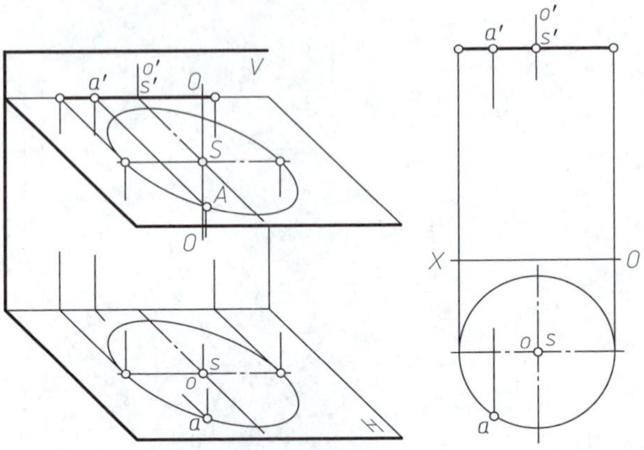

图 6-16　点绕铅垂线旋转

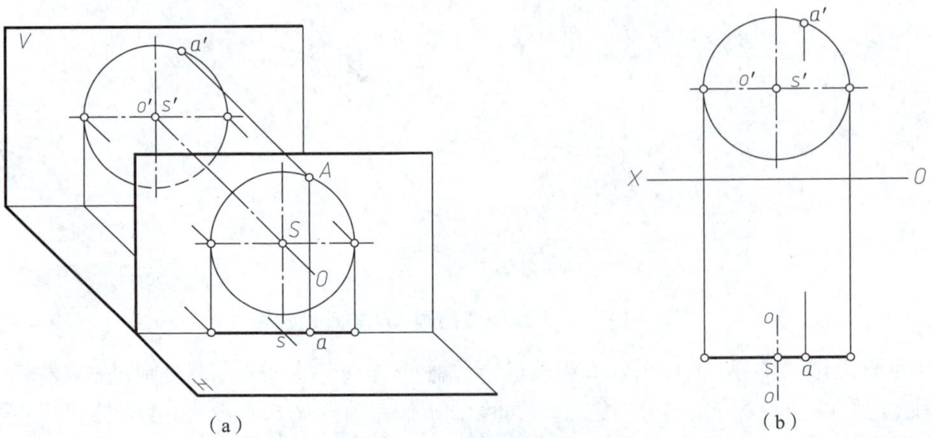

（a）　（b）

图 6-17　点绕正垂线旋转

第七章

平面立体

基本形体按其表面性质的不同,可分为平面体和曲面体两类。

平面体是由若干平面所围成的立体,它的每个表面都是多边形,最常见的平面体是棱柱、棱锥和棱台。

第一节　棱柱和棱锥

一、棱柱

有两个平面互相平行,其余每相邻两个面的交线都互相平行的平面体称为**棱柱**。平行的两个面称为**棱柱的底面**;其余的面称为**棱柱的棱面**;相邻两棱面的交线称为**棱柱的棱线**。

图 7-1(a)表示一个正六棱柱及其在三个投影面上的投影。为了便于画图和读图,使它的底面平行于 *H* 面,前后两个棱面平行于 *V* 面。

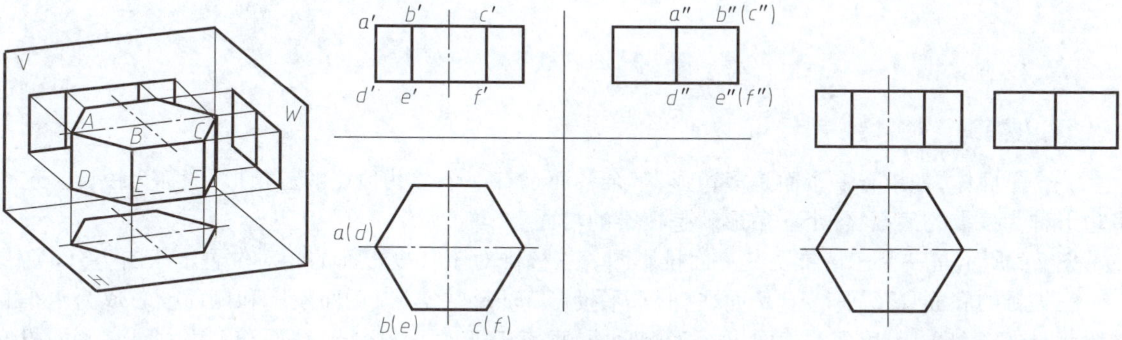

(a) 空间状态　　(b) 形体的三投影图　　(c) 不画投影轴的三投影图

图 7-1　六棱柱及其投影

这样,六棱柱的水平投影是一个正六边形[见图 7-1(b)],它既是上底的投影,也是下底的投影,而且反映了底面的实形。六边形的六条边 ab、bc 等,就是垂直于底面的六个棱面 $ABED$、$BCEF$ 等的积聚投影。

在正面投影中，因为六棱柱的上下两个底面为水平面，平行于 H 面，所以其投影成为上、下两段水平直线。前、后两个棱面平行于 V 面，投影成中间的矩形，反映其实形。其他四个棱面都倾斜于 V 面，投影成左、右两个变窄了的矩形。六棱柱的前面三个棱面的投影与后面三个棱面的投影重合，所以六个棱面投影成左右相连的三个矩形。

在侧面投影中，六棱柱上、下两底面的投影也是两段水平直线；前、后两个棱面为正平面，垂直于 W 面，它们的投影积聚成两段竖直线；左、右四个棱面则投影成两个矩形。应该注意，侧面投影的宽度应与水平投影的宽度相等，因为它们反映的是空间物体的同一宽度。

假想把图 7-1(a)中的六棱柱向上移动一段距离，那么它的水平投影保持原位不动，而正面投影和侧面投影就会向上移动一段相同的距离，投影的形状却并不因此而改变。同样，使物体下移，或向前后、左右平移，也只改变各投影到投影轴距离，它们的形状丝毫未变。这种情况在三面投影图中的反映是：正面投影和水平投影之间的距离及正面投影和侧面投影之间的距离有所改变，而各个投影的形状不变。

当我们表示空间形体而不考虑它到投影面的距离时，在投影图中，各个投影之间的距离就可根据画图时的需要确定，不必画出投影轴和投影连线，也不加注形体各顶点的字母标记，如图 7-1(c)所示。但是，应该注意，各个投影之间仍应保持“长对正、高平齐、宽相等”的关系。

图 7-2 所示是一个横放的直三棱柱及其三面投影图，投影图中未画投影轴。读者可参照关于六棱柱的分析，找出它的两个底面、三个棱面、三条棱线、六条底边和六个顶点在各个投影中的反映，并把各个顶点 $A, B, C, \cdots$ 的投影标记在图 7-2(b)中。

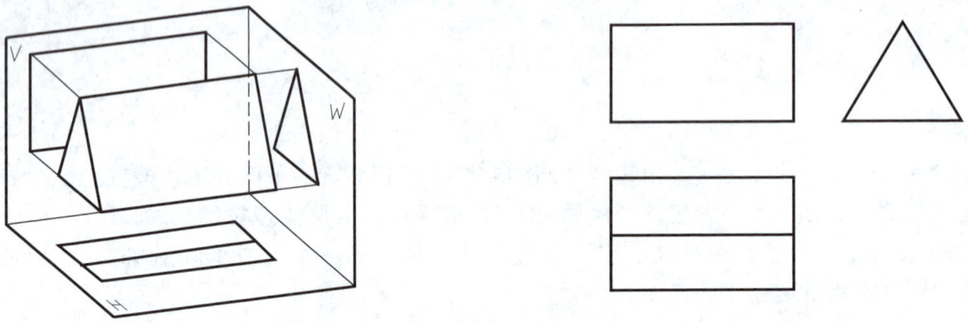

(a)　　(b)

图 7-2　三棱柱及其投影

二、棱锥

一个平面体，如果有一个面是多边形，其余各面是有一个公共顶点的三角形，就称为**棱锥**。这个多边形称为**棱锥的底面**，各个三角形就是**棱锥的棱面**。

图 7-3 所示是一个三棱锥及其三面投影图。三棱锥对于各投影面的相对位置示于图 7-3(a)中。

三棱锥的底面 ABC 平行于 H 面，它的水平投影 abc 反映实形，正面投影和侧面投影成为水平直线段[见图 7-3(b)]。后面的棱面 SAC 为侧垂面，垂直于 W 面而倾斜于 H 面和 V 面，所以，侧面投影 $s''a''c''$ 积聚成一段直线，正面投影和水平投影都成为与$\triangle SAC$ 同类的图形$\triangle s'a'c'$和$\triangle sac$。其他两个棱面与三个投影面斜交，所以，它们的三个投影都是与实形同类的图形，其中，侧面投影 $s''a''b''$ 与 $s''c''b''$重合。

应该注意，三棱锥的侧面投影不是一个等腰三角形。宽度 y_1 和 y_2 应与水平投影中的宽度相等。

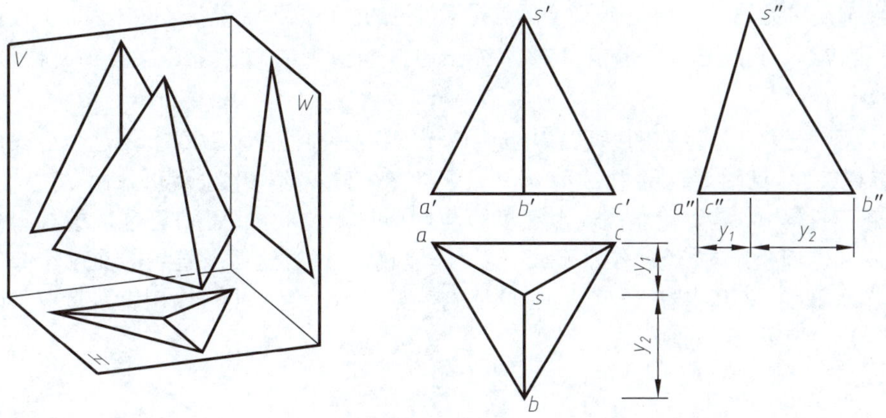

(a)　　　　　　　　　　(b)

图 7-3　三棱锥及其投影

三、棱台

棱锥被平行于其底面的平面截切而形成**棱台**。所以，棱台的两个底面彼此平行且相似，所有的棱线延长后相交于一点。图 7-4(a)所示是一个以矩形为底面的四棱台，图 6-7(b)、(c)所示是它的正面投影和水平投影。

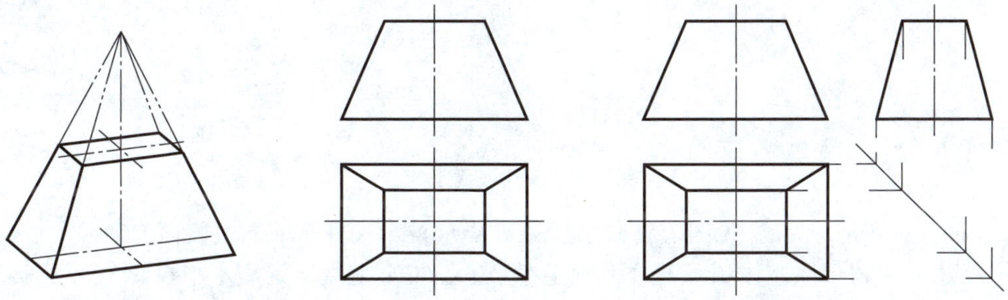

（a）立体图　　（b）二投影　　（c）由二投影补第三投影

图 7-4　四棱台及其投影

如果要根据上述已知的两个投影作出侧面投影，首先要想象物体的形状和它与各投影面的相对位置。例如，根据图 7-4(b)中的两个投影可以看出，棱台的两个底面平行于 H 面，前后两个棱面垂直于 W 面，左右两个棱面垂直于 V 面。然后，根据投影方向和上述分析想象侧面投影的形状。

图 7-4(c)是作侧面投影的过程。我们以投影规律“竖对正、高平齐、宽相等”为原则，在水平投影的右方适当位置作一条与水平线成 45°的斜线，这条斜线就确定了侧面投影的位置。然后从正面和水平投影中各相应点作图 7-4(c)所示的水平线和竖直线，汇交出侧面投影中的各点，最后连成所求的投影。这里，水平投影中的宽度是利用 45°斜线移置到侧面投影中去的，也可以不画这条斜线而利用分规从水平投影中量取宽度。

第二节　平面体表面上的点

平面体是由若干平面围成的，这些平面在各投影中可能是可见的，也可能是不可见的。凡是位于可见面上的点都是可见的，位于不可见面上的点是不可见的。下面举例说明平面体表面上定点的方法。

例7-1 图7-5(a)中，已知三棱柱 ABC 表面上 D 点的水平投影 d 和 E 点的正面投影 e'，求作点的其余两投影。

解 (1)水平投影 d 是可见的，所以 D 点应位于三棱柱的上底面 ABC 上。这个上底面的正面投影 $a'c'b'$ 具有积聚性[见图7-5(b)]，故由 d 向上作竖直线与 $a'c'b'$ 相交，就可求出 d'。

为了求侧面投影 d''，需要建立棱柱水平投影与侧面投影之间的联系，可选取棱柱上任一点如 A 的水平投影 a 和侧面投影 a''，经 a 作水平线，经 a'' 作竖直线，通过这两条直线的交点作45°线。这样，就可以由 d 作水平线，交45°线后作竖直线，此线与 $a''b''c''$ 交出 d''，d'' 也可以用直接量取水平投影中宽度 y 的方法定出，如图7-5(b)所示。

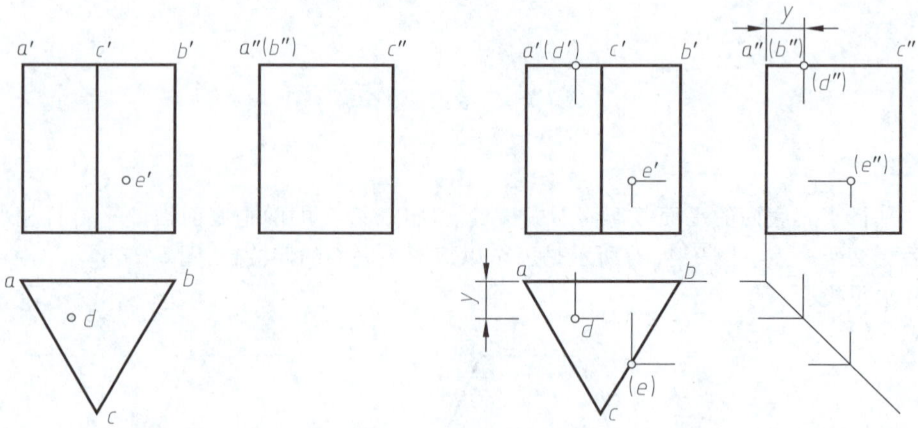

(a) 已知条件　　　(b) 表面定点过程

图7-5　棱柱表面上定点

(2)正面投影 e' 是可见的[见图7-5(a)]，所以 E 点应位于棱柱右前方的棱面 BC 上。由于这个棱面的水平投影 bc 有积聚性，因此由 e' 向下作竖直线，就可在 bc 上直接定出水平投影 e[见图7-5(b)]。侧面投影 e'' 可由 e 和 e' 并利用45°斜线定出。因为棱面 BC 在侧面投影中不可见，所以把 e'' 加上括号。

例7-2 已知四棱锥表面上 A 点的水平投影 a 和 B 点的侧面投影 b''[见图7-6(a)]。求作点的其余两投影。

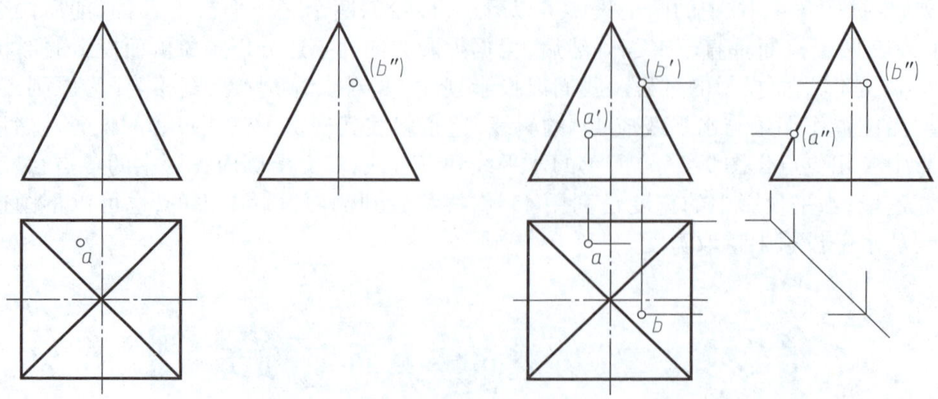

(a) 已知条件　　　(b) 表面定点过程

图7-6　棱锥表面上定点

解　(1)水平投影 a 是可见的,所以 A 点应位于棱锥后面的那个棱面上。而这个棱面为侧垂面,垂直于 W 面,侧面投影为左边的那条斜线[见图 7-6(b)],具有积聚性。由此,可以利用棱锥顶点的水平投影和侧面投影先画出 45°斜线,再由 a 通过这条 45°线作出 a'',最后由 a 和 a''确定 a',它应是不可见的。

(2)侧面投影 b''不可见,所以 B 点应在棱锥右边的那个棱面上,而这个棱面为正垂面,正面投影有积聚性,故由 b''先定出 b'[见图 7-6(b)],再由 b'和 b''定出 b。b 应该是可见的。

例7-3　已知三棱台表面上 A 点的正面投影 a'和线段 BC 的水平投影 bc[见图 7-7(a)],求作它的其余两投影。

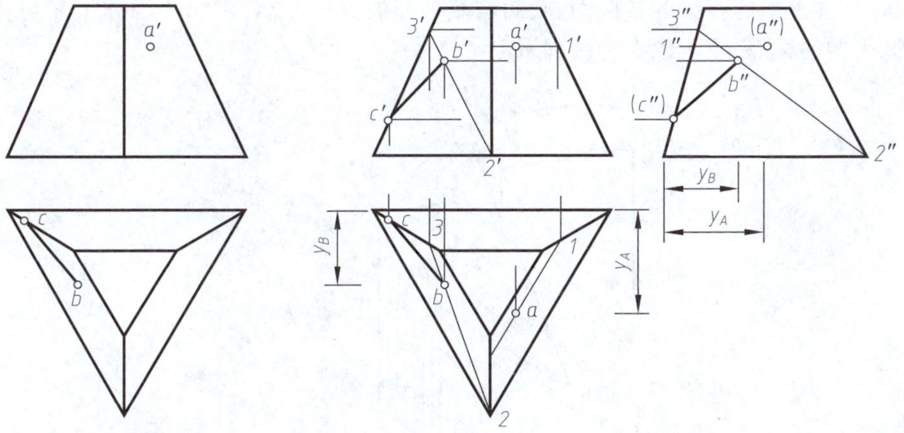

(a)已知条件　　(b)表面定点过程

图 7-7　棱台表面上定点

解　(1)因为 A 点所在的棱面是一般位置平面,它的三个投影都没有积聚性,所以要利用辅助直线来解题。过 A 点且位于 A 点所在棱面上的任何直线都可以作辅助线。

例如,过 A 点在棱台的右棱面上作一条水平线 $A\text{I}$,交右边的棱线于点 I,那么它的正面投影必定是过 a'的水平直线 $a'1'$[见图 7-7(b)]。由 $1'$可在相应棱线的水平投影上定出 1。因为 $A\text{I}$是水平线,所以它的水平投影应平行于该棱面底边的水平投影。由 a'向下作竖直线,就可交出所求的水平投影 a。求点的侧面投影前,先画出棱台的侧面投影。点 A 的侧面投影 a''是由 a 和 a'并利用宽度 y_A 相等确定的。分析可见性后,把 a''加上括号。

(2)线段 BC 可由两端点 B 和 C 确定,C 点在一条棱线上,可以利用从属关系直接画出其投影[见图 7-7(b)]。B 点的正面投影 b'是利用该点所在棱面上的一条一般位置直线Ⅱ-Ⅲ作出的。由于点Ⅱ是棱台的一个顶点,$2'$是已知的,利用它可使作图简化。b''也是由 b 和 b'利用宽度 y_B 相等作出的。由于线段 BC 所在的棱面的正面投影和侧面投影都是可见的,所以把 $b'c'$和 $b''c''$画成实线。

由以上可以看出,要在平面体表面上根据已知点的一个投影确定其余的投影,作图步骤可归纳如下:

(1)分析该点位于立体的哪一个表面上。

(2)找出该面的其他投影。如果其中有一个投影具有积聚性,那么可先确定该点在这一投影上的位置;如果是一般位置平面,就利用过已知点并在该平面上的辅助直线来求。

(3)由点的已知投影和求得的另一个投影作出点的第三投影。

(4)分析所求点的投影的可见性。

第三节　平面体的截断和直线贯穿平面体

一、平面截切平面体

平面体被平面所截，产生的交线称为**截交线**(见图 7-8)。截切立体的平面 P 称为**截平面**。截平面 P 与平面体表面相交形成截交线，所以**截交线是一个封闭的平面多边形**。为了确定这个多边形，就需要求出平面体上参与相交的各棱面、底面与截平面的交线，或者求出平面体上参与相交的各棱线、底边与截平面的交点，然后依次连接起来。

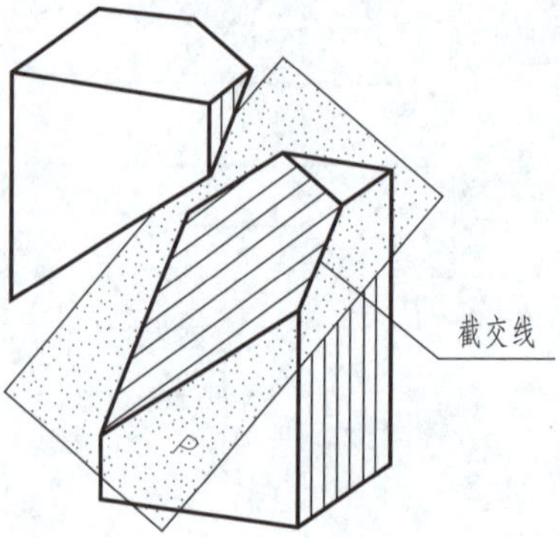

图 7-8　平面体的截断

截交线所围成的平面图形称为**截面**或**断面**。如有需要，可根据截交线的投影用更换投影面法或直角三角形法作出截面的实形。

例 7-4　已知四棱柱和垂直于 V 面的截平面 P_V[见图 7-9(a)]，求作被截后棱柱的三面投影图及截面的实形。

解　(1)作出棱柱的侧面投影。为了便于叙述起见，用字母 A、B、C、D 标记它的各顶点[见图 7-9(b)]。

由于 P 平面是一个正垂面，所以截交线的正面投影与 P_V 重合。从正面投影中可以看出，棱柱上被截到的平面是上底面和四个棱面。所以截交线是一个凸五边形。五边形的五个顶点是截平面与四棱柱的三条棱线及上底面的两条底边的交点。

P 平面与上底面 $ABCD$ 交出一条正垂线，它的正面投影 $1'$-$2'$ 由 P_V 与 $a'b'c'd'$ 相交得出，积聚为一个点。由此作出水平投影 1-2。侧面投影 $1''2''$ 是利用宽度 y 相等而定出的。

P 平面与四个棱面的交线的正面投影与 P_V 重合，而水平投影又分别与各棱面的水平投影重合。据此，即可确定它们的侧面投影。作图时，可先求出棱线 A、B、D 与 P 平面的交点Ⅲ、Ⅳ、Ⅴ的各投影。然后依次连接截平面各顶点的投影，并判断可见性，分清各棱线投影的可见性，补全所需要的线条以完成被截后棱柱的三面投影。

为了作出截面的实形，可建立新投影面 H_1 平行于 P 平面，作出截交线在 H_1 面上的投影 1_1-2_1-3_1-4_1-5_1，即得所求的实形[见图 7-9(b)]。图中没有画出新旧投影轴，而是以截面的前后对称线作为基准线进行作图的。例如，新投影 1_1 和 2_1 应位于过点 $1'$ 或 $2'$ 且垂直于 P_V 的直线上，离基准线的距离 y 则取自水平投影。

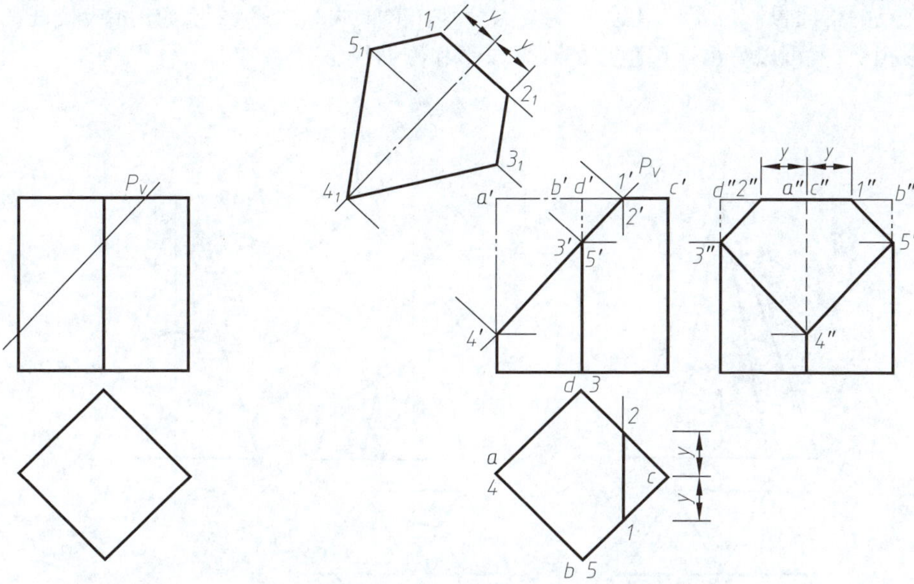

（a）已知情况　　（b）一个平面截切

图 7-9　棱柱的截断

(2)若在上述 *P* 平面截切棱柱后,再用侧平面 *Q* 截切棱柱[见图 7-10(a)],其三投影如图 7-10(b)所示。由于 *Q* 平面是一个侧平面,所以它与棱柱的两个棱面交出两条铅垂线,与棱柱下底面和正垂面 *P* 交出两条正垂线。

在图中,先作出侧平面积聚的正面投影 *6′-8′*(*7′-9′*)和水平投影 *6-7*(*8-9*)。然后作出侧面投影中的矩形实形 *6″-7″-8″-9″*。若截切棱柱其余部分,作图方法参照上述例题。

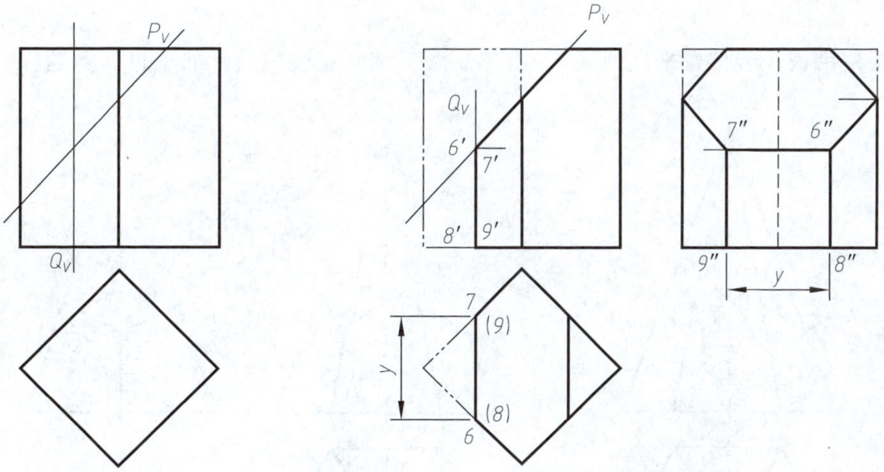

（a）已知情况　　（b）两个平面截切

图 7-10　棱柱的截断

例 7-5　已知六棱锥的两个投影和正垂面 *P*[见图 7-11(a)],作出被 *P* 平面截切后的棱锥的三面投影图及截面的实形。

解　(1)首先根据棱锥的二已知投影画出它的侧面投影,如图 7-11(b)所示。

P 平面与棱锥的六个棱面相交,交出一个六边形。六边形的顶点就是六条棱线与 *P* 平面的交

点。这些交点的正面投影位于P_V上。过各交点分别作竖直线和水平线与棱锥相应棱线的水平投影和侧面投影相交，就可以得出这些顶点的水平投影和侧面投影。

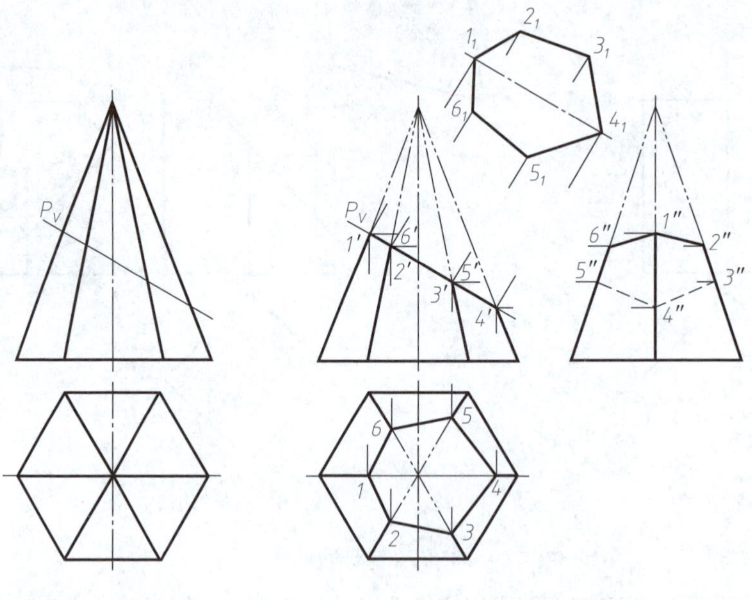

（a）已知情况　　（b）一个平面截切

图 7-11　棱锥的截断

得出各顶点的投影后，就可以连成截交线的各投影，并判断它们的可见性，如图 7-11 所示。截面实形的画法与上例相同。

（2）若用正垂面P_V和Q_V两次截切棱锥［图 7-12（a）］，其三投影图如图 7-12（b）所示。作图方法可参照上例。

注意：若棱锥被一般位置平面所截，可用换面法将该面变换为投影面垂直面解题。

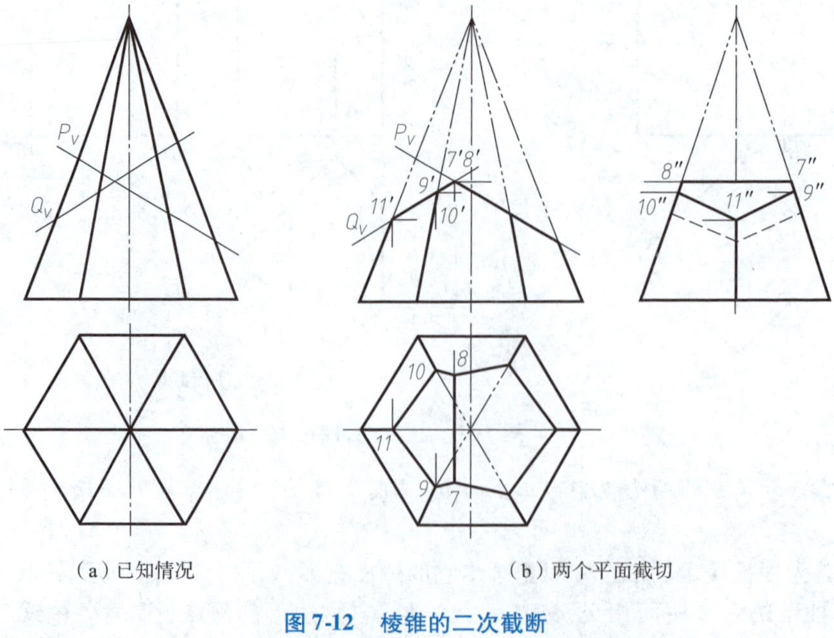

（a）已知情况　　（b）两个平面截切

图 7-12　棱锥的二次截断

二、直线与平面体相交

直线与立体表面的交点称为**贯穿点**，是直线与立体表面的公有点。

(1)当直线或平面体的表面的投影具有积聚性时，利用积聚性可以直接确定贯穿点。

例7-6　求直线 EF 与四棱柱 $ABCD$ 的贯穿点（见图7-13）。

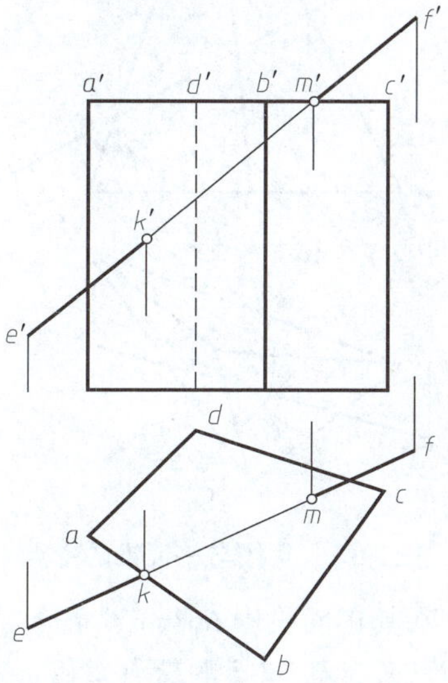

图7-13　直线与四棱柱的交点

解　四棱柱的棱面的水平投影有积聚性，直线 EF 与棱面 AB 的交点的水平投影 k 可直接定出，由此在正面投影 $e'f'$ 上定出 k'。直线 EF 与棱面 CD 交于棱面范围之外，所以应先定出 $e'f'$ 与具有积聚性的上底面正面投影的交点 m'，然后在 ef 上作出 m。点 $K(k、k')$ 和 $M(m、m')$ 即为所求的贯穿点。

区分可见性后，把线段的可见投影画成实线。位于立体内部的线段投影不必画出。

(2)如果直线或立体表面的投影没有积聚性可利用时（见图7-14），则要经过已知直线 EF 作辅助平面 R，求出 R 平面与立体的截交线Ⅰ-Ⅱ-Ⅲ，才能确定贯穿点 K 和 M。由于平面与平面体的截交线是多边形，其投影也是多边形，容易绘制，所以为了便于作图起见，总是选用特殊位置平面作为辅助面。

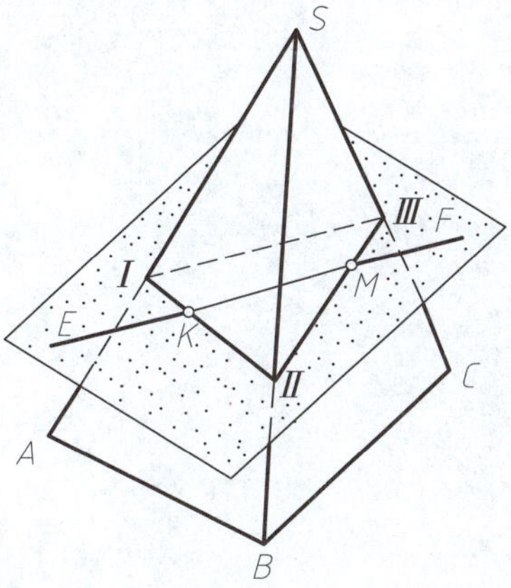

图7-14　贯穿点的求法

例7-7 求作直线 EF 与棱锥 $SABC$ 的交点(见图 7-15)。

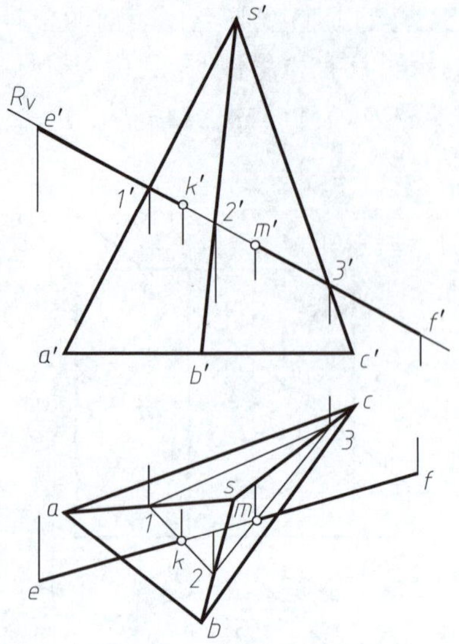

图 7-15 直线与三棱锥的交点

解 过直线 EF 作辅助正垂面 R,其正面投影 R_V 与 $e'f'$ 重合。在 R_V 上得出截交线的正面投影 $1'$-$2'$-$3'$。由之确定其水平投影△1-2-3。ef 与△1-2-3 的交点 k 和 m 就是贯穿点的水平投影。由 k 和 m 在 $e'f'$ 上得出贯穿点的正面投影。

由于 k、m 和 k'、m' 都位于各相应棱面的可见投影上,所以立体外的各段的投影 ek、mf 和 $e'k'$、$m'f'$ 均可见,画成实线。

第八章

曲面立体

第一节　曲线、曲面及曲面体表面上的点

一、曲线

曲线可以看作不断改变方向的一个点的运动轨迹。曲线可以根据它是否位于同一平面上而分为平面曲线和空间曲线两类。

1. 平面曲线

曲线上所有的点都位于同一平面上的曲线称为**平面曲线**。

2. 空间曲线

曲线上连续四个点不在同一平面上的曲线称为**空间曲线**。

二、曲面

曲面是由直线或曲线按一定规律运动而形成的,也可以把它看成满足一定条件的线的集合。由直线运动而形成的曲面称为**直纹面**,如圆柱面、圆锥面等。只能由曲线运动而形成的曲面称为**复曲面**,如球面、环面等。下面介绍几种常见的曲面。

1. 圆柱面

直线 AB 围绕与之平行的轴线 OO 旋转而成的曲面就是**圆柱面**,如图 8-1(a)所示。直线 AB 称为**母线**。圆柱面上任一位置的母线,如 A_1B_1,称为圆柱面的**素线**。母线 AB 上任一点的运动轨迹是一个圆,圆所在的平面垂直于轴线 OO。

图 8-1(b)为一轴线垂直于 H 面的圆柱面及其在三个投影面上的投影。图 8-1(c)是该圆柱面的三面投影图。由于圆柱面上所有的素线都垂直于 H 面,所以它的水平投影是一个圆并具有积聚性。圆柱面的正面投影是一个矩形,其中 $a'c'$ 和 $b'd'$ 是顶圆和底圆的投影,而 $a'b'$ 和 $c'd'$ 则分别为最左素线 AB 和最右素线 CD 的投影,称为**轮廓素线**。由于圆柱面是光滑的曲面,因此这两条素线在侧面投影中不应画出。在侧面投影中画出的轮廓素线 $e''f''$ 和 $g''h''$ 是圆柱面上最前和最后两条素线 EF 和 GH 的投影。同样,它们的正面投影也不应画出。

应该指出,曲面投影的轮廓线或轮廓素线是当曲面向某一投影面投影时所产生的曲面边界线的

投影。对其他投影面来说，则产生另外的边界线。所以某一投影中的轮廓线或轮廓素线，在其他投影中不表示，需运用投影规律确定它们在其他投影中的位置。

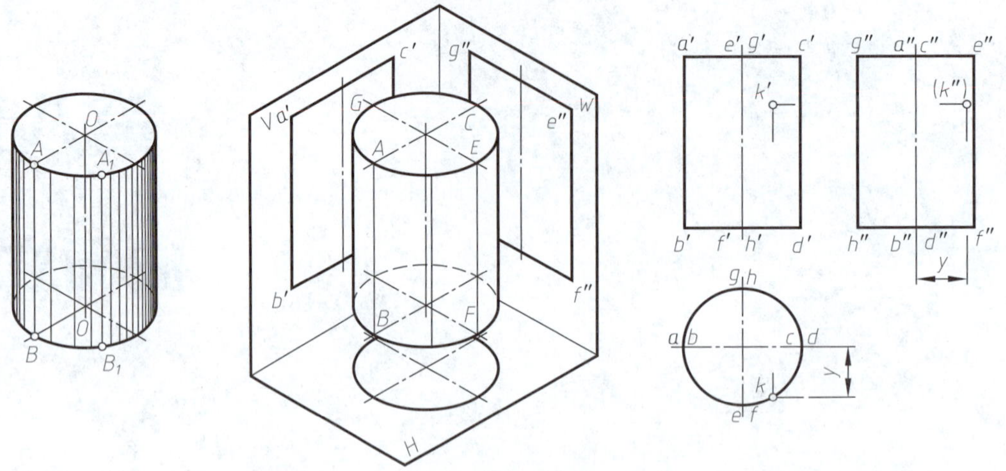

（a）立体图　（b）圆柱空间三投影图　（c）圆柱三投影图

图 8-1　圆柱面

在图 8-1(c)的正面投影和侧面投影中，还用细点划线画出了圆柱面的轴线，在成为圆的水平投影上，用细点划线画出了互相垂直的圆的两条中心线。

利用圆柱面水平投影的积聚性，可以直接由圆柱面上的一点 K 的正面投影 k' 定出其水平投影 k［见图 8-1(c)］。然后利用距离 y 确定其侧面投影 k''，k'' 是不可见的。

2. 圆锥面

直母线 SA 绕与之相交的轴线 OO 旋转而成的曲面是圆锥面［见图 8-2(a)］。

图 8-2(b)表示一轴线垂直于 H 面而顶点为 S 的圆锥面及其在三个投影面上的投影。图 8-2(c)是该圆锥面的三面投影图。圆锥面的水平投影是一个圆形，圆心 s 就是顶点 S 的投影。正面投影中的轮廓素线 $s'a'$ 和 $s'b'$ 是圆锥面上最左和最右两条素线 SA 和 SB 的投影。最前和最后两条素线 SC 和 SD 的侧面投影就是轮廓素线 $s''c''$ 和 $s''d''$。在投影图中，和圆柱面一样，也要画出轴线和中心线。

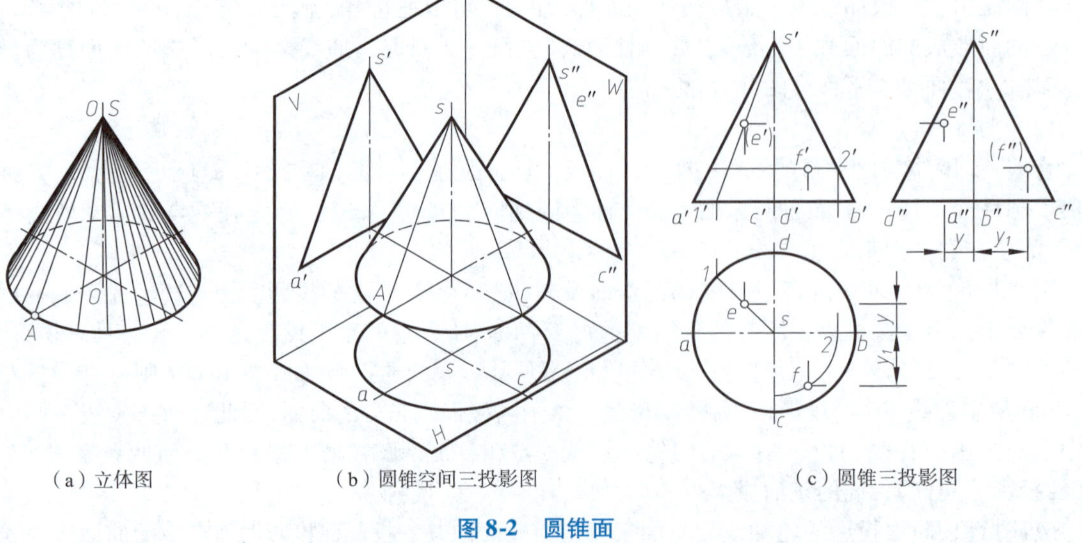

（a）立体图　（b）圆锥空间三投影图　（c）圆锥三投影图

图 8-2　圆锥面

在图 8-2(c)中，利用圆锥面上过 E 点的素线 SI 作为辅助线。先过 e 作出它的水平投影 $s1$，然后画出正面投影 $s'1'$，再在 $s'1'$ 上确定所求的 e'。由 e 和 e' 作出 e''。因为 E 点在圆锥面的左后部分上，所以 e' 不可见，e'' 是可见的。

这种利用曲面的素线作为辅助线以确定点的其他投影的方法称为**素线法**。

在圆锥面的形成中，母线上一点的运动轨迹是一个垂直于轴线的圆，这个圆称为**圆锥面的纬圆**。在图 8-2(c)中，圆锥面的轴线垂直于 H 面，所以过 F 点的纬圆应该是一个处于水平位置的圆，它的正面投影是过 f' 的一段水平线。水平线与轮廓素线相交于 $2'$，确定了这个纬圆的直径。从交点 $2'$ 作竖直线，在相应的轮廓素线的水平投影上定出点 2，以 s 为圆心，$s2$ 为半径作圆，这就是过 F 点的纬圆的水平投影。图中只画出了这个圆的右下部分。由 f' 引竖直线与这部分圆弧相交，就得到所求的水平投影 f，f 是可见的。然后由 f 和 f' 确定 f''，f'' 是不可见的。

这种利用回转面的纬圆作为辅助线以确定点的其他投影的方法称为**纬圆法**。也可认为是平行于底面的平面截交出水平圆。

3. 球面

球面是一个圆围绕着它自身的一条直径旋转而成的曲面[见图 8-3(a)]。球面的三个投影都是圆[见图 8-3(b)]，直径都等于球面的直径。但是，这三个圆却是球面上三个不同方位的大圆(通过球心的平面与球面交出的圆叫大圆)的投影。例如，水平投影中的圆 $abcd$ 是球面上平行于 H 面的大圆的投影，它的正面投影和侧面投影分别为水平直径 $a'c'$ 和 $b''d''$。正面投影中的圆 $a'e'c'f'$ 是球面上平行于 V 面的大圆的投影，它的水平投影是水平直径 ac，而侧面投影则是竖直的直径 $e''f''$。读者可试按同样的方法分析侧面投影中的圆。

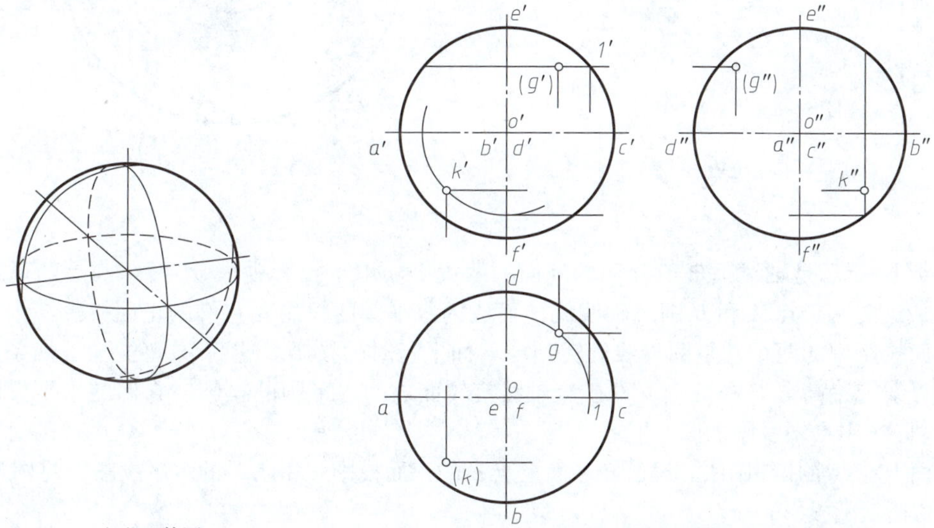

(a) 立体图　　(b) 球体三投影图

图 8-3　球面

已知球面上点 G 的正面投影 g' 和点 K 的侧面投影 k''[见图 8-3(b)]，试作其余两投影。

根据 g' 的位置，可知点 G 位于球面的右上部分；又因为 g' 不可见，所以点 G 在后半个球面上。假想过点 G 在球面上作一个水平纬圆，这个纬圆的正面投影就应是过 g' 的水平线段，它与球面轮廓线交于 $1'$。与这条轮廓线相应的水平投影是水平直径，于是由 $1'$ 在这条直径上作出点 1。以 o 为圆心，$o1$ 为半径作圆，这就是水平纬圆的水平投影。然后由 g' 向下作竖直线与这个圆的上半部分交出所求的水平投影 g。由 g 和 g' 作出 g''。因为点 G 在上半个球面上，所以 g 是可见的；因为点 G 又在右半个球面上，所以 g'' 是不可见的。

分析图 8-3(b)中 k'' 的位置和可见性，可确定点 K 在球面的前左下部分上。假想过点 K 在球面上作一个平行于 V 面的圆，这个圆的侧面投影应为过 k'' 的一段竖直线，正面投影反映圆的实形。由 k'' 作线在正面投影中的左半圆上定出 k'，再由 k' 和 k'' 作出 k。因为 K 点在前半球上，所以 k' 为可见；因 K 点又在下半球上，所以 k 为不可见的。

4. 环面

环面是一个圆周围绕着一条与该圆周在同一平面上，但在圆周外的轴线旋转而成的曲面[见图 8-4(a)]。其中，外半圆周回转形成外环面，内半圆周回转形成内环面。如充了气的车轮内胎，可以看作环面的例子。

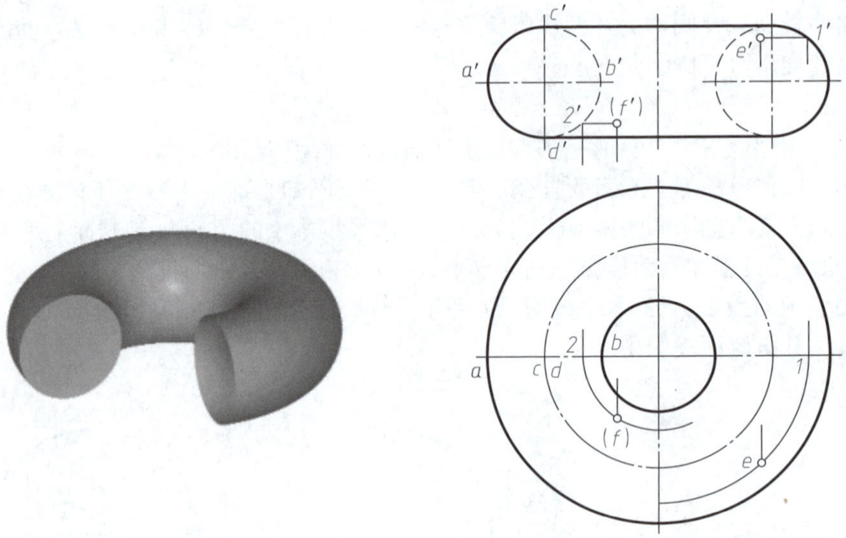

（a）立体图　　（b）圆环体三投影图

图 8-4　环面

图 8-4(b)所示是轴线垂直于 H 面的环面的两投影。水平投影中大、小两个圆是圆母线上离轴线最远和最近的两个点 A 和 B 围绕轴线旋转而成的水平圆的投影。它们的正面投影与水平中心线重合。正面投影中的两个圆是圆母线旋转到与 V 面平行时的投影。这两个圆的上、下两条水平公切线则是圆母线上最高点 C 和最低点 D 围绕轴线旋转而成的水平圆的投影。它们的水平投影与圆母线圆心的轨迹（用点划线画的圆）重合。

在环面上定点常用纬圆法。设已知环面上点 E 的正面投影 e' 和点 F 的水平投影 f[见图 8-4(b)]，试作出它们所缺的投影 e 和 f'。

根据 e' 的位置和可见性，可知点 E 在外环面的前上部分上。过 e' 作水平线，作为环面上过点 E 的纬圆的正面投影，由之作出这个纬圆的水平投影。在这个投影的下部圆弧上，由 e' 向下作竖直线交出所求的水平投影 e。因为点 E 在上半个环面上，所以 e 是可见的。

由于水平投影 f 为不可见，所以 F 点应位于下半个环面上，又因 f 位于用点划线画的圆的内部，可知点 F 在内环面上。在图 8-4(b)中，过 f 作圆，这是过点 F 的纬圆的水平投影，它与水平中心线交于点 2。经 2 向上作线与正面投影中小圆的下半部交出 $2'$。过 $2'$ 引水平线，即是纬圆的正面投影。在这条水平线上可得出所求的 f'，f' 是不可见的。

第二节　平面截切曲面体

曲面体是由曲面或曲面和平面围成的立体。例如，球面围成球，环面围成环，圆柱面和两个底平面围成圆柱，圆锥面和一个底平面围成圆锥。

曲面体被平面所截，截出一个平面形。这个平面形的轮廓是截平面与曲面体表面的截交线。截交线的形状取决于：①曲面体表面的性质；②截平面与曲面体的相对位置。一般来说，截交线是一封闭的平面曲线，但如曲面体的底面（平面）也被截到，那么得出的截交线是平面曲线与直线相结合的封闭形。特殊情况下也可能是一个多边形。

研究平面截切曲面体的目的是要在已知曲面体和截平面的情况下，作出截交线的投影。

图 8-5 所示为一直圆锥被 P 平面所截，截交线是一椭圆。为了求出此椭圆，必须找出属于椭圆的一系列点，这些点均为圆锥表面和 P 平面的公有点。在图中利用了辅助平面来求这些公有点。辅助平面 R 被选择为平行于圆锥底面的平面，与圆锥相交得圆 C，与截平面 P 相交得直线 AB。圆 C 与直线 AB 交于Ⅰ、Ⅱ两点。Ⅰ、Ⅱ两点为圆锥表面和 P 平面的公有点，所以它们是截交线椭圆上的点。这样作若干辅助平面，就可得到一系列的点。把这些点依次连接成椭圆，即得截平面 P 与圆锥相交的截交线。这种求截交线的方法称为**辅助平面法**。选择辅助平面的原则是：**应使它与曲面体表面交线的投影为简单而易于绘制的直线或圆。**

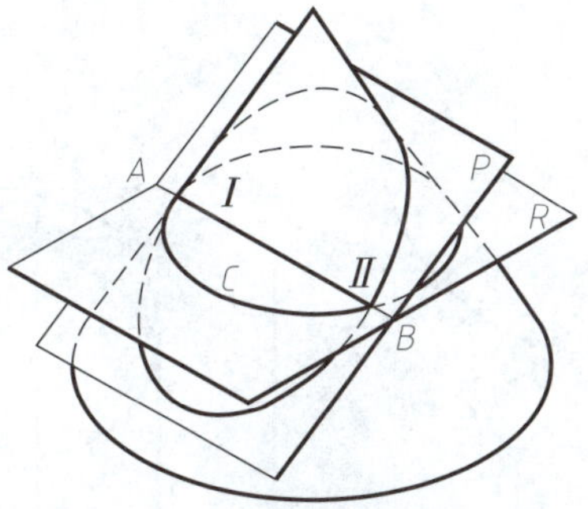

图 8-5　辅助平面法求截交线

当截平面处于特殊位置或曲面体表面的投影具有积聚性时，截交线的一个或两个投影是已知的。在这种情况下，还可以利用面上定点的方法从已知的截交线投影找出其他投影中属于截交线上的点。

在具体作图时，为了更好地控制截交线的投影和分清其可见性，还应求出截交线上的特殊点，如最高、低、前、后、左、右点和立体投影轮廓线上的点。求曲面体截交线的一般步骤如下：

（1）根据给出的截平面和曲面体分析截交线的形状，确定解题的方法。

（2）按特殊点、一般点的次序求出属于截交线各投影上的足够的点。

（3）顺次连接所求得的各点并分清截交线及被截后立体在各投影中线条的可见性。

下面分别就圆柱、圆锥和球的截切予以说明。

一、圆柱的截切

根据截平面与直圆柱相对位置不同，截切圆柱面所得的截交线可能是二平行直线、圆或椭圆，见表 8-1。

表 8-1　圆柱的截交线

截平面位置	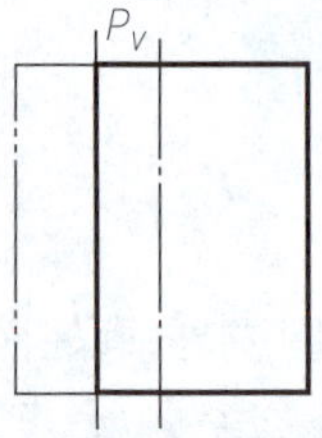 *P* 平面平行于圆柱轴线	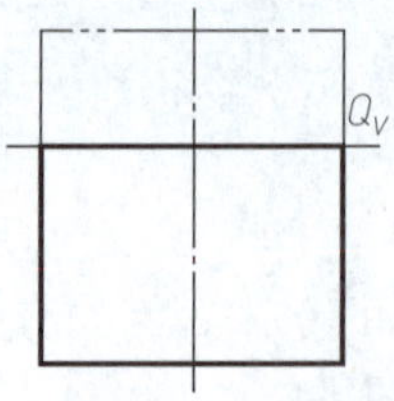 *Q* 平面垂直于圆柱轴线	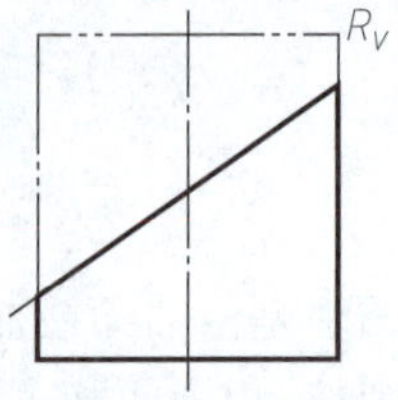 *R* 平面倾斜于圆柱轴线
截交线形状	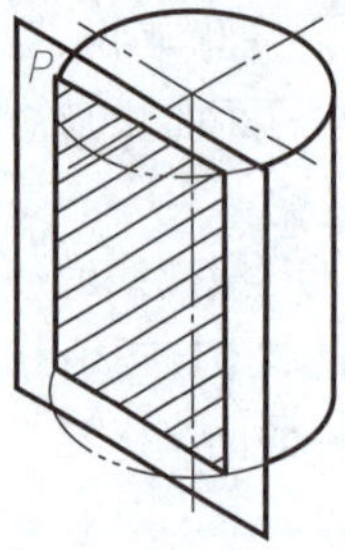 二平行直线(连同与二底面的交线合成一矩形)	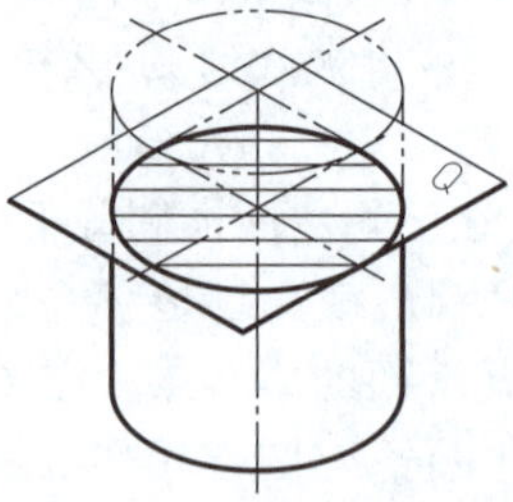 圆	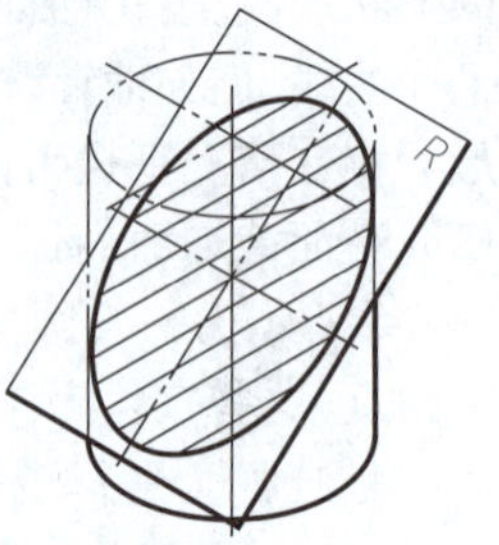 椭圆

下面举例说明在投影图上作截交线的方法。

例 8-1　已知被截后圆柱的水平投影和正面投影(见图 8-6),求作它的侧面投影和斜截面实形。

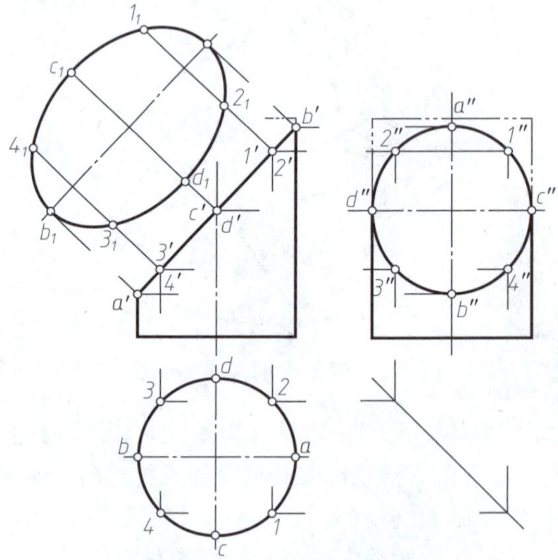

图 8-6　圆柱的截断

解　截平面是正垂面,与圆柱轴线斜交,所以截交线是椭圆。这个椭圆的正面投影应与截平面的具有积聚性的正面投影重合,是一段直线。它的水平投影与圆柱面的具有积聚性的水平投影重合,是一个圆。这就是说,我们已经知道了截交线的两个投影,要作出它的侧面投影。

因为截平面倾斜于 *W* 面,截交线的侧面投影应是一个与截交线同类的图形,即不同的椭圆。椭圆曲线可以看作点的集合,需要作出一系列的点,然后顺次连成光滑曲线。

先作出截切前圆柱的侧面投影,然后求截交线侧面投影上的点。由正面投影中 a'、b'、c'、d' 可直接在侧面投影中相应的素线上定出 a''、b''、c'' 和 d''。*A*、*B* 两点是截交线的最高点和最低点,在本例中由于截平面与圆柱轴线的夹角小于45°，$a''b''$成为截交线侧面投影的长轴。C、D两点是截交线的最前点和最后点，$c''d''$成为截交线侧面投影的短轴。c''和d''也是侧面投影中圆柱轮廓素线与椭圆的切点。求截交线投影时，应先求出这类特殊点。

为了作出一些中间点，可先在正面投影中取点，如$1'$、$2'$，找出它们的水平投影1、2，然后确定$1''$、$2''$。作出足够的点后，顺次连成光滑的曲线，再分清圆柱被截后各投影中线条的可见性，并补全所需的线条，即得出最后的图形。

求斜截面实形可采用更换投影面法。作图时，先作基准线$a_1b_1 /\!/ a'b'$，然后自正面投影中c'、d'、$1'$、$2'$、……点作a_1b_1的垂线，并使各点至a_1b_1的距离等于水平投影中各相应点至ab的距离，从而定出实形椭圆上的点。

例8-2 已知带切口的圆柱的正面投影[见图8-7(a)]，完成它的水平投影和侧面投影。

解 切口是由一个水平面和一个正垂面形成的。水平面平行于圆柱轴线，与圆柱面交出两条平行的素线，与圆柱左端面和正垂面交出两条正垂线。正垂面与圆柱面轴线倾斜，交出椭圆的一部分。

在图8-7(b)中，先作出水平面的侧面投影$1''$-$3''$($2''$-$4''$)，从而作出水平投影中的矩形1-2-3-4。水平投影中部分椭圆的作图法与上例相似。

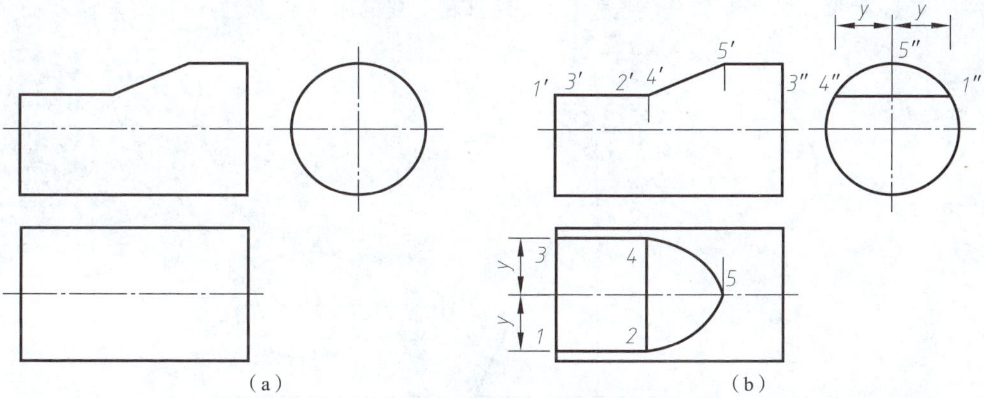

图8-7 带切口的圆柱

二、圆锥的截切

根据截平面与圆锥相对位置的不同，截切圆锥面所得的截交线可能是两相交直线、圆、椭圆、抛物线或双曲线，见表8-2。

表8-2 圆锥的截交线

截平面位置(α为圆锥素线与轴线的夹角，θ为截平面与轴线的夹角)				
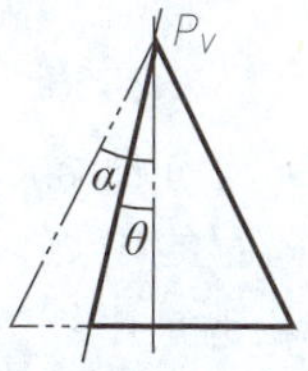 过锥顶($\theta<\alpha$)	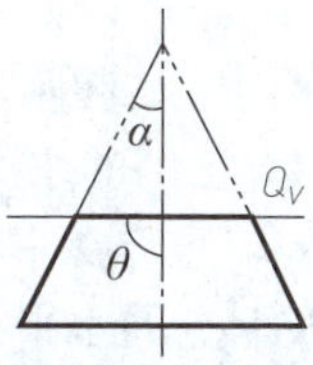 垂直于轴线($\theta=90°$)	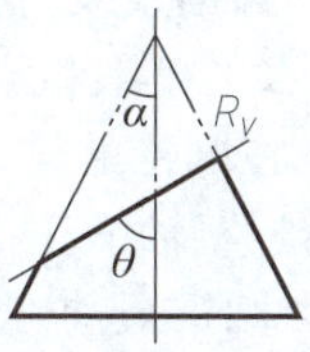 $\theta>\alpha$	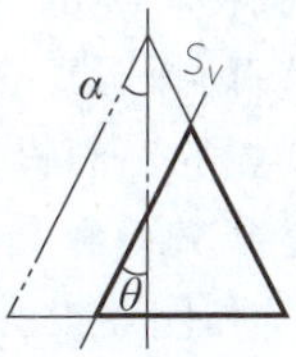 $\theta=\alpha$	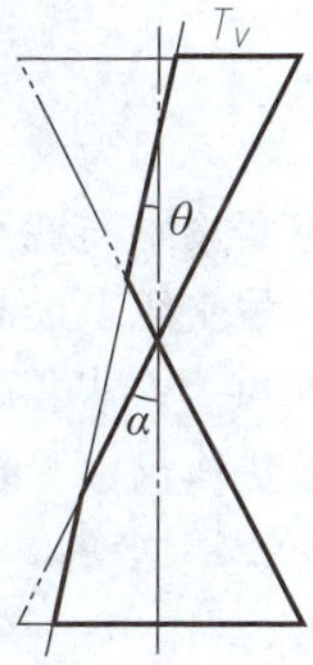 $\theta<\alpha$

续上表

截交线形状				
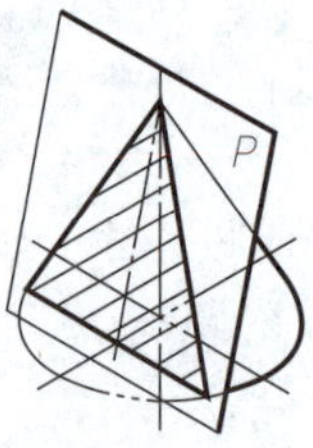 二相交直线 （连同与底面的 交线合成一三角形）	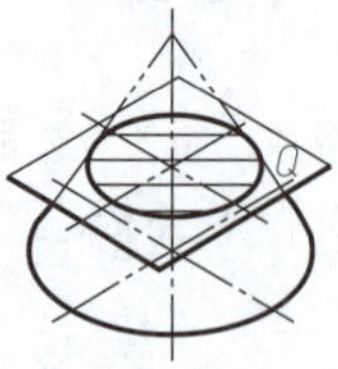 圆	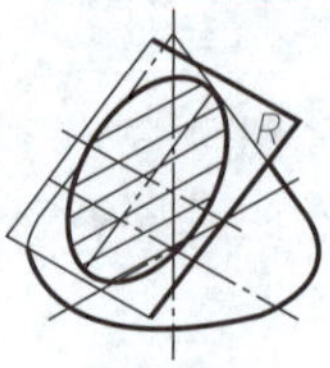 椭圆	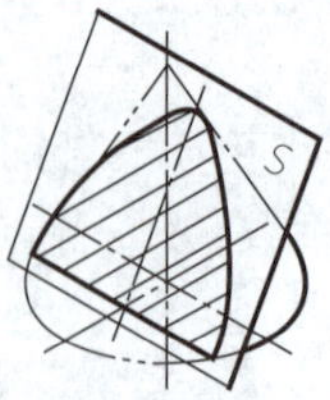 抛物线	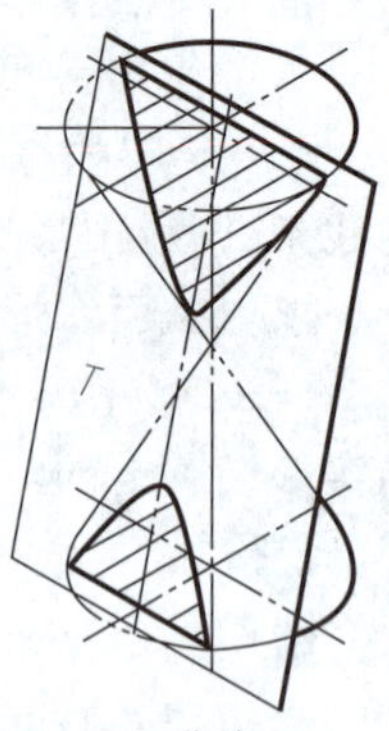 双曲线

下面举例说明在投影图中作圆锥截交线的方法。

例8-3 已知圆锥被正垂面所截（见图 8-8），作出截交线的水平投影、侧面投影和斜截面实形。

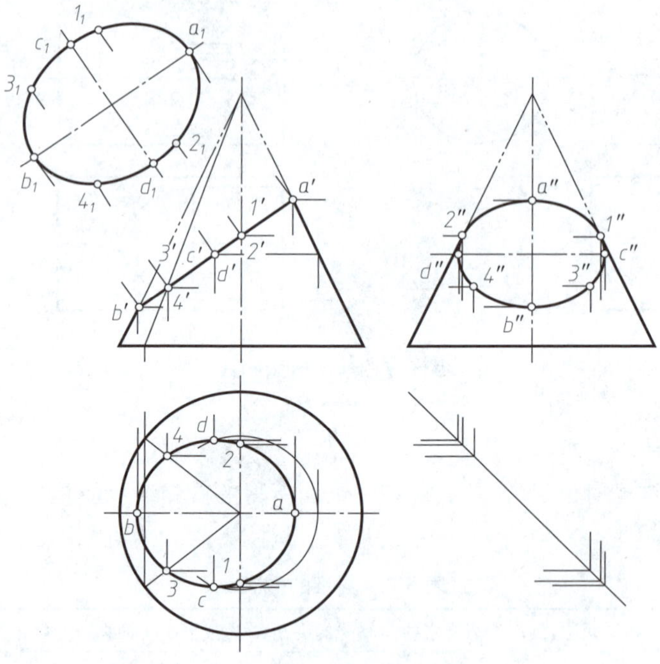

图 8-8 圆锥的截切

解 因为截平面与圆锥轴线的夹角大于圆锥素线与轴线的夹角，所以截交线是一个椭圆。椭圆的正面投影与截平面的正面投影重合，它的水平投影和侧面投影仍应是椭圆。

截交线上最高、最低点的正面投影 a'、b'在圆锥的轮廓素线上，它们的水平投影 a、b 和侧面投影 a''、b''可直接求得。AB 是截交线椭圆的长轴。短轴的正面投影 $c'd'$ 重合为一点，是 $a'b'$ 的中点。用纬圆法作出水平投影 c、d 和侧面投影 c''、d''。圆锥最前、最后素线上点的水平投影 1、2 也是用纬圆法由 $1'$、$2'$求得的。它们的侧面投影 $1''$、$2''$就位于轮廓素线上。$1''$、$2''$是侧面投影中椭圆与轮廓素线的切点，再作出一些中间点，如 3、4 和 $3''$、$4''$等就可以分别连成椭圆。

斜截面实形的作图方法与例 8-1 中的一样。

三、球的截切

平面截切球体所得的截交线总是一个圆。但圆的投影可能是直线段、圆或椭圆。

例8-4　已知球被铅垂面所截[见图8-9(a)]，作出被截后的球的正面投影和侧面投影。

解　球被铅垂面所截切，截交线是一个位于铅垂面上的圆。这个圆的水平投影就是直线段 *1-2*[见图8-9(b)]，反映圆的直径。圆的正面投影和侧面投影是椭圆。

为了作出正面投影中的椭圆，由 *1* 和 *2* 在正面投影中水平中心线上定出 *1′*和 *2′*。*1′-2′*就是椭圆的短轴。与圆的直径 *Ⅰ-Ⅱ* 相垂直的直径 *Ⅲ-Ⅳ* 的水平投影 *3-4* 应积聚于 *1-2* 的中点。由*3(4)*作竖直线，在其上确定 *3′*和 *4′*，使 *3′-4′*的长度等于圆的直径(*1-2*)。*3′-4′*就是正面投影中椭圆的长轴。正面投影中球的轮廓线上的点 *5′*和 *6′*是由水平投影中水平中心线上的点 *5(6)* 求得的。

为了求出正面投影中椭圆上的中间点，可作辅助平面 *P*。正平面 *P* 与球交出平行于 *V* 面的圆，与已知的铅垂面交出一条铅垂线。圆与铅垂线的正面投影相交，得出椭圆上的点 *7′*和 *8′*。

侧面投影中椭圆的长、短轴和其他点的求法基本上是一样的。读者可根据图中的作图线自行分析。应该注意的是，由于已知的铅垂截平面只截去左半球的一部分，所以侧面投影中的椭圆全部位于球的轮廓线之内。

把正面投影和侧面投影中求得的点分别连成椭圆，以完成作图。

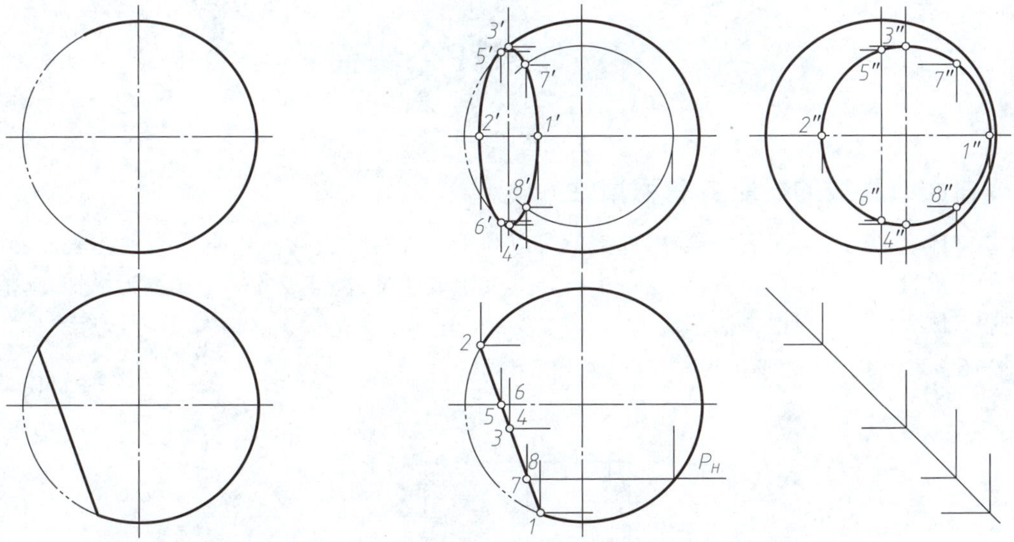

(a) 已知条件　　(b) 作图过程

图8-9　球的截断

例8-5　已知半球被两个侧平面和一个水平面所截[见图8-10(a)]，作出它的水平投影和侧面投影。

解　侧平面与球面交出的圆弧在侧面投影中反映实形，水平面与球面交出的圆弧在水平投影中反映实形。水平面与两个侧平面又交出两条正垂线。作图时，先画出半球的侧面投影[见图8-10(b)]。

右边的侧平面恰好通过球的平行于 *W* 面的大圆，与球面交出的圆弧的侧面投影 *1″-2″-3″*与球的轮廓线重合。这个侧平面与水平截平面交出一段直线 *Ⅰ-Ⅲ*，它的侧面投影是 *1″-3″*。圆弧 *1″-2″-3″*和直线 *1″-3″*组成一个弓形，它的水平投影是直线段 *1-2-3*。

左边的侧平面与球面交出两段圆弧，它们的侧面投影是弧 *4″-6″*和 *5″-7″*。这个侧平面与水平截平面交出一段直线 *Ⅳ-Ⅴ*，它的侧面投影是 *4″-5″*。侧平面与半球的底面也交出一段直线，它的侧面投影是 *6″-7″*，水平投影是 *6-7*。

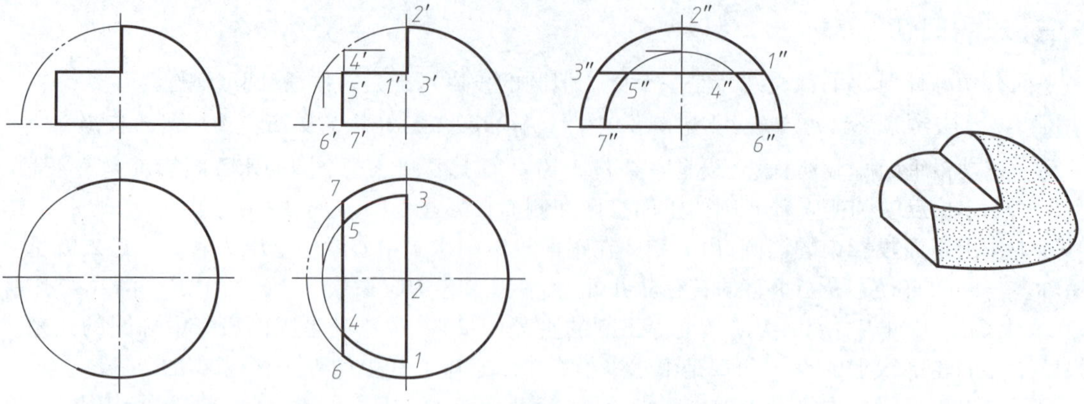

（a）已知条件　（b）作图过程　（c）立体图

图 8-10　带切口的半球

水平截平面与球面也交出两段圆弧，它们的水平投影 *1-4*、*3-5* 反映实形。这两段圆弧在其他投影中都是水平直线段。最后把所需要的线条加粗，得出完成后的图形[见图 *8-10*(b)]。图 *8-10*(c)是被截后的半球的直观图。

第三节　直线贯穿曲面体

一、曲面或直线的投影具有积聚性

如果立体表面的投影具有积聚性，那么就可以利用这种特性直接求出直线与立体表面的交点。当直线处于垂直于投影面的位置，它的一个投影具有积聚性时，贯穿点的一个投影为已知，其他投影可以利用立体表面上定点的方法求出。

例 8-6　求直线 *AB* 与圆柱的贯穿点（见图 8-11）。

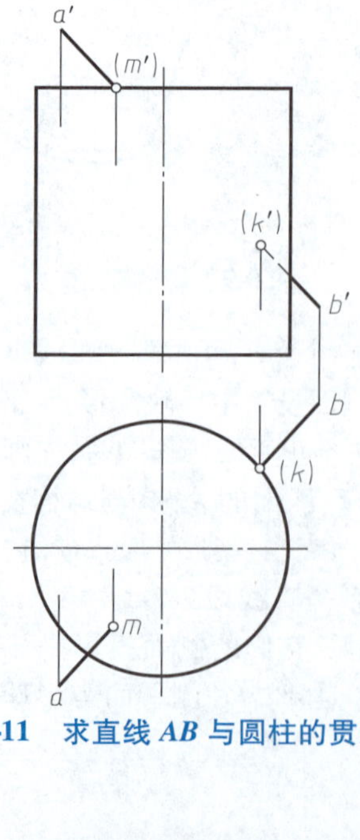

图 8-11　求直线 *AB* 与圆柱的贯穿点

解　由于直圆柱的表面垂直于 H 面，它的水平投影具有积聚性，是一个圆，所以交点 $K(k、k')$ 可直接求出；又因圆柱的上底是一个水平面，其正面投影具有积聚性，所以可直接定出交点 M 的正面投影 m，由之可确定其水平投影 m。

直线穿入立体内部的部分不画，贯穿点以外的部分要区分可见性，如图 8-11 所示。

例 8-7　求铅垂线 AB 与圆锥的贯穿点（见图 8-12）。

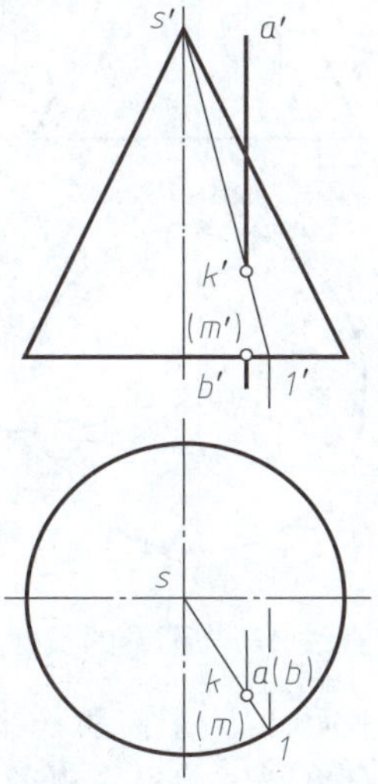

图 8-12　求直线 AB 与圆锥的贯穿点

解　由于铅垂线 AB 的水平投影 ab 具有积聚性，所以贯穿点的水平投影 k 必与 ab 重合，利用圆锥的素线 $SI(sl、s'l')$ 在 $a'b'$ 上定出贯穿点 K 的正面投影 k'。点 K 在前半个锥面上，则 k 和 k 都是可见的。直线 AB 与圆锥底面的交点 $M(m、m)$ 可直接定出。

二、曲面及直线的投影无积聚性

当曲面和直线的投影没有积聚性可利用时，就要作辅助平面来求直线与立体表面的贯穿点。作图步骤如下（见图 8-13）：

（1）过已知直线作辅助平面。如图 8-13 中过直线 AB 作辅助平面 SCD。

（2）求出辅助平面与立体的截交线。如图 8-13 中辅助平面 SCD 与圆锥的截交线为 AS-Ⅱ-Ⅳ。

（3）在已知直线与截交线的相交处定出所求的贯穿点。如图 8-13 中直线 AB 与 AS-Ⅰ-Ⅳ 相交得出贯穿点 K 和 M。

选择辅助平面的原则是：应使它与立体表面的截交线的投影为规则、简单而便于绘制的圆或直线组成的图形。

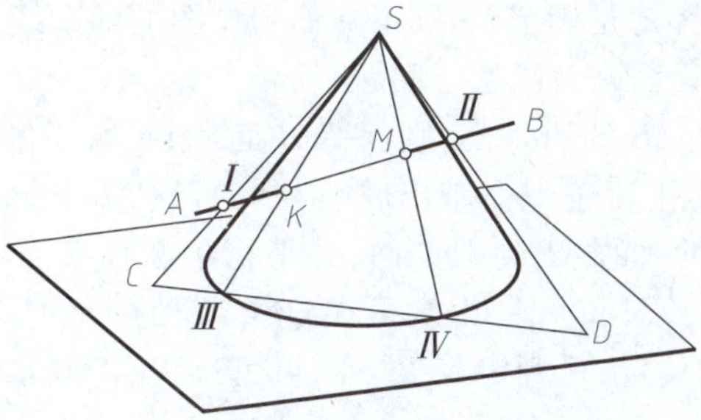

图 8-13　求一般位置直线与圆锥的贯穿点

例8-8 求一般位置直线 AB 与圆锥的贯穿点(见图 8-14)。

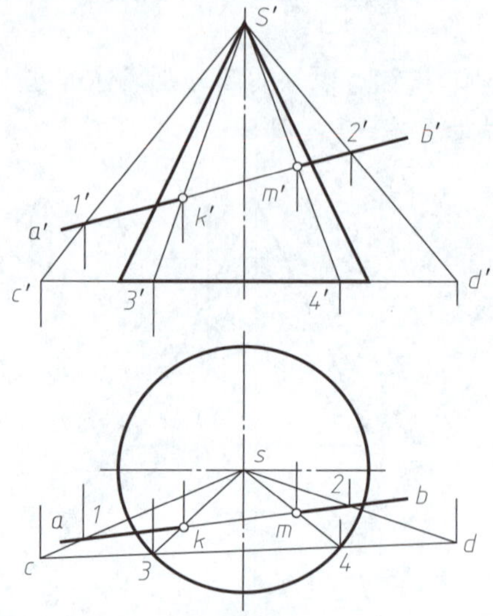

图 8-14 求直线 AB 与圆锥的贯穿点作图方法

解 过一般位置直线 AB 可作无数平面,但为了使所作平面与圆锥的截交线为简单而便于绘制的图形,使辅助平面经过圆锥顶点 S,则可将圆锥截出三角形,该三角形与直线的交点即为直线与圆锥的贯穿点。在投影图中作图步骤如下:

(1)如图 8-14,先取Ⅰ、Ⅱ点的正面投影 $1'$、$2'$,连接$s'1'$、$s2'$并延长至底面,交点为 $c'd'$。

(2)自 1、$2'$向下作竖直线,在 ab 上定出 1、2;连接 $s1$、$s2$ 并延长,与从 c'、d'向下所作的竖直线交于 c、d。

(3)连接 cd 与圆锥的底圆交于 3、4,则三角形 $s34$ 为截交线,与 ab 的交点 k、m 即为贯穿点的水平投影。

(4)由 3、4 定出 $3'$、$4'$,则三角形 $s'3'4'$为截交线的正面投影,与 $a'b'$的交点 k'、m'为贯穿点的正面投影。

(5)贯穿点及贯穿点以外线段可见性的判断。贯穿点在前半个锥面上,则贯穿点的正面投影可见。本例 K、M 都在前半个锥面上,则贯穿点的正面投影可见,因为是正圆锥,水平投影也可见。贯穿点以外与圆锥投影重合的线段部分,可见性与贯穿点的可见性相同。所以,本例 K、M 以外,AB 线段与圆锥投影重合的部分两投影均可见。

例8-9 求直线 AB 与球的贯穿点(见图 8-15)。

解 如果过已知直线 AB 作垂直于某投影面的辅助平面,则此辅助平面与球的截交线虽是一个圆,但它在其他投影面上的投影却是椭圆,椭圆不能作为作图的辅助线。因此,可利用球的截面实形是圆这一特点,采用更换投影面法来解决这一问题。

如果辅助平面选为过直线 AB 的铅垂面,则保留 H 面,用平行于辅助平面的新投影面 V 换掉 V 面。在水平投影中建立新轴 X 平行于 ab。求出球心 O 和直线 AB 的新正面投影 o'和 $a_1'b_1'$。因为在 H、V 投影面体系中,AB 与辅助平面截出的圆共面,并平行于新投影面 V_1。在新投影中,此圆与 $a_1'b_1'$的交点,决定穿点的新正面投影 k_1'和 m_1'。由之可在直线 AB 的水平投影和正面投影上得出 k、m 和 k'、m'。根据点 K 和 M 所在的位置,可判定其投影的可见性,从而确定 AB 线各段投影的可见性,如图 8-15 所示。

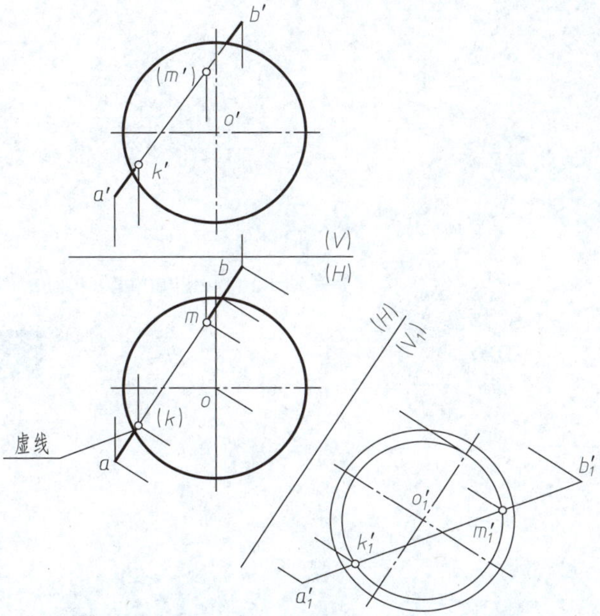

图 8-15　求直线 *AB* 与球体的贯穿点作图方法

第九章
两立体相交

第一节　两平面立体相交

一、两平面立体的相贯线

1. 相贯线的定义及性质

两立体相交又称**相贯**。相交的两立体称为**相贯体**。相交的两立体表面产生的交线称为**相贯线**。相贯线上的点则称为**相贯点**。

相贯线是两立体表面的公共线。相贯线的形状和数目随立体的形状、位置不同而异。

在通常情况下，当一立体全部贯穿另一立体时，在立体表面会产生两条相贯线，这种情况称为立体的全贯，如图 9-1 所示。当两立体各有一部分参与相贯时，在立体表面上只有一条相贯线，这种情况称为立体的**互贯**，如图 9-2 所示。

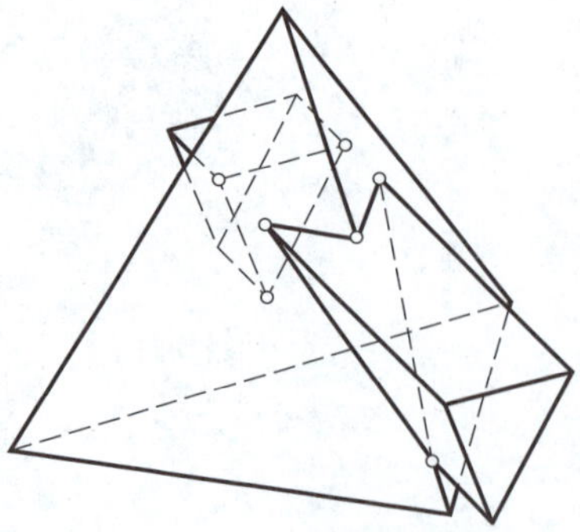

图 9-1　两平面立体全贯

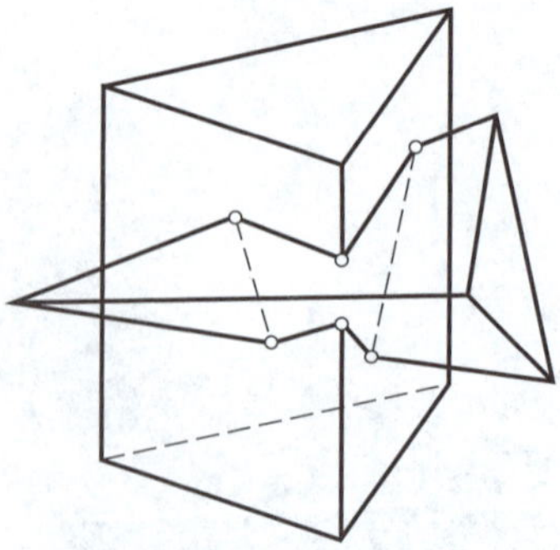

图 9-2　两平面立体互贯

两平面立体的相贯线一般是一条或两条闭合的空间折线，特殊情况下也可为闭合平面折线。折线的各线段是两平面体有关棱面或底面的交线，折线的顶点是两立体上参与相交的棱线或底边与另一立体表面的交点。

投影图中两立体相交时所要解决的主要问题，是根据两立体的投影求作相贯线的投影。两相贯体可视为一个整体，因此一个立体位于另一立体内部的部分必相互融为一体。在投影图中这些线不必画出。

2. 相贯线的求法

从上述平面体相贯线的性质和形状的分析也就说明了求相贯线的方法。只要找到相贯线上的交点和交线，相贯线也就确定了。

平面立体相贯线的作图步骤，一般有以下两种：

(1)先求出相贯点，即先求出每个平面立体中参与相交的棱线与另一立体的贯穿点，再把所有既位于一立体的同一棱面上又位于另一立体的同一棱面上的两个点顺次连接起来，即可组成相贯线。

(2)直接求出两平面立体中所有参与相交的棱面或底面所交成的交线，即组成相贯线。

平面立体相贯线的求法，一般有以下两种：

(1)**辅助平面法**：利用辅助平面来求出相贯点或相贯线段。

(2)**积聚投影法**：当两平面立体中有棱线或棱面的投影具有积聚性时，则相贯线或相贯点在该投影面上的投影即为已知，其余投影则可借助于面上定点的方法作出。

3. 相贯线的可见性

相贯线上各线段的可见性，取决于相交两棱面的可见性，只有当相交的两平面的投影都可见时，交线的投影才可见；只要其中有一个平面的投影不可见，其交线的投影就不可见。

二、相贯线作法举例

例9-1　如图9-3所示，求正三棱柱和正三棱锥的相贯线。

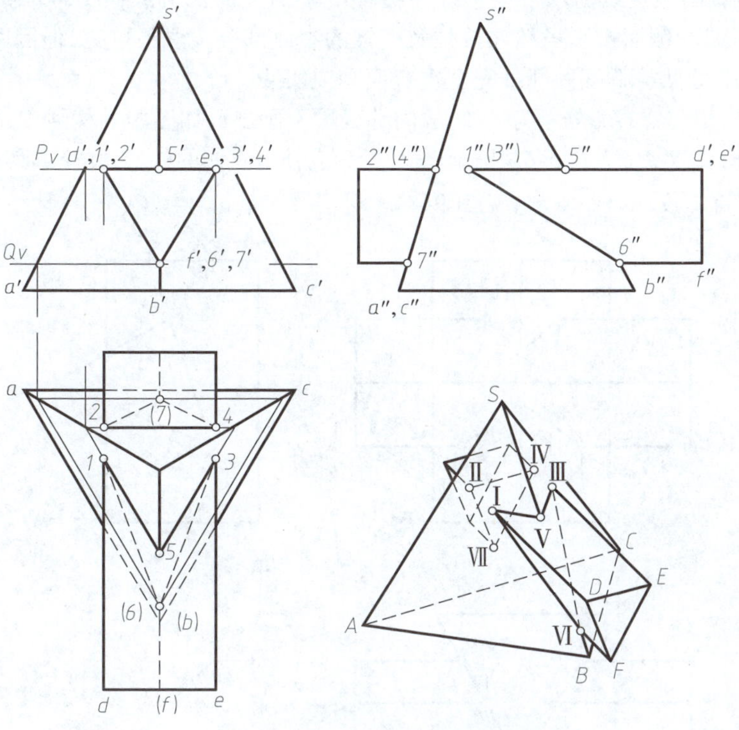

图9-3　求棱柱与棱锥的相贯线

解　求作相贯线时，集中了若干交点、交线问题在一起，比较复杂，所以要仔细分析，逐步进行。

(1)初步分析相贯线的数目及特点。

首先要看清立体的空间位置。此题中正三棱锥左右对称、前后不对称；正三棱柱左右对称，由于正三棱柱的三个棱面垂直于 V 面，正面投影有积聚性，而且由正面投影可知，棱锥的棱线 SA 及 SC 没有参与相交，即三棱柱的三个棱面位于三棱锥的范围内，对应水平投影和侧面投影可知，三棱柱是穿通三棱锥的，因此相贯线为前后两条。前一条相贯线是三棱柱的三个棱面与棱锥的前两个棱面 SAB、SBC 相交所形成的交线，是一条闭合的空间折线；后一条相贯线是棱柱的三个棱面与棱锥后面的一个棱面 SAC 相交的交线，因此是一个三角形。

（2）画相贯线的投影图。

从上述分析可知，三棱柱的三个棱面的正面投影有积聚性，即相贯线的正面投影为已知。现只需求相贯线的水平投影和侧面投影。此处采用**辅助平面法**来求相贯线。

首先可包含棱柱的上棱面 DE 作一辅助水平面 P，P 面与三棱锥相交，截交线是一个和底面相似的等边三角形，它的水平投影上的线段 *1-5-3* 和 *2-4*，便是相贯线水平投影的一部分。其中点 *1* 和点 *2* 就是棱线 D 与棱锥表面交点的水平投影，点 *3* 和点 *4* 就是棱线 E 与棱锥表面交点的水平投影，而点 *5* 则是棱锥的棱线 SB 与棱柱的柱面 DE 交点的水平投影。将 *1*、*2*、*3*、*4*、*5* 各点的侧面投影依次求出，再过棱线 F 作辅助水平面 Q，Q 面与棱锥相交所得的截交线也是一个与底面相似的三角形。在水平投影中，三角形与棱线 f 相交，得交点 *6* 和 *7*。*1-6* 和 *2-7* 就是棱柱的左侧棱面与棱锥表面交线的水平投影。在另一侧，连接 *3-6* 和 *4-7* 便可得到棱柱的右侧棱面与棱锥表面交线的水平投影，将 *6*、*7* 两点的侧面投影作出。这样，闭合的空间折线 *Ⅰ-Ⅴ-Ⅲ-Ⅵ-Ⅰ* 和三角形 *Ⅱ-Ⅳ-Ⅶ-Ⅱ* 就是两平面立体的两条相贯线。

（3）分析相贯线的可见性。

从图 9-3 中可看出相贯线的水平投影除在棱柱上棱面上的部分线段 *1-5-3* 和 *2-4* 可见外，其余全部不可见。相贯线的侧面投影虽然在棱柱及棱锥的右侧部分线段不可见，但因两立体均为左右对称，故其侧面投影中可见与不可见部分完全重合而画成实线。

因两立体相贯，相交公共部分融为一体，故内部线段不画出。如图中的棱线 D、E、F 和 SB，穿入另一立体内部的部分 *1-2*、*3-4*、*6-7* 及 *5-6* 均不画出。最后应补全立体的外形，并注意其可见性。

例9-2 求作两三棱柱的相贯线（见图 9-4）。

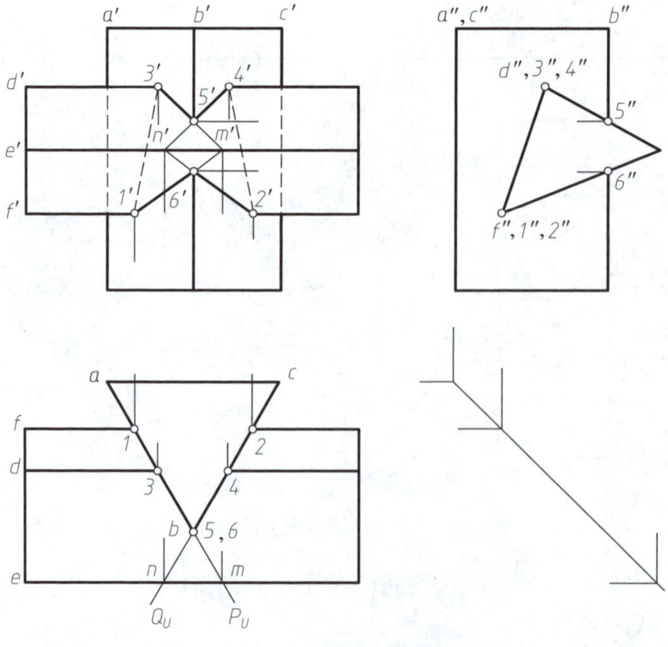

图 9-4 求二棱柱的相贯线

解　(1)初步分析。

由水平投影和侧面投影可知,两相贯体各有部分参与相贯,故为互贯,相贯线为一条闭合的空间折线。因为直立三棱柱的水平投影有积聚性,所以相贯线的水平投影必然积聚在直立棱柱的水平轮廓线上。因为水平三棱柱的侧面投影有积聚性,所以相贯线的侧面投影必然积聚在水平棱柱的侧面轮廓线上。因此,相贯线的水平投影和侧面投影均为已知,只需求其正面投影。此时,求相贯线的正面投影的最好方法是**求相贯点法**,即将两棱柱中参与相交的棱线与另一棱柱的贯穿点求出,然后依次连接贯穿点即可。

(2)求贯穿点。

具体作图时,可将两棱柱的棱线分别作标记,如图 9-4 中,直立棱柱的棱线为 *A*、*B*、*C*,水平棱柱的棱线为 *D*、*E*、*F*,由图中可知,共有三条棱线参与相交,应有六个贯穿点。水平棱柱的 *F*、*D* 两条棱线与直立棱柱的贯穿点分别为Ⅰ、Ⅱ、Ⅲ、Ⅳ,其水平投影 *1*、*2*、*3*、*4* 可由 *F*、*D* 棱线的水平投影与 *AB*、*BC* 棱面的水平投影的交点直接求出。然后利用长对正将其正面投影 *1′*、*2′*、*3′*、*4′*在 *F*、*D* 棱的正面投影上分别求出。直立棱柱的 *B* 棱线与水平棱柱的贯穿点为Ⅴ、Ⅵ,其侧面投影 *5″*、*6″*可由棱线 *B* 的侧面投影与棱面 *DE*、*FE* 的侧面投影的交点直接求出,然后利用高平齐将其正面投影 *5′*、*6′*在 *B* 棱的正面投影上定出。

(3)连接各贯穿点,并判别可见性。

将同在水平棱柱的同一棱面上,又在直立棱柱的同一棱面上的两点相连,如 *1′-3′*,*3′-5′*等,完成后,相贯线的正面投影即为 *1′-3′-5′-4′-2′-6′-1′*,其中 *1′-3′*,*4′-2′*为不可见,画成虚线。

本题目也可用求交线的方法来求出相贯线,即将直立棱柱的左右两个棱面扩大后(如 P_H、Q_H),分别求出此两个棱面与水平棱柱的截交线,取其公共部分即可,此处不再赘述,读者可自行练习。

三、立体的穿孔和切口

一个立体被另一立体贯穿后的空洞部分称为穿孔。图 9-5 所示为三棱锥被三棱柱穿孔。此时在三棱锥表面的相贯线的形状并不变,其相贯线的求法仍和前述方法相同,只因三棱柱已经取走,此时的相贯线与两立体相贯时的相贯线有如下区别:①可见性发生改变;②在三棱锥内部出现了孔壁线,这是三棱柱在棱锥内部留下的棱线(可与图 9-3 对照)。

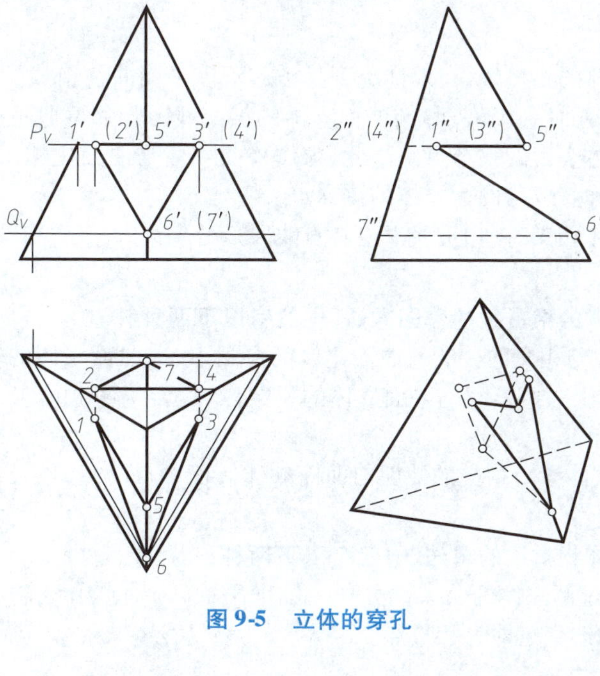

图 9-5　立体的穿孔

切口可看作一个立体被几个平面截切而形成,或是由两个平面体互贯取掉一个贯穿体而形成。图 9-6 为直立三棱柱被水平三棱柱切口,其相贯线的形状与图 9-4 相同,但相贯线的可见性发生变化,且直立三棱柱切口内部产生了空壁交线(可与图 9-4 对照)。

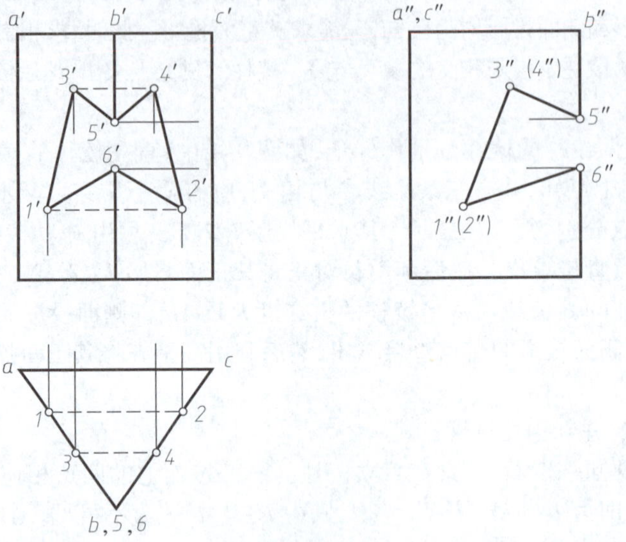

图 9-6　立体的切口

第二节　平面立体与曲面立体相交

一、平面立体与曲面立体的相贯线

1. 相贯线的性质

平面立体与曲面立体的相贯线,一般情况下是由若干段平面曲线组成的(见图 9-7)。每一段平面曲线都是平面立体的棱面(包括底面)与曲面立体的截交线。相邻两段平面曲线的连接点就是平面立体的棱线与曲面立体表面的贯穿点。因此,求作平面立体与曲面立体的相贯线,可归结为求平面与曲面立体的截交线和直线与曲面立体的贯穿点。

平面立体与曲面立体相交时,相贯线中也有直线段部分。

2. 相贯线的作法

平面立体与曲面立体的相贯线的作图方法,一般有以下两种:

(1)求出平面立体参与相交的棱线与曲面立体的穿贯点,或曲面立体的轮廓线与平面立体棱面的贯穿点,以及曲面立体上一些素线与平面立体的贯穿点,然后将两立体表面上相邻的各点依次连接,即得相贯线。

(2)直接求出平面立体参与相交的棱面与曲面立体表面的截交线,以及曲面立体底面与平面立体的截交线,组成相贯线。

平面立体与曲面立体相贯线的求法,一般有以下两种:

(1)辅助平面法:通过两立体的公共部分作一辅助平面,分别求出该辅助平面与两立体的辅助交线,则此两条辅助交线的交点即为相贯点。

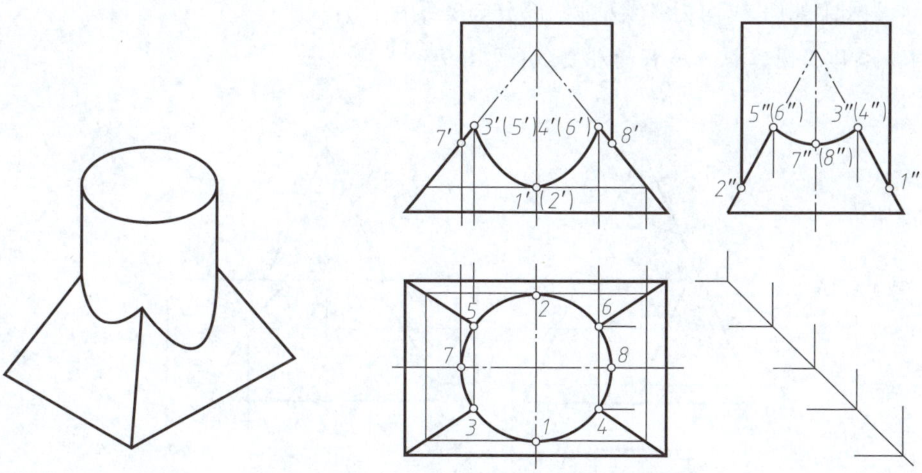

（a）空间状态　　（b）相贯线的作法

图 9-7　平面立体与曲面立体的相贯线

作辅助平面时，应尽量使辅助平面与立体相交得的交线的投影便于绘制，例如对于曲面，应使辅助平面与曲面体的交线的投影尽可能为易于绘制的直线或圆等。

（2）积聚投影法：两相贯体中，当有棱面或柱面垂直于某投影面而有积聚性时，则相贯线的一个投影必位于这个积聚投影上而成为已知，相贯线的其余投影就可借助于面上定点的方法求得。

3. 相贯线的可见性

平面立体与曲面立体相贯线的可见性，可逐段加以判定。只有既位于平面立体的可见棱面上又位于曲面立体的可见表面上的线段才可见，否则为不可见。相贯线上可见与不可见的分界点的投影，必在平面立体投影的外棱线上或在曲面立体投影的轮廓素线上。

二、相贯线作法举例

例9-3　求作四棱锥与圆柱的相贯线（见图 9-7）。

解　（1）分析相贯线的数目和形状。

由图 9-7（a）可知，所求相贯线只有一组，且由棱锥的四个棱面截割圆柱面所得的四段椭圆弧组成。四条棱线与圆柱面的四个交点就是这些椭圆弧的交点。

（2）求相贯线的投影。

由于圆柱面的水平投影有积聚性，所以相贯线的水平投影为已知（为圆）。四棱锥的左右两个棱面的正面投影有积聚性，前后两个棱面的侧面投影有积聚性，两相贯体前后左右均对称，故相贯线的正面投影前后重合，由左、右两段直线段（为左、右两段椭圆弧积聚而成）和中间一段椭圆弧组成。相贯线的侧面投影左右重合，由前后两段直线（为前、后两段椭圆弧积聚而成）和中间一段椭圆弧组成。

具体作图时，可将相贯线的水平投影上各特殊点（平面体的棱线、曲面体的轮廓线上的点）用数字标出，如 *1*、*2*、*3*、*4*、*5*、*6*、*7*、*8* 等，然后利用“长对正、高平齐、宽相等”的规律，将其正面投影和侧面投影求出，如图 9-7（b）所示。

（3）连接各点并判断可见性。

分别将正面投影上的点 $3'$、$1'$、$4'$ 和侧面投影上的 $5''$、$7''$、$3''$ 点用曲线依次光滑连接即可。由于图形前后对称，故此处相贯线均为实线（虚线部分与实线重合）。

例9-4 求作正圆锥与三棱柱的相贯线（见图9-8）。

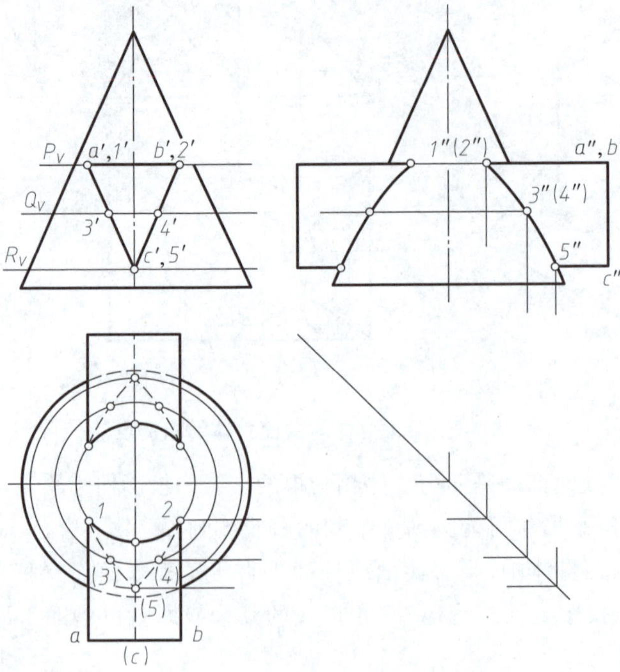

图9-8 求三棱柱与圆锥的相贯线

解 （1）分析相贯线的数目和形状。

由图9-8所示的正面投影和水平投影可知，两相贯体为全贯，有两条相贯线，且前后对称。每条相贯线均由棱柱的三个棱面截割圆锥表面所得的三段曲线组成（其中一段圆弧，两段抛物线）。每两段曲线的交点为棱柱的棱线与圆锥的贯穿点。

（2）求相贯线的投影。

由于三棱柱的三个棱面都垂直于 V 面，故其正面投影有积聚性，即相贯线的正面投影为已知（三角形）。其另外两个投影可用表面定点法（纬圆法或素线法）求出，也可用辅助平面法求出。此处用辅助平面法求相贯线的水平投影和侧面投影。

如图9-8所示，包含三棱柱的棱面 AB 作一辅助水平面 P_V，截圆锥得一水平纬圆，此纬圆与 A、B 棱线的水平投影的交点 1、2 即为相贯点，同理可作辅助水平面 Q_V、R_V（含 C 棱），分别求得 3、4 点和 5 点，利用投影规律将 1、2、3、4、5 各点的正面投影和侧面投影求出。然后依次连线，即得相贯线。相贯线的水平投影中，圆弧段 12 为可见，其余为不可见，画成虚线。相贯线的侧面投影左右重合，故画实线。

例9-5 求作三棱柱与圆锥的相贯线（见图9-9）。

解 （1）分析相贯线的数目和形状。

从正面投影可知，三棱柱与圆锥的相贯为互贯的情况，故相贯线只有一条，且由三段平面曲线组成：棱面 AB 与圆锥的交线为一段圆弧，棱面 BC 与圆锥的交线为部分抛物线，棱面 CA 与圆锥的交线为部分椭圆。

（2）求相贯线的投影。

由于三棱柱的三个棱面的正面投影都有积聚性，因此相贯线的正面投影因重合于三棱柱棱面的正面投影而成为已知。而只需求其水平投影和侧面投影。具体作图时，可先求得棱面 *AB* 与圆锥的交线-圆弧部分的水平投影，得 *1*、*3* 两点，此二点为圆弧与抛物线的转折点。然后求出椭圆长短轴上的各点的水平投影 *6*、*7*、*8*（*7*、*8* 两点可利用辅助水平面 *Q* 求得），包含棱线 *C* 作辅助水平面 *P*，可在水平投影上得 *4*、*5* 两点，此二点是椭圆与抛物线的转折点。同理可再作若干辅助水平面求出两条曲线上的若干点。例如，作水平面 *R*，可在水平投影上得抛物线上的点 *9*、*10* 和椭圆上的 *11*、*12*。把求得的各点顺次连接起来，便可得相贯线的水平投影。根据相贯线的水平投影和正面投影，就可作出其侧面投影。整个相贯线是一条闭合的曲折线 Ⅰ-Ⅱ-Ⅲ-Ⅹ-Ⅴ-Ⅷ-Ⅻ-Ⅵ-Ⅺ-Ⅶ-Ⅳ-Ⅸ-Ⅰ。

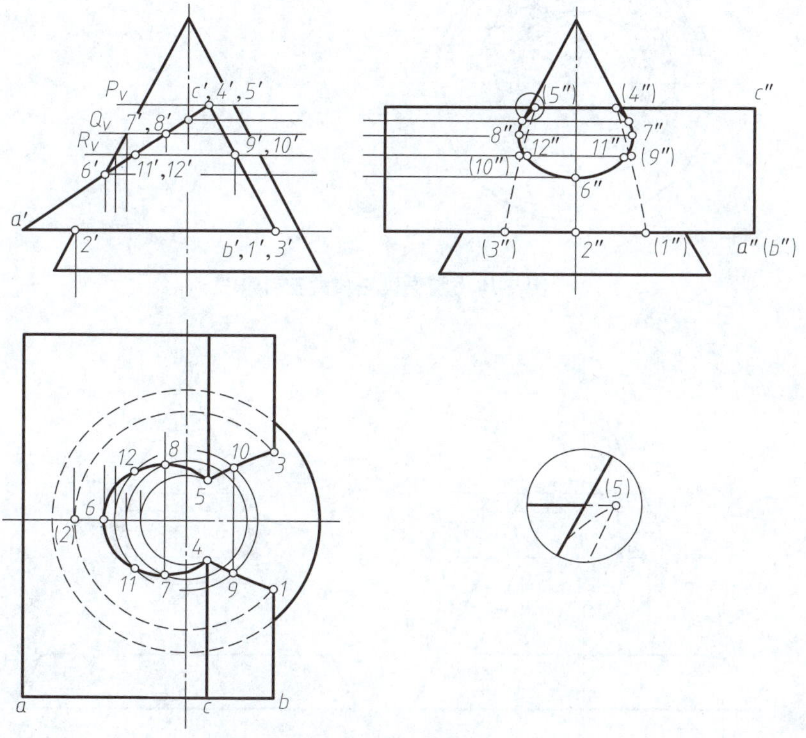

图 9-9　求三棱柱与圆锥互贯的相贯线

（3）判断可见性。

相贯线求得后应区分各段在每一投影中的可见性，例如水平投影中圆弧段不可见，画成虚线，其余各段为可见，画成粗实线。棱线或轮廓线穿入另一立体内部的部分（如 *1-3*，*4-5* 之间）不应画线。

三、平面立体与曲面立体的穿孔和切口

若将图 9-8 及图 9-9 中的三棱柱从圆锥中抽出，则在圆锥中就会形成穿孔和切口的形式，如图 9-10 及图 9-11 所示。此时相贯线的形状及求法仍与前述相同，不同的只是相贯线的可见性由于三棱柱的取出而有所改变。同时在圆锥的内部也产生了孔壁线（可与图 9-8 和图 9-9 对照）。

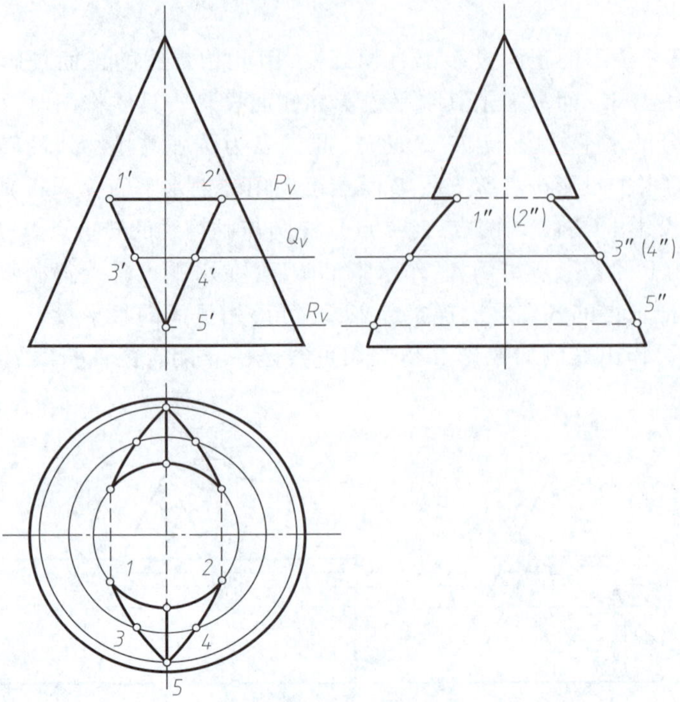

图 9-10　圆锥被三棱柱穿孔

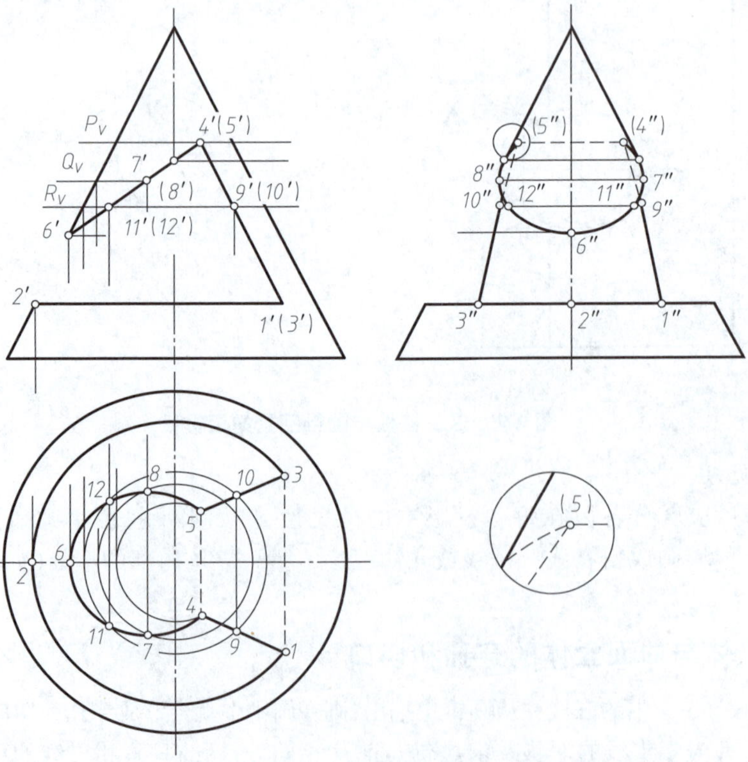

图 9-11　带切口的圆锥

第三节 两曲面立体相交

一、两曲面立体的相贯线

1. 相贯线的性质

两曲面立体相贯，其相贯线一般情况下是闭合的空间曲线，特殊情况下是平面曲线或直线。如图 9-12 所示，两曲面立体的相贯线是同属于两个立体表面的点的集合，即两立体的公共线。为了求出相贯线，就需先求出两曲面立体表面的一系列公共点，然后用曲线将所求得的公共点依次光滑地连接起来。

2. 相贯线的作法

求作相贯线，实际上就是求两相贯体表面的一系列公有点。公有点的求法一般有以下两种：

（1）辅助面法，即作一辅助面使之与两立体表面各得一条交线，此二交线的交点即为两曲面体表面的公有点。例如图 9-13 中，作辅助面 R 与二立体 A 和 B 相交，分别得交线 C_1 和 C_2。二交线 C_1 和 C_2 的交点 I 和 II 就是属于两立体 A 和 B 的表面的公有点，作一系列的辅助面，就可求得一系列的公有点。

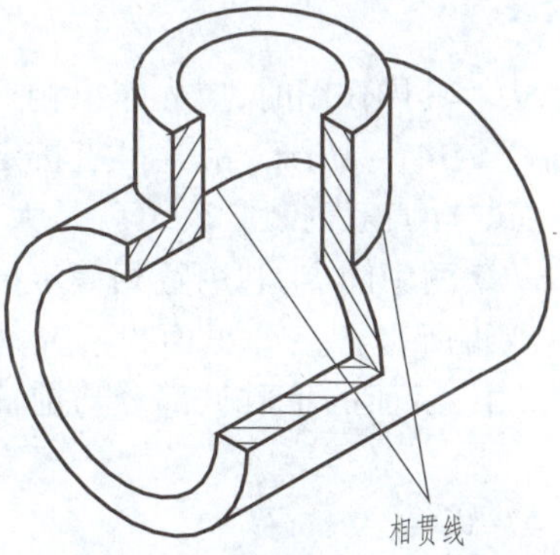

图 9-12 二曲面立体的相贯线

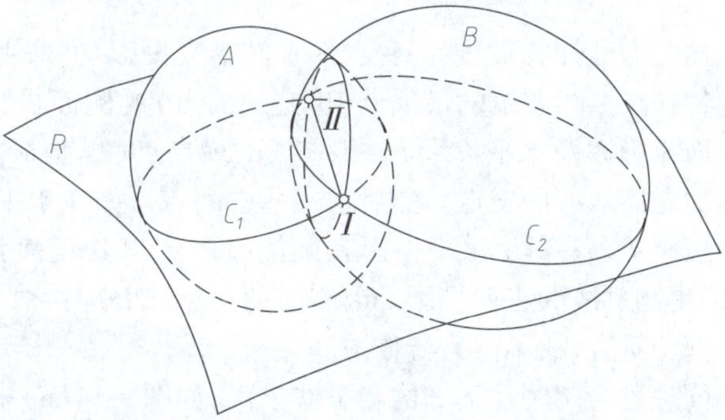

图 9-13 用辅助面法求相贯线上的公有点

由于在求公有点的过程中，需求出辅助面与已知二立体表面的交线，因此在选用辅助面时，应使它与二已知立体的表面交线的投影均为最便于绘制的线条，如直线和圆。

辅助面法包括**辅助平面法**和**辅助球面法**两种，本节着重介绍辅助平面法。

（2）利用积聚投影作图，即当曲面立体的某一投影具有积聚性时，则相贯线上的点在这个投影面上的投影必位于该曲面体的积聚投影上而成为已知，其余投影可利用曲面体表面上定点的办法求出。

在求作相贯线时，一般应先求出相贯线上的一些特殊点（或称控制点）。例如，曲面体外形轮廓线上的点，相贯线上的最高点、最低点、最左点、最右点、最前点、最后点等。然后再求出一些中间点。

3. 相贯线的可见性

两曲面立体相贯线上各段的可见性是由曲面体表面的可见性决定的。只有相贯线所在的两立体表面同时可见时，相贯线才是可见的，否则为不可见。可见与不可见的分界点是两曲面体或其中一个曲面体投影轮廓线上的点。

二、相贯线作法举例

例 9-6 求作二轴线正交的圆柱的相贯线（见图 9-14）。

解 由图中可知，两立体为全贯，应有两条相贯线，且上下对称。水平圆柱的柱面的侧面投影有积聚性，相贯线的侧面投影为已知，即是小圆柱投影范围内的两段大圆弧。直立小圆柱的柱面的水平投影有积聚性，所以交线的水平投影也为已知，是一个小圆。因此要求的只是相贯线的正面投影。

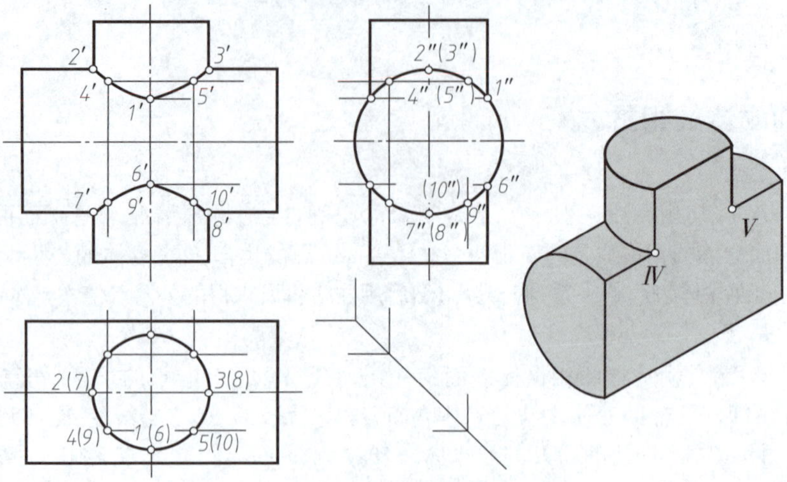

（a）　　　　（b）

图 9-14　求二轴线正交的圆柱的相贯线

本题为已知相贯线的两投影，求其第三投影，可采用积聚投影法。具体作图时，应先作出相贯线上的特殊点。相贯线的最低点（也是最前点）的侧面投影是 *1″*，如图 9-14（a）所示，由此可直接定出其正面投影 *1′* 及水平投影 *1*。相贯线的最高点（也是最左点和最右点）的正面投影 *2′*、*3′* 就是大、小圆柱的轮廓素线的交点。然后求一些中间点。如在水平投影中取 *4*、*5* 两中间点，利用宽相等定出其侧面投影 *4″*、*5″*，再由水平投影和侧面投影定出其正面投影 *4′*、*5′*。将所得各点的正面投影光滑连线，即得相贯线的正面投影。因交线的前、后部分对称，在正面投影中，后面的不可见部分与前面的可见部分重合，故不需另行作图。

同理可将两圆柱下部的相贯线求出，如图 9-14（a）中的 *7′-9′-6′-10′-8′*。

注意，在连线时，正面投影中小圆柱的轮廓素线 *2′-7′* 和 *3-8′* 不应画出。大圆柱的轮廓素线 *2′-3′* 及 *7′-8′* 也不应画出。侧面投影中小圆柱的轮廓素线 *1″-6″* 及后面与其对应部分也不应画出。

例 9-7　求轴线正交的圆柱和圆锥的相贯线（见图 9-15）。

解　由于圆柱面全部穿入圆锥内部，故为全贯，应有左右两条相贯线，且左右对称。由于圆柱面的侧面投影有积聚性，所以相贯线的侧面投影为已知。只需求其正面投影和水平投影，可采用辅助平面法来求。

选用水平面作为辅助平面，这样的辅助平面与圆柱面的交线为素线（直线），与圆锥面的交线为水平纬圆，如图 9-15 所示。

先求相贯线上的特殊点。相贯线的最高点和最低点的侧面投影是 *1″* 和 *2″*，其正面投影是圆柱的最高、最低轮廓线与圆锥轮廓线的交点 *1′* 和 *2′*。由此可求得其水平投影 *1*、*2*。相贯线上的最前、最后点的侧面投影为 *3″*、*4″*，作辅助水平面 *P* 可得Ⅲ、Ⅳ两点的水平投影 *3*、*4* 和正面投影 *3′*、*4′*。上述所求Ⅱ点，也是左侧相贯线上的最左点。为求其最右点，可按如下作法。在侧面投影中，过圆柱的圆心作圆锥轮廓线的垂线，与圆周交于点 *5″* 或 *6″*，如图 9-15 所示。过 *5″* 作辅助水平面 *Q* 可得Ⅴ、Ⅵ两点的水平投影 *5*、*6* 和正面投影 *5′*、*6′*。此处Ⅴ、Ⅵ点即为左侧相贯线的最右点。然后再求一些中间点。例如，作水平面 *R*，可得中间点Ⅶ、Ⅷ两点的水平投影 *7*、*8* 和正面投影 *7′*、*8′*。然后将所求各点依次光滑连线，即得相贯线的投影。

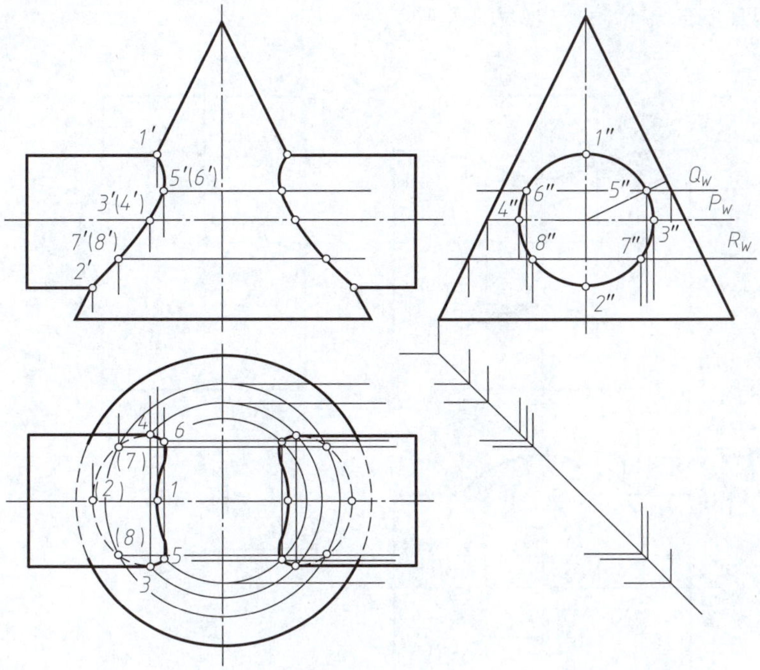

图 9-15　求轴线正交的圆柱和圆锥的相贯线(辅助面为正垂面)

连线时,相贯线的正面投影因前后对称而重合,故都画为粗实线。水平投影中 *3-5-1-6-4* 段为可见,画为粗实线,*4-8-2-7-3* 段为不可见而画为虚线,且穿入到立体内部的各轮廓素线均不应画出。右侧相贯线的作法与左侧相同。

本例中也可用过锥顶的侧垂面作辅助平面来求相贯线上的公有点,如图 9-16 所示。

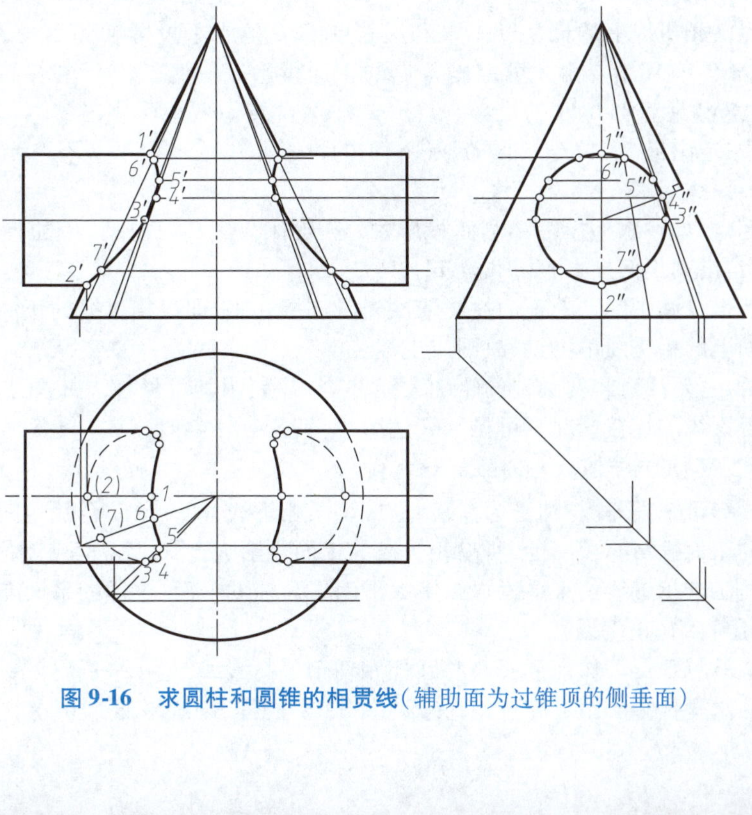

图 9-16　求圆柱和圆锥的相贯线(辅助面为过锥顶的侧垂面)

例9-8 求两圆柱互贯的相贯线（见图 9-17）。

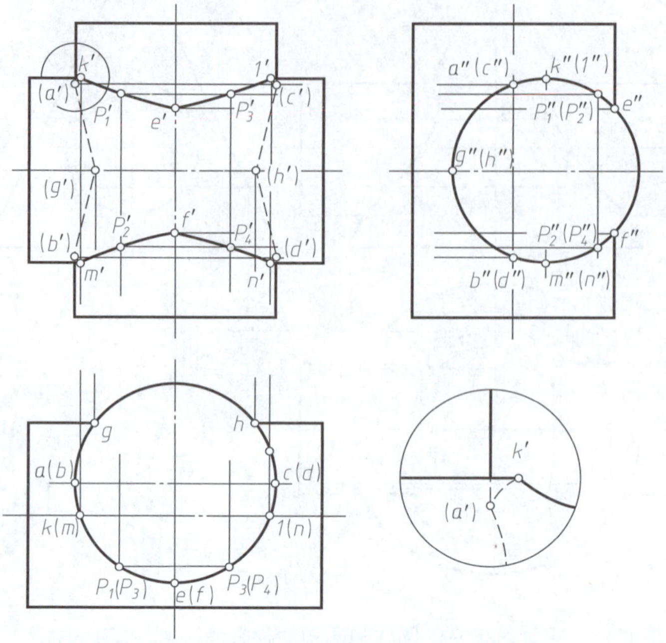

图 9-17　两圆柱轴线偏交求相贯线

解　由水平投影和侧面投影可知，两圆柱为互交，因而形成一条相贯线，即一条闭合的空间曲线。

因水平圆柱面的侧面投影有积聚性，直立圆柱面的水平投影有积聚性，所以相贯线的水平投影和侧面投影均为已知，而只需求作其正面投影。

利用积聚投影法求相贯线的正面投影。

首先求特殊点。相贯线上的最左点 A、B 和最右点 C、D 的水平投影和侧面投影分别为 a、b、c、d 和 a''、b''、c''、d''，如图 9-17 所示。由此可定出各点的正面投影 a'、b'、c'、d'。在水平投影和侧面投影上，定出最前点 E、F 和最后点 G、H 的投影 e、f、g、h 和 e''、f''、g''、h''，从而作出 e'、f'、g'、h'。再在水平投影和侧面投影中，定出最高点 K、L 和最低点 M、N 的投影 k、l、m、n 和 k''、l''、m''、n''，从而定出 k'、l'、m'、n'。

再求一些中间点，如在水平投影和侧面投影中，定出中间点 P_1、P_2、P_3、P_4 的投影 p_1、p_2、p_3、p_4 和 p_1''、p_2''、p_3''、p_4''，从而定出其正面投影 p_1'、p_2'、p_3'、p_4'。

将求得的各特殊点和中间点的正面投影依次光滑连接起来，即得相贯线的正面投影。其中水平圆柱的后半个柱面上的相贯线不可见，故画成虚线。

相贯线完成后，还要注意将两圆柱的轮廓素线补全，并判明其可见性。如图中用局部放大图将正面投影右上角各素线的连接情况及可见性表达清楚，其余各处类似。

例9-9 求作图 9-18 所示圆柱与圆锥的相贯线。

解　由正面投影可知，圆柱与圆锥为互贯，形成一条相贯线，即一条闭合的空间曲线。

由于圆柱面的正面投影有积聚性，所以相贯线的正面投影为已知，只需求其水平投影。

利用辅助平面法求相贯线的水平投影。用水平面作为辅助平面，这样的平面与圆锥面交出水平纬圆，与圆柱面交出直线（正垂线）。

先求相贯线上的特殊点。作水平面 P 与圆柱相切于最高素线，这一平面与圆锥相交的纬圆和与圆柱相切的素线的水平投影交出最高点的水平投影 1、2。同样，用水平面 Q 可求得最低点的水平投影 3、4。在正面投影中标出位于圆锥左边轮廓线上的点 5′和 6′，由之得出其水平投影 5 和 6。利用过圆柱轴线的水平面 R，可求得相贯线上的最右点Ⅶ和Ⅷ的两投影 7、8 和 7′、8′。水平投影 7 和 8 是圆柱轮廓素线上的点，也是相贯线水平投影中可见与不可见部分的分界点。再求一些中间点，如用图中的水平面 T，可求得中间点的水平投影 9、10、11、12。

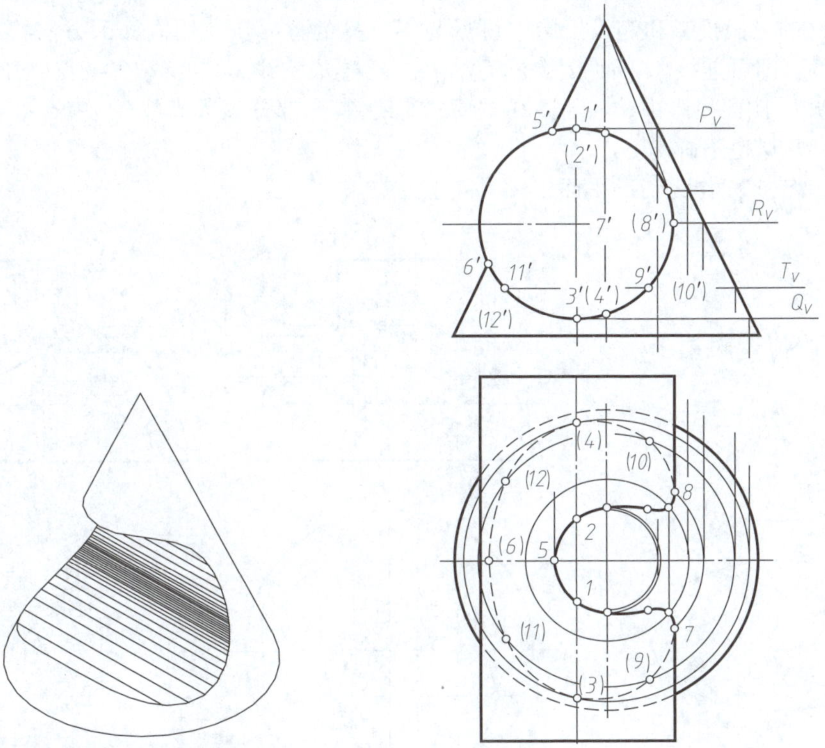

（a）空间状态　　（b）投影图

图 9-18　求圆柱与圆锥的相贯线

将所求各点的水平投影连接起来，即得相贯线的水平投影。

连点时应注意圆锥面和上半个圆柱面的水平投影是可见的，所以相贯线的水平投影中 7-1-5-2-8 是可见的，画成实线；其余部分因位于下半个圆柱面上而不可见，画成虚线。

相贯线求出后，应补全各轮廓线的投影并判明其可见性。如水平投影中，圆锥底圆位于圆柱轮廓范围内的部分不可见而画成虚线，圆柱的右侧轮廓线 7-8 段不应画出。正面投影中圆锥的轮廓线 5′-6′一段也不应画出。

本例也可以采用过锥顶的正垂面作辅助平面求相贯线上的点，还可以根据相贯线的正面投影为已知，而用积聚投影法求相贯线的水平投影。

例9-10　求作圆柱与球的相贯线（见图 9-19）。

解　圆柱面的水平投影有积聚性，所以相贯线的水平投影为已知（圆）。要求相贯线的正面投影和侧面投影。

采用辅助平面法求相贯线。以水平面作为辅助平面，它与球面和圆柱面交出两个圆，它们的交点就是所求相贯线上的点[见图 9-19（a）]。

先求特殊点，在水平投影中将各特殊点用数字（也可用字母）标记出来。如图 9-19（b）所示，其中 1、2 为相贯线上最低和最高点的水平投影，3、4 为相贯线上最前、最后点的水平投影，5、6 为最左、最右点的水平投影，7、8 是球的正面大圆上点的水平投影，9、10 是球的侧面大圆上点的水平投影。为了求出各点的正面投影和侧面投影，可采用一些辅助水平面。如在水平投影中以 O 为圆心，以 O1 为半径作圆，将此圆作为辅助水平面 P 与球面的交线的水平投影，由此可定出正面投影中 P_V 的位置。在 P_V 上得出 1′，根据 1 和 1′求出 1″。按照同样的方法可将其余各点的正面和侧面投影逐一求出。如图 9-19(b)中的 2′、3′、4′、5′、6′、7′、8′、9′、10′和 2″、3″、4″、5″、6″、7″、8″、9″、10″。其中 5′、6′和 3″、4″分别是相贯线的正面投影和侧面投影中可见与不可见的分界点。用同样的方法再求出一些中间点(此处未求)后，即可连接。正面投影中 5′-1′-3′-9′-6′连成实线，6′-8′-2′-10′-4′-7′-5′连虚线，球面轮廓线 7-8′不画出。侧面投影中，4″-7″-5″-1″-3″画成实线，其余部分画成虚线(3″-9″-6″-8″-2″-10″-4″)，同时球面轮廓线 9″-10″也不画出。

本例也可用正平面作为辅助平面求相贯线上的点。

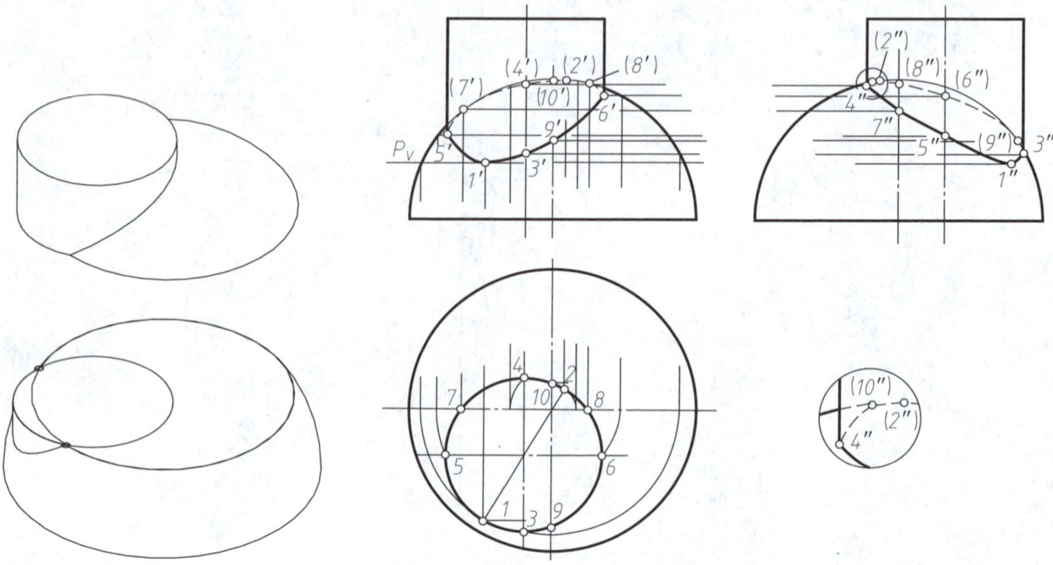

(a) 辅助平面法　　(b) 投影图

图 9-19　求圆柱与球的相贯线

例 9-11　求作圆台和球的相贯线(见图 9-20)。

解　从图中所给的圆台和球的相对位置可知，圆台和球有公共的前后对称平面，圆台从球的左上方全部穿入球体内，故相贯线为一条闭合的空间曲线。

由于圆台和球的表面的投影都没有积聚性，故相贯线的三个投影均为未知。此处不能采用积聚投影法求相贯线，而只能采用辅助平面法。为了使辅助平面能与圆台和球都相交于直线或平行于投影面的圆，对圆台而言，辅助平面应通过圆台延伸后的锥顶或垂直于圆台的轴线；对球而言，辅助平面可选用投影面平行面。综合上述两种情况，辅助平面除了可选用过圆台轴线的正平面和侧平面外，应选用水平面，如图 9-20 所示。

先求特殊点。过圆台和球的公共对称面作辅助正平面 S，可得到相贯线上最左、最右点Ⅰ、Ⅱ的正面投影 1′、2′和水平投影 1、2，然后定出侧面投影 1″、2″。Ⅰ、Ⅱ两点也是相贯线上的最低、最高点，过圆台的轴线作辅助侧平面 T，可得相贯线上的最前、最后点Ⅲ、Ⅳ的侧面投影 3″、4″和正面投影 3′、4′，然后求得水平投影 3、4。

再求一些中间点。例如，作辅助水平面 P，可得中间点Ⅴ、Ⅵ的水平投影 5、6 和正面投影 5′、6′，然后求得侧面投影 5″、6″。

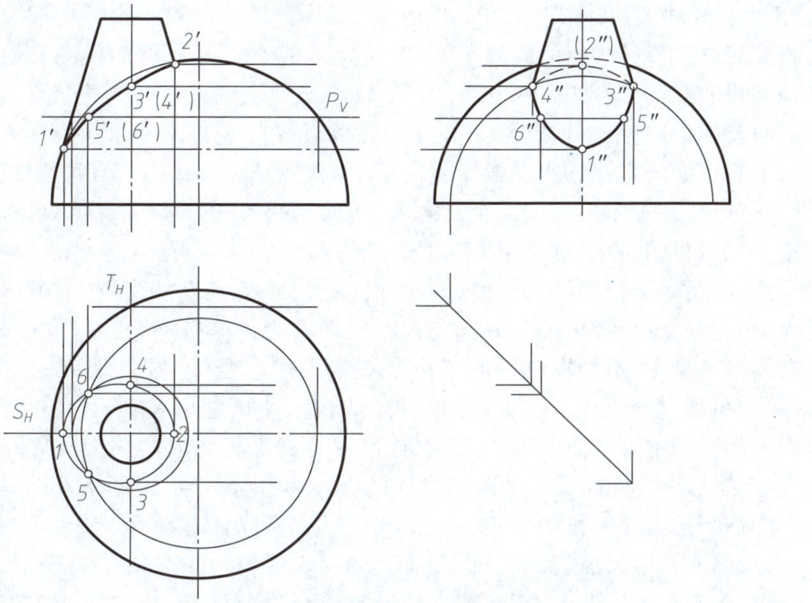

图 9-20　求作圆台和球的相贯线

将所求各点连线，在水平投影中，相贯线均为可见，连实线。在正面投影中，相贯线前后对称，投影重合，画成实线。在侧面投影中，相贯线中 *4″-6″-1″-5″-3″* 为可见，画成实线，*3″-2″-4″* 为不可见，画成虚线。球的侧面大圆在圆台范围内的部分不可见，画成虚线。

例 9-12　求作二轴线斜交的圆柱的相贯线（见图 9-21）。

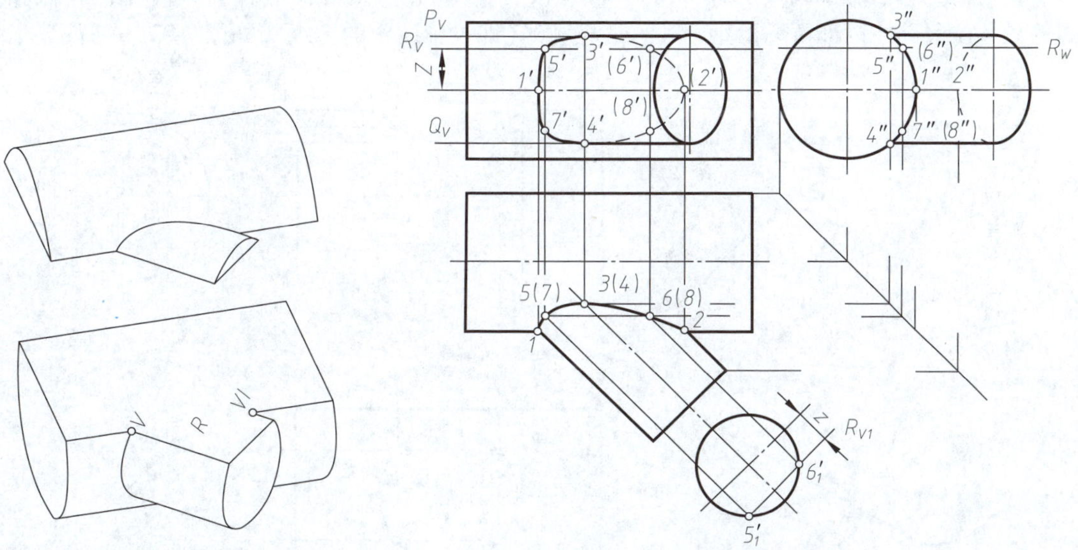

（a）辅助平面法　　　　（b）投影图

图 9-21　作二轴线斜交的圆柱的相贯线

解　从图 9-21 中所给位置可知，相贯线是一条闭合的空间曲线，大圆柱的侧面投影有积聚性，相贯线的侧面投影为一段圆弧［见图 9-21(b)］，只需求相贯线的水平投影和正面投影。两圆柱的轴线都平行于 *H* 面，用水平面作为辅助平面［见图 9-21(a)］就能与二圆柱面交得直素线，这些直素线的交点就是相贯线上的点。

求特殊点。水平投影中两圆柱轮廓素线的交点 *1*、*2* 就是相贯线上最左点 *Ⅰ* 和最右点 *Ⅱ* 的水平投影，由此可在正面投影中直接求得 $1'$ 和 $2'$，再由 1、2 和 $1'$、$2'$ 求得侧面投影 $1''$、$2''$。同时Ⅰ、Ⅱ两点也是相贯线上的最前点。相贯线上的最高点Ⅲ和最低点Ⅳ应位于小圆柱的最高和最低轮廓素线上，其侧面投影 $3''$ 和 $4''$ 可直接得到[如图 9-21(b)所示，为小圆柱轮廓线与大圆的交点]，为求Ⅲ、Ⅳ两点的水平投影和正面投影，可过小圆柱的最高和最低轮廓素线分别作水平面 $P(P_V、P_W)$ 和 $Q(Q_V、Q_W)$，P、Q 两平面与小圆柱面的交线的水平投影就位于小圆柱的水平轴线上，与大圆柱的交线是两条直素线，其水平投影可用宽相等作出。此二交线的水平投影的交点就是 3、4，由此可求出Ⅲ、Ⅳ两点的正面投影 $3'$ 和 $4'$。同时Ⅲ、Ⅳ两点也是相贯线上的最后点。

为求中间点，可在适当位置作水平面、如 $R(R_V,R_W)$ 面，R_W 与圆的交点 $5''(6'')$ 是相贯线上的两中间点的侧面投影。利用宽相等可确定 R 面与大圆柱面相交得的二素线的水平投影。至于 R 面与小圆柱面的交线的水平投影，不能在已知的三投影图中直接求得（小圆柱端面的投影是椭圆，一般不作为作图依据）。可作垂直于小圆柱轴线的新投影面 V_1，小圆柱面在 V_1 面上的新投影为一圆，即有积聚性。利用正面投影中 R_V 至轴线的距离 Z，作出 R 面的新投影 R_{V1}。它与小圆柱面的新投影的交点 $5'_1$ 和 $6'_1$ 就是 R 面与小圆柱面交出的两条素线的新投影，由此作出这两条素线的水平投影，它们与已经作出的大圆柱面上素线的投影相交，就得到所求点 5 和 6。并在 R_V 上求得正面投影 $5'$ 和 $6'$。用同样的方法，再求出一些中间点（如Ⅶ、Ⅷ点）即可连接。

水平投影中，由于相贯线上下对称，其水平投影重合，故只有一段实线。在正面投影中，相贯线的 $3'$-$5'$-$1'$-$7'$-$4'$ 段是可见的，画成实线，$4'$-$8'$-$2'6'$ 段为不可见，画成虚线。$3'$、$4'$ 为可见和不可见的分界点。

三、曲面体的穿孔和缺口

在图 9-14 中，如将直立小圆柱从水平大圆柱中抽出，即在大圆柱中形成穿孔的形式，如图 9-22(a)所示。此时，表面交线（即相贯线）的形状并没有改变，所以相贯线的作法与图 9-14 中的作法相同。不同的只是在大圆柱内部留下了小圆柱孔的轮廓线（即投影图中的虚线），如图 9-22(b)所示。

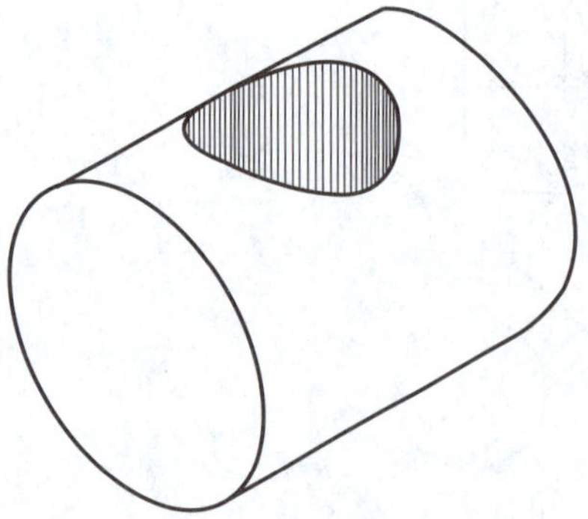

（a）空间状态

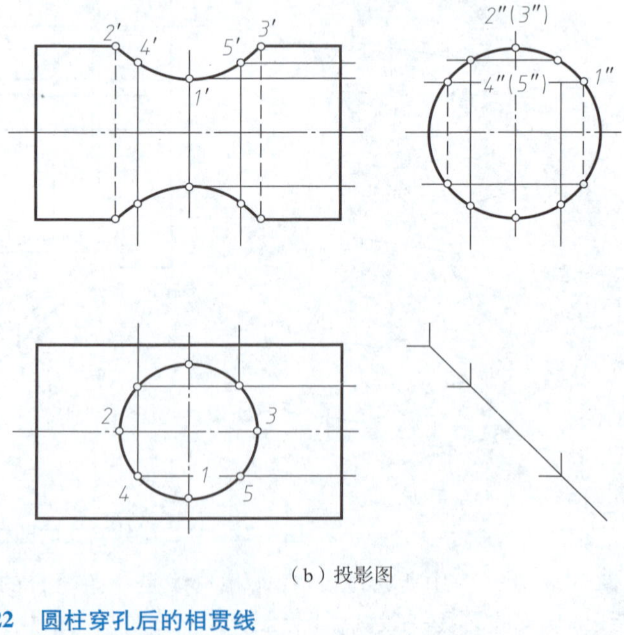

（b）投影图

图 9-22 圆柱穿孔后的相贯线

同样，在图 9-17 中，如将水平圆柱从直立圆柱中抽出，则在直立圆柱中就形成缺口的形式，如图 9-23 所示。此时相贯线的形状及求法和图 9-17 中相同，不同的只是相贯线的正面投影的可见性因水平圆柱的取走而变为可见。同时在直立圆柱内部也留下了水平圆柱的轮廓线（虚线）。

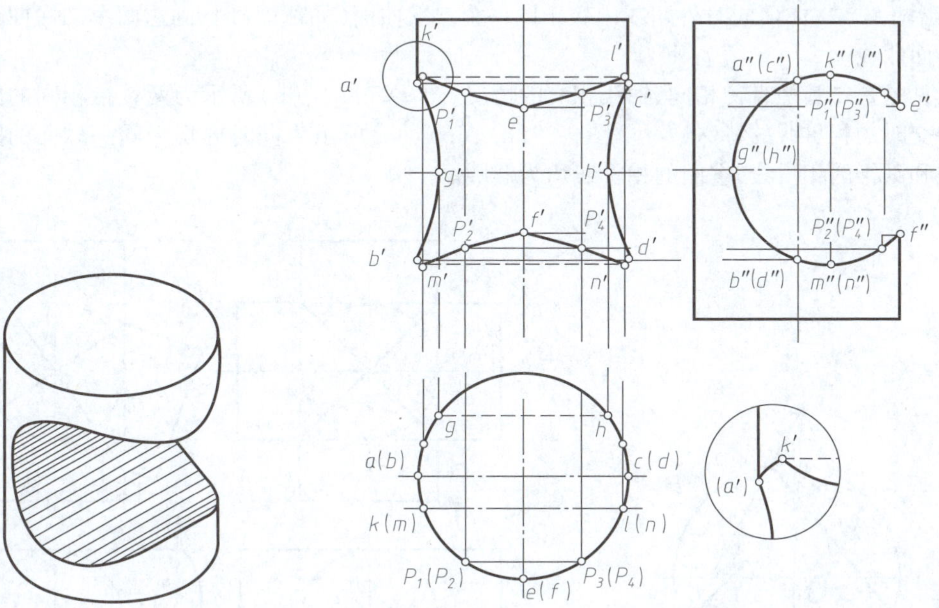

（a）空间状态　　　　　　（b）投影图

图 9-23　圆柱的缺口

四、相贯线的特殊情况

如前所述，两曲面立体的交线一般情况下是空间曲线。但在某些特殊情况下，也可能是平面曲线或直线。

（1）当两圆柱面的轴线平行或两圆锥共顶点时，它们的交线是直线，如图 9-24 所示。

（2）当两回转体共轴时，它们的交线是位于垂直于公共轴线的平面上的圆，如图 9-25 所示。

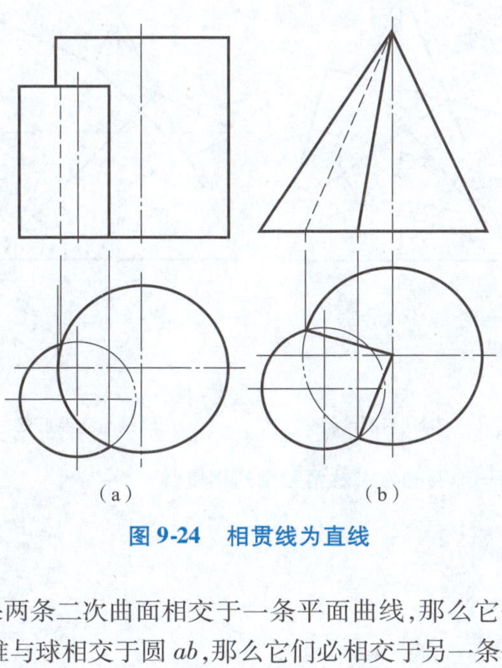

（a）　　　　（b）

图 9-24　相贯线为直线

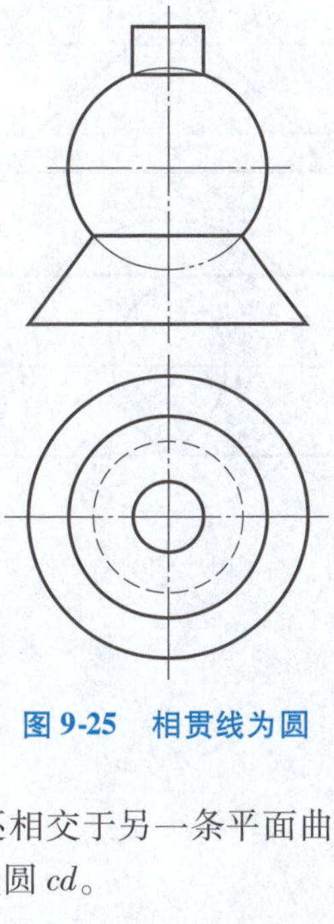

图 9-25　相贯线为圆

（3）如果两条二次曲面相交于一条平面曲线，那么它们必定还相交于另一条平面曲线，如图 9-26 所示。斜圆锥与球相交于圆 *ab*，那么它们必相交于另一条平面曲线圆 *cd*。

(4)当两个二次曲面同时外切或内切于同一个二次曲面(如球面)时,则这两个二次曲面的交线为两条平面曲线。

最常见的是二圆柱直径相同、轴线相交的情况,图9-27(a)、(b)所示为两直径相同的圆柱轴线正交及斜交时的相贯线的特殊情况。图9-28(a)、(b)、(c)所示为同时内切于同一球面的圆柱和圆锥及圆锥和圆锥的相贯线,它们的相贯线均为椭圆。

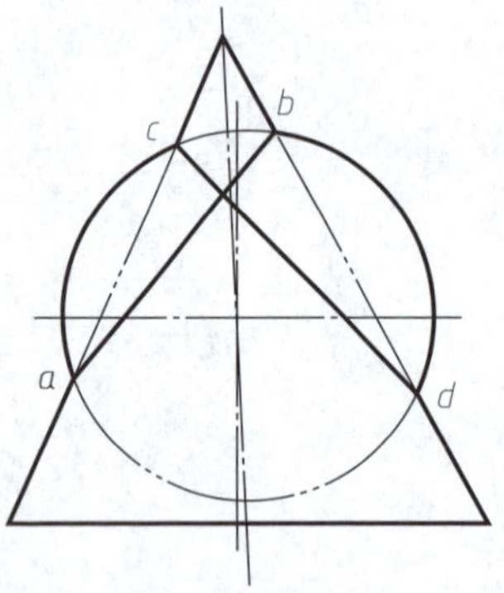

图9-26　两二次曲面的交线为二平面曲线

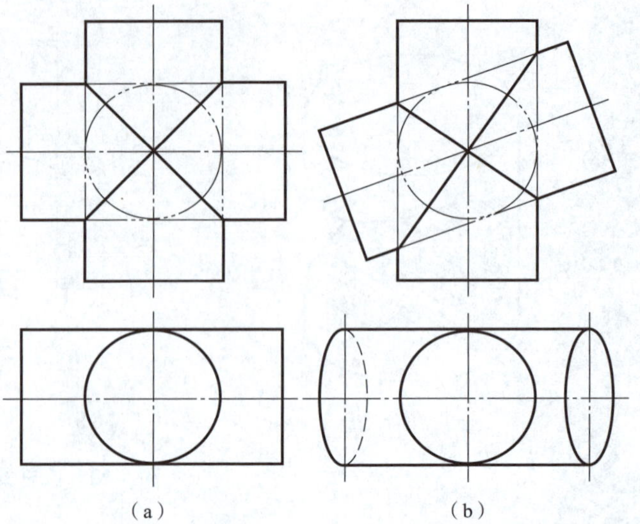

图9-27　内切于同一球面的二圆柱面的相贯线

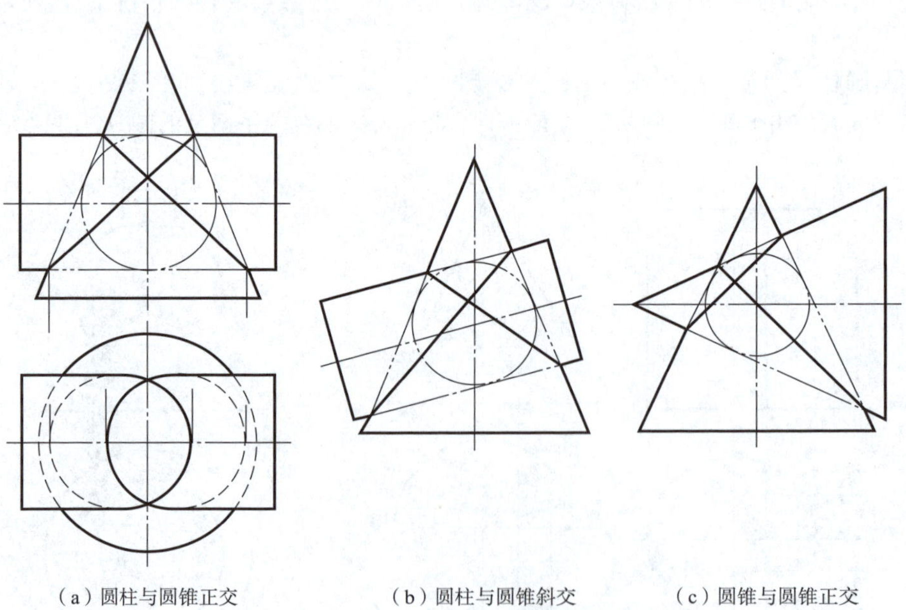

图9-28　内切于同一球面的柱锥及两圆锥的相贯线

第十章 轴测投影图

第一节 概　述

一、轴测投影的作用和形成

1. 作用

正投影图的优点是能够完整地、准确地表达形体的形状和大小，而且作图简便，所以在工程实践中被广泛采用。但是，这种图缺乏立体感，不了解正投影知识的人难以看懂。例如，图 10-1 所示的垫座，如果仅画出它的三面投影[见图 10-1(a)]，则由于每个投影只反映出形体的长、宽、高三个向度中的两个，所以缺乏立体感，不易看出形体的形状。但是，图 10-1(b)所示垫座的轴测投影能在一个投影中同时反映出形体的长、宽、高和不平行于投影方向的平面，因而具有较好的立体感，较易看出垫座各部分的形状，并可沿长、宽、高三个向度标注尺寸。

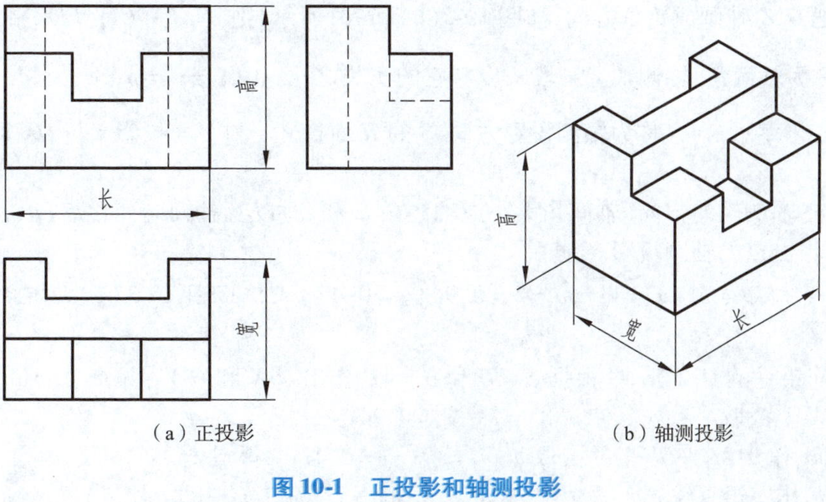

(a) 正投影　　　　(b) 轴测投影

图 10-1　正投影和轴测投影

轴测投影有立体感是它的优点，但它也存在缺点。首先是对形体表达不全面，如图 10-1 中的垫座，它后面的槽是否通到底，图中没有表示清楚；其次，轴测投影没有反映出形体各个侧面的实形，如垫座上各矩形侧面在轴测投影中变成了平行四边形。正是由于变形的关系，使得轴测图的作图比较麻烦。

某些专业如给排水、暖通等的管道系统图常以轴测图为主要表达方法。对一般工程结构物来说，轴测图可以作辅助性图样配合正投影图使用。而且，在学习画法几何过程中轴测图可以作为一种手段帮助我们分析阅读正投影图。

2. 形成

根据平行投影的原理，把形体连同确定其空间位置的三根坐标轴 OX、OY、OZ 一起，沿不平行于这三根坐标轴和由这三根坐标轴所确定的坐标面的方向 S，投影到新投影面 P 或 Q 上，所得的投影称为**轴测投影**[见图 10-2(a)]。当投影方向 S 垂直于投影面 P 时，所得的投影称为**正轴测投影**[见图 10-2(b)]。当投影方向 S 倾斜于投影面 Q 时，所得的投影称为**斜轴测投影**[见图 10-2(c)]。

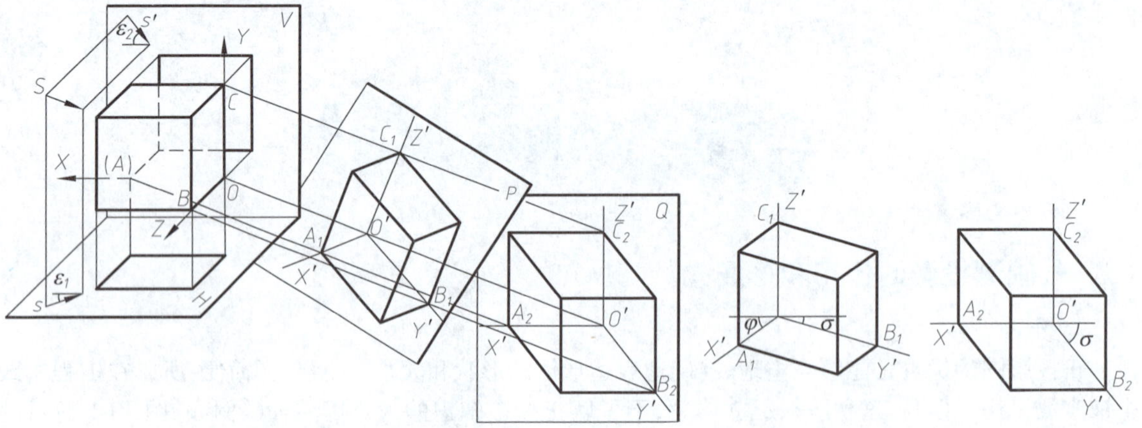

(a) 轴测投影的形成　　(b) 正轴测投影　　(c) 斜轴测投影

图 10-2　轴测投影

在轴测投影中，投影面 P 或 Q(见图 10-2)称为**轴测投影面**；三根坐标轴 OX、OY、OZ 的轴测投影 $O'X'$、$O'Y'$、$O'Z'$ 称为**轴测轴**；轴测轴之间的夹角，即 $\angle X'O'Z'$、$\angle X'O'Y'$、$\angle Y'O'Z'$，称为**轴间角**。在作图时，规定把 $O'Z'$ 轴画成铅垂方向，如图 10-2(b) 和 (c) 所示，则 $O'X'$ 和 $O'Y'$ 与水平线的夹角分别记为 φ 和 σ，称为**轴倾角**；轴测轴上某段长度和它的实长之比，如设 $\frac{O'A_1}{OA}=p$，$\frac{O'B_1}{OB}=q$，$\frac{O'C_1}{OC}=r$，则 p、q、r 称为**轴向变化率**；方向 S 称为**轴测投影方向**，S 的 H 面投影 s 和 V 面投影 s' 与 OX 轴的夹角，分别记为 ε_1 和 ε_2。

只要给出各轴测轴的方向(轴间角大小或轴倾角 φ 和 σ)以及各轴向变化率(p、q、r)，便可根据点的空间坐标作出点的轴测投影。

例 10-1　已知 $\varphi=7°$，$\sigma=41°$，$p=r=0.94$，$q=0.47$，试作出图 10-3(a) 给定的点 A 的轴测投影。

解　(1) 作铅垂的 $O'Z'$ 轴，并根据 $\alpha=7°$ 和 $\sigma=41°$ 作出 $O'X'$ 和 $O'Y'$[见图 10-3(b)]。

(2) 在 $O'X'$ 上截取一点 a_{1x}，使 $o'a_{1x}=p\cdot x_a=0.94x_a$。

(3) 过点 a_{1x} 作 $a_{1x}a_1 /\!/ O'Y'$，并截取 $a_{1x}a_1=q\cdot y_a=0.47y_a$，得点 a_1。

(4) 过点 a_1 作一铅垂线 $a_1A_1 /\!/ O'Z'$，截取 $a_1A_1=r\cdot z_a=0.94z_a$，得点 A_1。

由此可知，按照点的空间位置作出其轴测投影的先决条件是确定轴测轴和各轴向变化率。

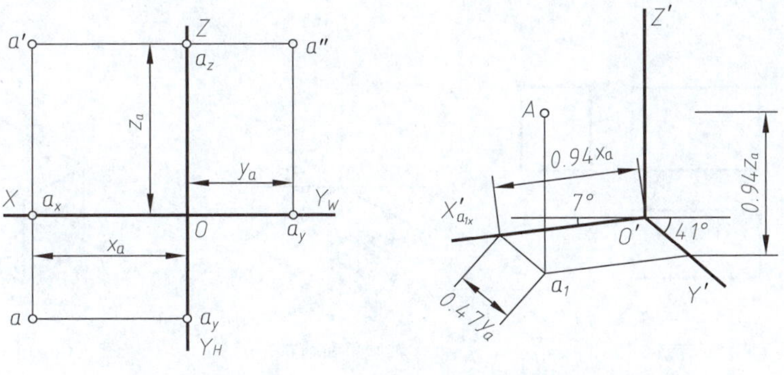

（a）已知正投影　　（b）作点的轴测投影

图 10-3　作点的轴测投影

二、轴测投影的特性

1. 平行性

凡在空间平行的线段，其轴测投影仍平行。其中在空间平行于某坐标轴（X、Y、Z）的线段，其轴测投影平行于相应的轴测轴（X'、Y'、Z'）。

2. 从属性

点属于空间直线，则该点的轴测投影必属于该直线的轴测投影。同理，点属于直线，而直线属于平面，则点属于平面。

3. 定比性

点分空间线段长之比，等于其对应轴测投影长之比。

三、轴测投影的分类

按轴测投影方向 S 与轴测投影面的关系分为**正轴测投影**和**斜轴测投影**。

1. 正轴测投影（S 垂直于 P）

根据 p、q、r 的关系不同，正轴测投影又可分为：

（1）正等测：$p=q=r$。

（2）正二测：$p=r, q=\frac{r}{2}$。

2. 斜轴测投影（S 倾斜于 Q）

（1）斜等测：$p=q=r$。

（2）斜二测：$p=r, q=\frac{r}{2}$。

第二节　正轴测图

一、正等测投影

当选定三个轴向变化率相等时，即 $p=q=r$，所得的正轴测投影称为正等测投影。

经过计算，可得 $p=q=r=0.82$，$\varphi=\sigma=30°$，$\varepsilon_1=\varepsilon_2=45°$，轴间角均为 120°［见图 10-4（a）、（b）］。

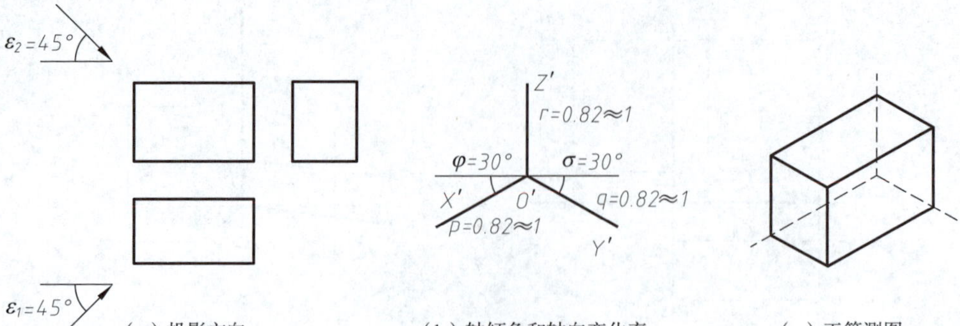

（a）投影方向　（b）轴倾角和轴向变化率　（c）正等测图

图 10-4　正等测投影

正等测投影是最常用的一种轴测投影，它的两个轴倾角都是30°，可以直接利用三角板作图，比较方便。此外，三个轴向变化率都等于0.82，习惯上简化为 $p=q=r=1$，称**简化轴向变化率**，这样就可以直接按实际尺寸作图。简化了轴向变化率的轴测投影，通常称为**轴测图**。正等测图是实际的正等测投影的1.22倍。

例10-2　画出图10-5(a)所示的截头三棱锥的正等测图。

解　(1)在图10-5(a)中引入坐标系 $OXYZ$，这样就确定了棱锥各顶点的坐标，例如 A 的坐标 (x_A, y_A, o)，顶点 S 的坐标是 (x_S, y_S, z_S)。

(2)画出轴测轴 $O'X'$、$O'Y'$、$O'Z'$，如图10-5(b)所示。

(3)按照各顶点的坐标画出它们的轴测投影。

(4)连接各顶点以完成棱锥的轴测投影。

(5)由定比定律作出截交线的各顶点。

在轴测投影中一般不画出虚线。

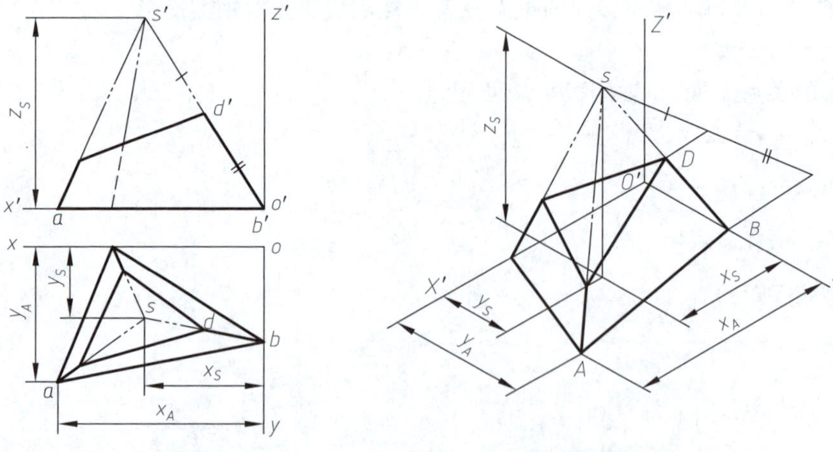

（a）正投影图　（b）正等侧图

图 10-5　画截头三棱锥的正等测图

例10-3　作出图10-6(a)所示的带切口的棱台的正等测投影。

解　(1)在图10-6(a)中引入坐标系 $OXYZ$，把坐标原点放在物体底面的中心上。画出轴测轴 $O'X'Y'Z'$[见图10-6(b)]。

(2)作物体底面矩形的轴测投影。

(3)自 O 点起沿轴测轴 OZ 量取高度 h_1 和 h_2，并分别画出该高度处的矩形的轴测投影。

(4)连接各相应点就得到了棱台的正等测投影[见图 10-6(c)]。

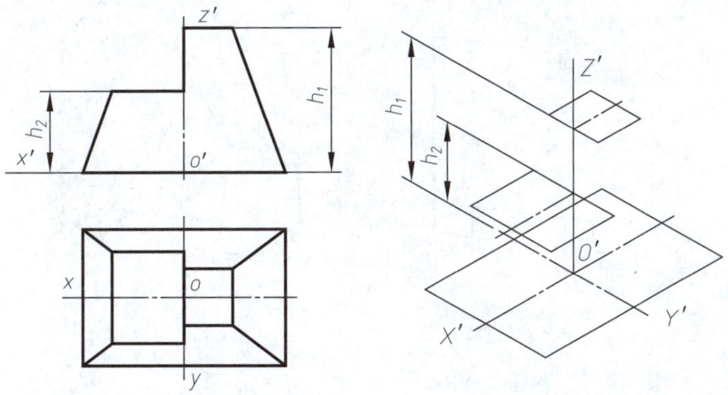

(a)正投影图　　(b)作图过程　　(c)正等测图

图 10-6　画带切口的棱台的正等测投影

二、正二测投影

当选定 $p=r=2q$ 时，所得的正轴测投影称为**正二测投影**。经推导，可得 $p=r=0.94$，$q=0.47$，$\varphi=7°10'$，$\sigma=41°25'$[见图 10-7(b)]，$\varepsilon_1=69°$，$\varepsilon_2=45°$[见图 10-7(a)]。

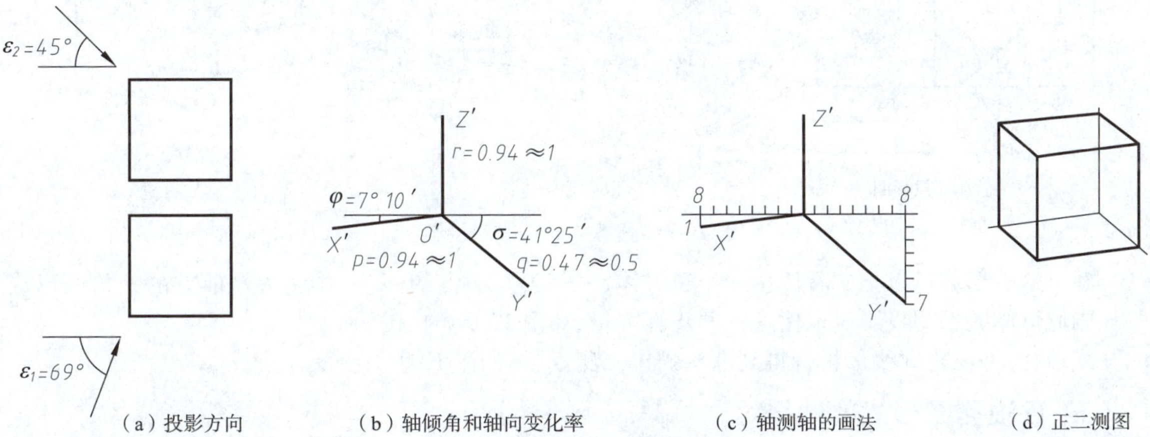

(a)投影方向　　(b)轴倾角和轴向变化率　　(c)轴测轴的画法　　(d)正二测图

图 10-7　正二测投影

正二测投影也比较常用。它的立体感比较强，但作图比较麻烦。在画两个轴倾角时，可用量角器量出，但常用图 10-7(c)所示的正切方法。此外，还习惯把 p 和 r 简化为 1，q 简化为 0.5[见图 10-7(d)]，这时画出的正二测图为实际的轴测投影的 1.06 倍。

例 10-4　作出图 10-8(a)所示形体的正二测图。

解　(1)在图 10-8(a)中引入 $OXYZ$。

(2)作正二测投影的轴测轴[见图 10-8(b)]。

(3)因为正面投影最明显地反映了立体的形状，所以可以先把它画成轴测图[见图 10-8(b)]。

(4)作平行于 Y 轴的各棱线的轴测图[见图 10-8(c)]。

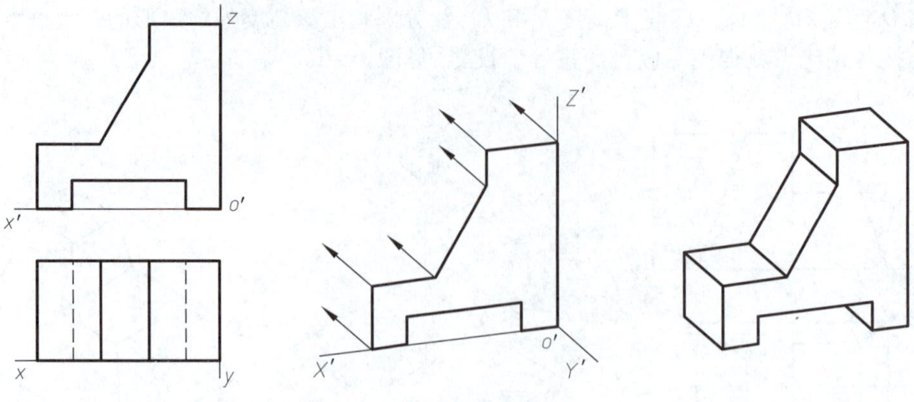

（a）正投影图　（b）作图过程　（c）正二测图

图 10-8　画正二测图

例 10-5　作出图 10-9(a)所示木榫头的正二测投影。

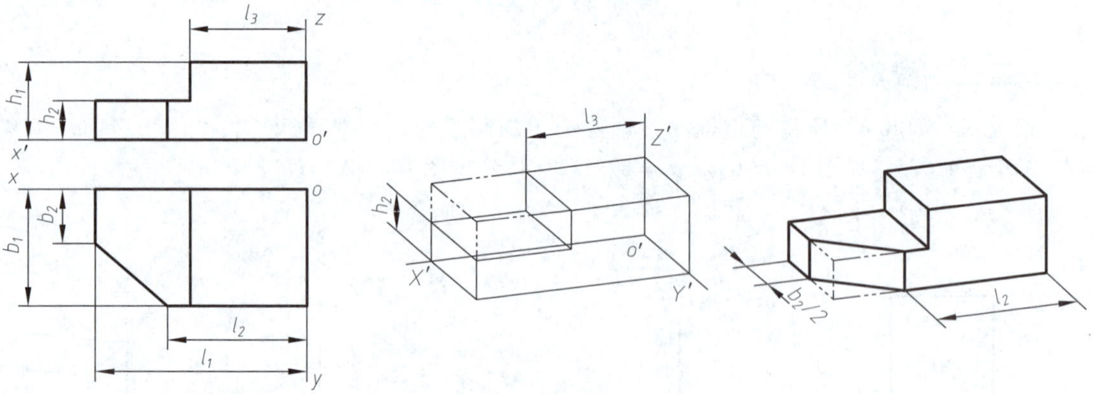

（a）正投影图　（b）作图过程　（c）正二测图

图 10-9　画榫头的正二测投影

解　这一形体可以把它看成由一个长方体，先切去左上方的一块，再切去左前方的一角而形成的。画此形体的轴测投影时也按这样的步骤进行，如图 10-9(b)、(c)所示。

最后，将可见轮廓线加粗就得到榫头的正二测投影，如图 10-9(c)所示。

三、正轴测图形式的选择

轴测图类型的选择直接影响到轴测图的效果。选择时，一般应先考虑采用比较简便的正等测图。如果效果不好，再考虑用正二测图。在选择时应注意下列几点：

(1)要避免被遮挡。轴测图上，要尽可能将隐蔽部分表达清楚，要能看透孔洞或看见孔洞的底面，如图 10-10(a)所示。

(2)要避免转角处的交线投影成一直线。如图 10-10(b)所示柱墩的转角处交线，位于与 V 面成 45°倾角的铅垂面上，这个平面与正等测的投影方向平行，结果转角处的交线，在正等测图上投影成直线。

(3)要避免投影成左右对称的图形。如图 10-10(b)的柱墩和图 10-10(c)的正四棱柱下面的正方形底板。在平面图上，正等测的投影方向，恰好成为它的对角线，所以它的正等测图左右对称，显得呆板。这一要求只对平面体而言，因为圆柱、圆锥、球的正轴测图，总是左右对称的。

(4)要避免侧面的投影积聚成直线，如图 10-10(c)所示的形体，上面的正四棱柱的两个侧面，正好与正等测的投影方向平行，所以它的正等测投影积聚成一直线。

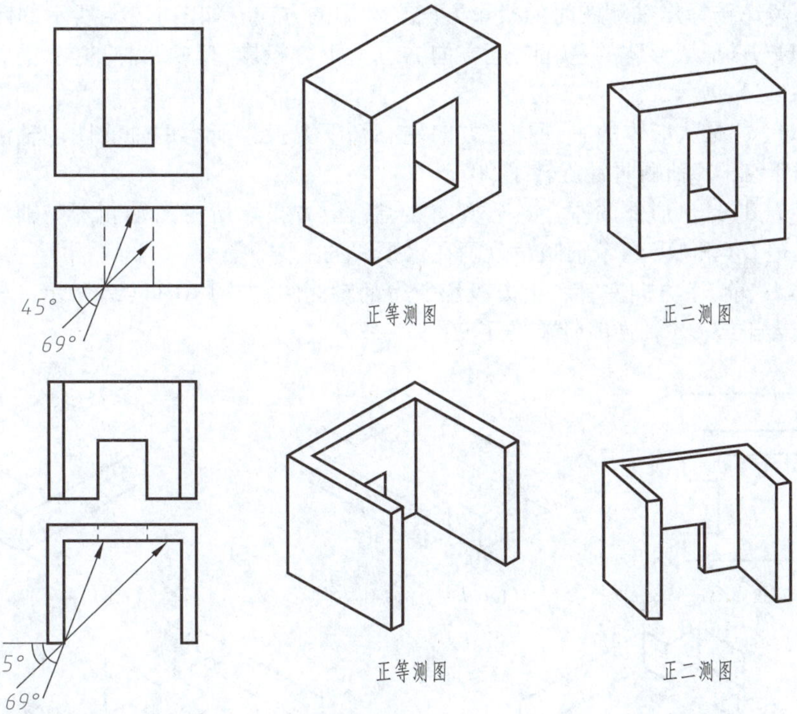

（a）避免被遮挡

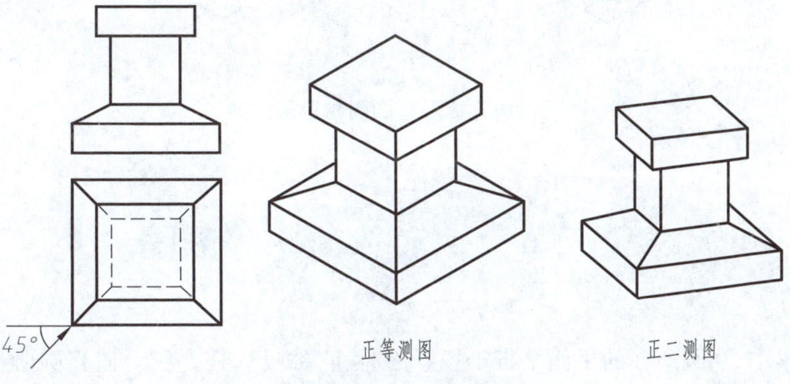

（b）避免转角交线投影成直线

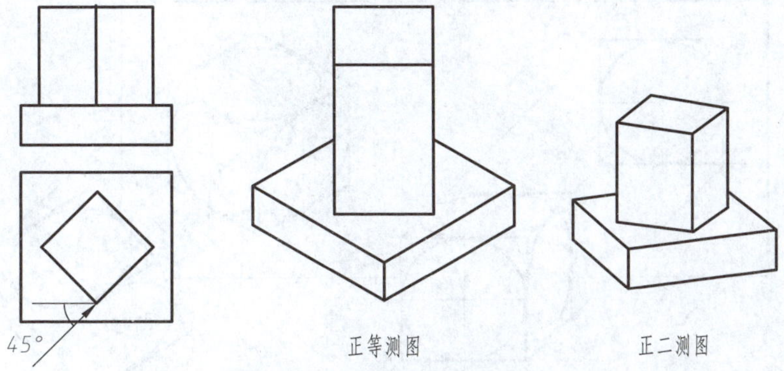

（c）避免投影成左右对称图形（对平面体而言）

图 10-10 正轴测图形式的选择

此外，还要考虑选择作轴测图时的投影方向。常用的方向有如图 10-11 所示的四种。

(1)图 10-11(b)是从形体的左、前、上方向右、后、下方投影，反映形体的左、前、上表面的形状。轴测轴如图 10-11(b)所示。

(2)图 10-11(c)是从形体的右、前、上方向左、后、下方投影所得的轴测图。轴测轴的画法与第一种比较，相当于绕 OZ 轴顺时针旋转了 90°。

(3)图 10-11(d)是从形体的左、前、下方向右、后、上方投影所得的轴测图。轴测轴的画法与第一种比较，只是把 OX 和 OY 两个轴倾角改画在水平线的上方。

(4)从形体右、前、下方向左、后、上方投影所得的轴测图，如图 10-11(e)所示。轴测轴的画法与第三种比较，相当于绕 OZ 轴逆时针旋转了 90°。

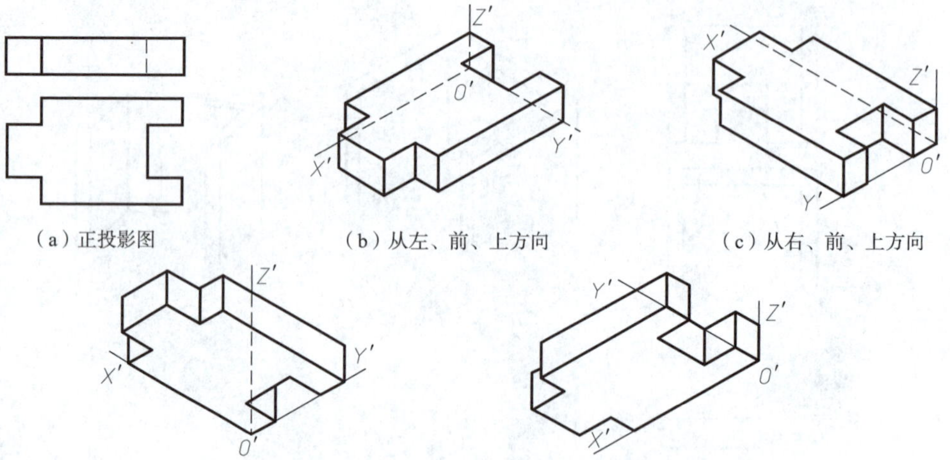

(a) 正投影图　(b) 从左、前、上方向　(c) 从右、前、上方向

(d) 从左、前、下方向　(e) 从右、前、下方向

图 10-11　形体的四种投影方向

第三节　曲面体的正等测图

在平行投影中，当圆所在的平面平行于投影面时，它的投影还是圆。而当圆所在平面倾斜于投影面时，它的投影是椭圆(见图 10-12)。

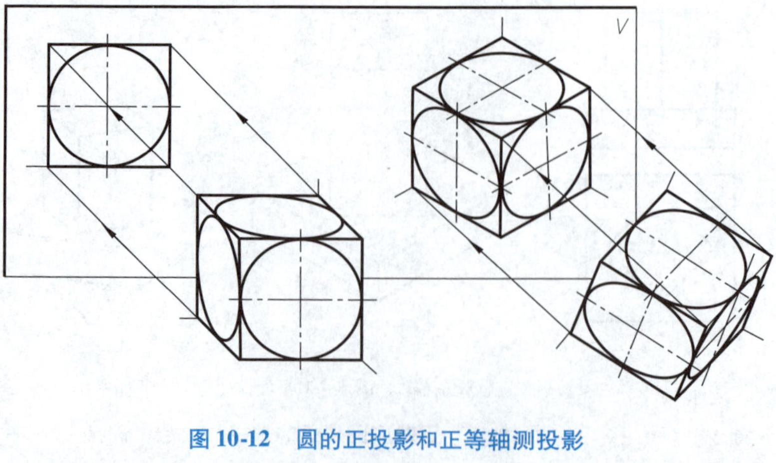

图 10-12　圆的正投影和正等轴测投影

圆的轴测投影，可用**八点法**作，如图 10-13 所示。这个方法适用于任一种类型的轴测投影图。

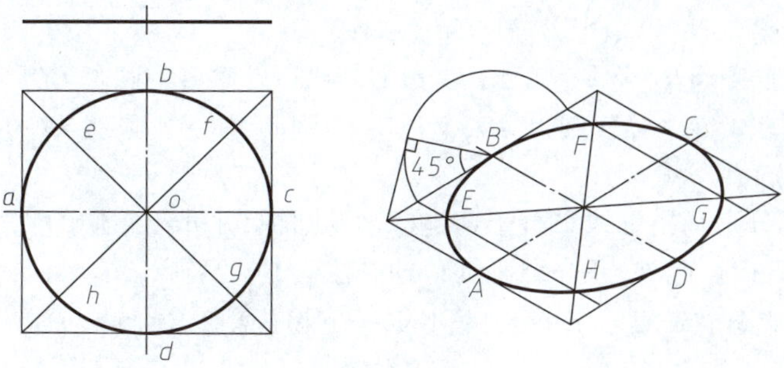

图 10-13 圆的轴测图的一般作法（八点法）

圆的正等测图可用近似方法作，如图 10-14 所示。

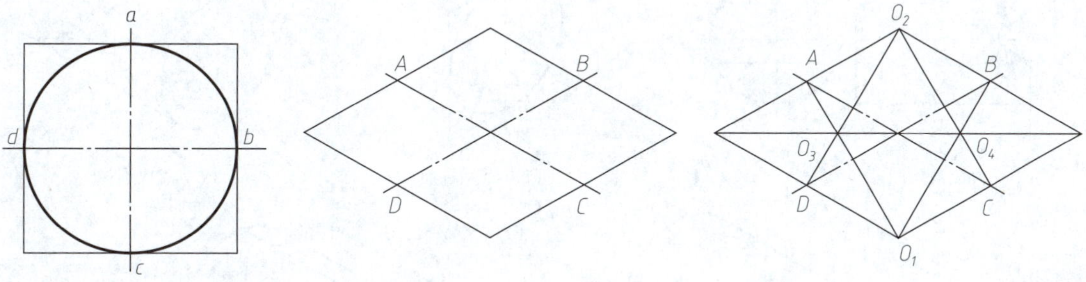

（a）平行于H面的圆　（b）画出中心线及外切菱形　（c）求四个圆心

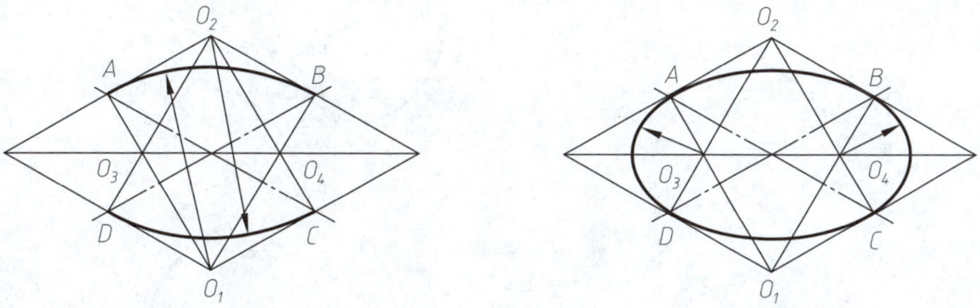

（d）画弧AB和CD　（e）画弧AD和BC

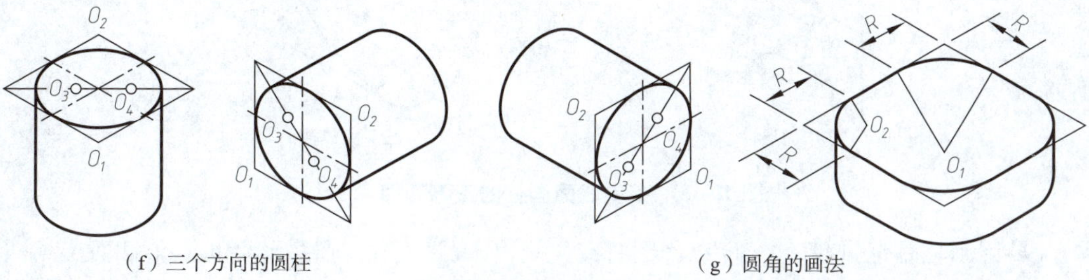

（f）三个方向的圆柱　（g）圆角的画法

图 10-14 圆的正等测图的近似画法

立方体三个面上的圆的正等测图都是大小相同的椭圆，作图方法也一样。现以 H 面的圆为例，说明作图方法如下：

（1）过圆心沿轴测轴 X、Y 方向作中心线，截取半径长度，得椭圆上四个点 A、B、C、D，然后画出外切菱形[见图 10-14(b)]。

(2)菱形短对角线端点为 O_1、O_2，连 O_1A、O_1B，它们分别垂直于菱形的相应边，并交菱形的长对角线于 O_3、O_4，得四个圆心 O_1、O_2、O_3、O_4[见图 10-14(c)]。

(3)以 O_1 为圆心，O_1A 为半径作圆弧 AB，又以 O_2 为圆心，作另一圆弧 CD[见图 10-14(d)]。

(4)以 O_3 为圆心，O_3A 为半径作圆弧 AD，又以 O_4 为圆心，作另一圆弧 BC，所得近似椭圆，称为**四心椭圆**[见图 10-14(e)]。

图 10-14(f)中，还分别画出轴线平行于各坐标轴的圆柱，并介绍它们的底圆的画法。画图时，应注意各底圆的中心线方向。此外，还介绍了圆角的画法。

例 10-6 试根据带斜截面圆柱的投影图，作正等测图(见图 10-15)。

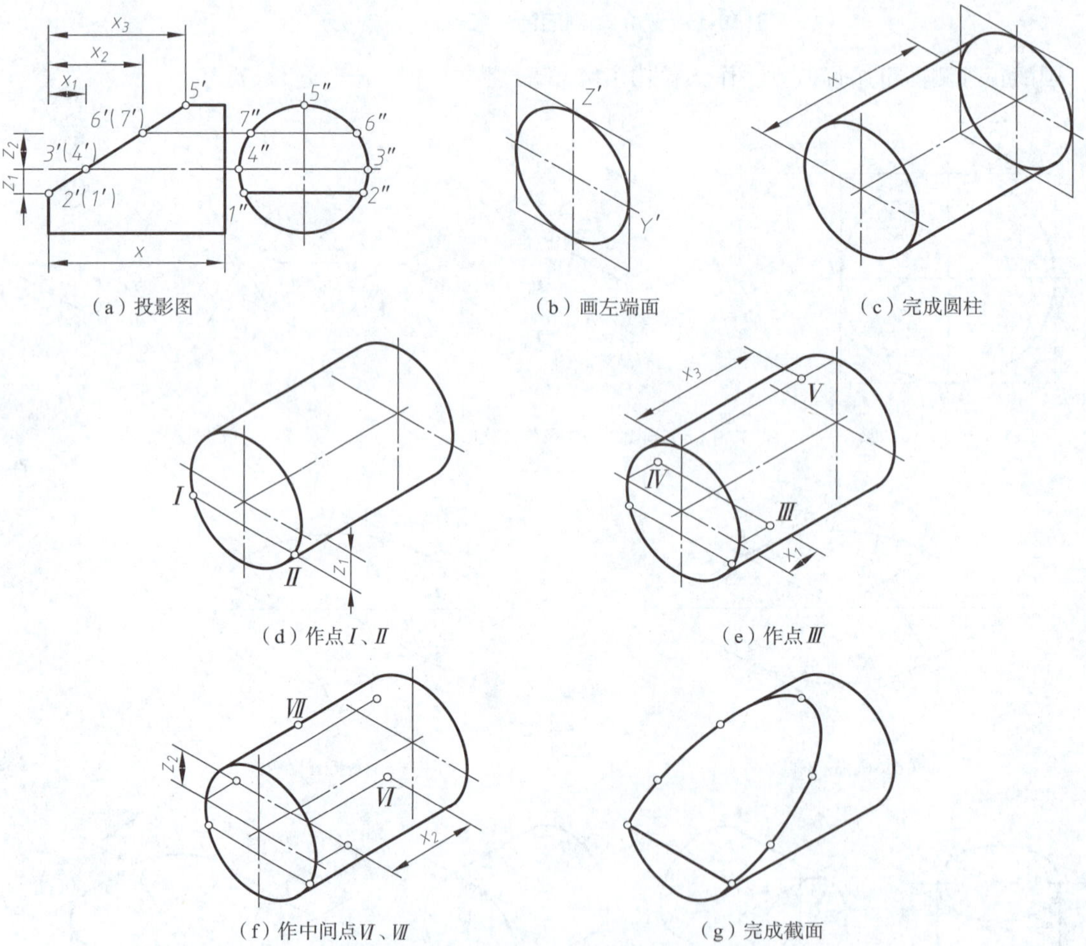

(a) 投影图 (b) 画左端面 (c) 完成圆柱

(d) 作点 I、II (e) 作点 III

(f) 作中间点 VI、VII (g) 完成截面

图 10-15 带斜截面圆柱的正等测图

解 (1)因圆柱是带斜截面的，所以作图时应先画出未截之前的圆柱，然后再画斜截面。

(2)画圆柱的左端面。确定圆心位置后，作中心线分别平行于 $O'Z'$ 和 $O'Y'$，然后画外切菱形和四心椭圆[见图 10-15(b)]。

(3)沿 $O'X'$ 方向向后量 x，作右端面；然后作平行于 $O'X'$ 方向的直线与两端面相切，得圆柱的正等测图[见图 10-15(c)]。

(4)用坐标法作出截面上一系列的点。先作最低点 I 和 II，可在左端面上沿 $O'Z'$ 方向向下量 z_1，

再作直线平行于 $O'Y'$方向，交椭圆于点Ⅰ、Ⅱ[见图 10-15(d)]。

(5)作最前点Ⅲ、最后点Ⅳ和最高点Ⅴ。分别过中心线与椭圆的交点作平行于 $O'X'$方向的线，再分别量取 x_1和 x_3。得点Ⅲ、Ⅳ、Ⅴ[见图 10-15(e)]。

(6)在适当位置作中间点。先在投影图上选定，如点Ⅵ和Ⅶ，得 z_2和 x_2，然后按上述方法在轴测图上作Ⅵ和Ⅶ点[见图 10-15(f)]。

(7)用平滑曲线依次连各点，用直线连点Ⅰ、Ⅱ，得斜截面的正等测图[见图 10-15(g)]。

第四节　斜 轴 测 图

当投影方向倾斜于轴测投影面时所得的斜投影称为**斜轴测投影**。以 V 面或 V 面平行面作为轴测投影面，所得的斜轴测投影，称为**正面斜轴测投影**。若以 H 面或 H 面平行面作为轴测投影面，所得的斜轴测投影，称为**水平面斜轴测投影**。画斜轴测图与画正轴测图一样，也是要先确定轴间角、轴向变化率以及选择轴测类型和投影方向。

一、正面斜轴测图

如图 10-16(a)所示，设形体仍处于正投影时的位置，投影方向 S 倾斜于 V 面，将形体向 V 面投影，所得投影为正面轴测投影，由于它能同时反映出形体的三个向度，所以也有立体感。

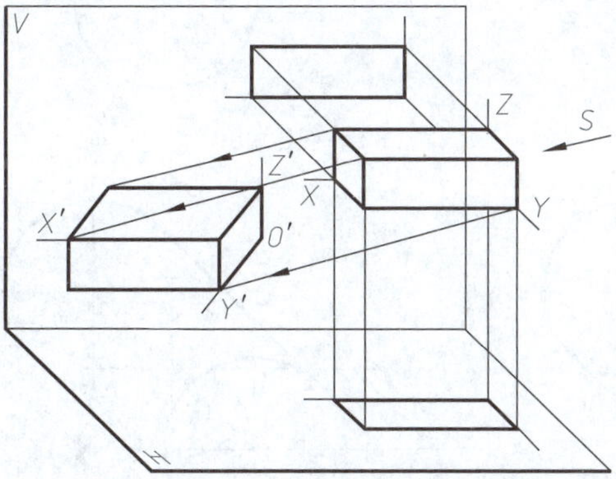

(a) 长方体的正面斜轴测图的形成

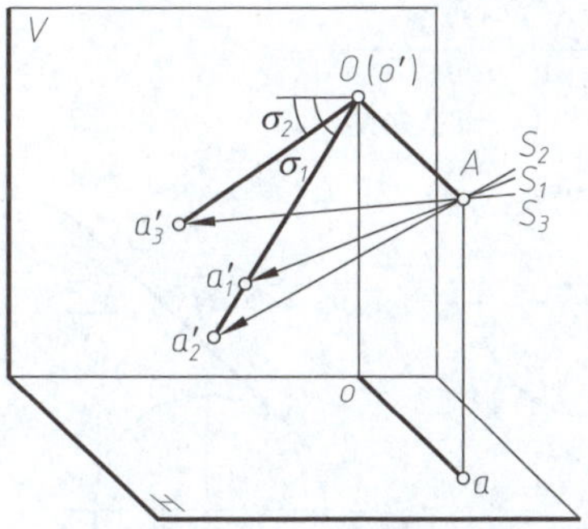

(b) 宽度方向的轴向变化率和轴间角互不相关

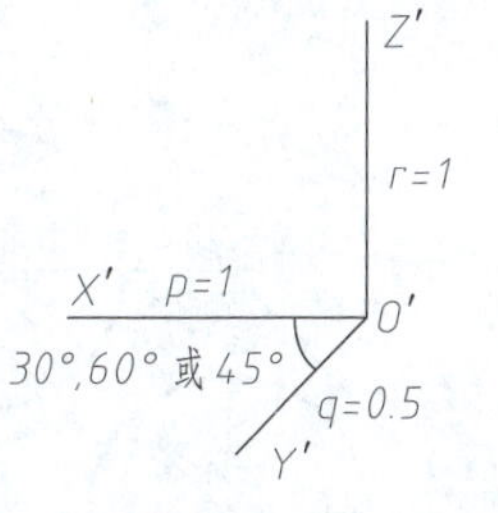

(c) 常用的轴向变化率和轴间角

图 10-16　正面斜轴测图的形成

正面斜轴测既然是斜投影的一种，它必然具有斜投影的特征：

(1)不管投影方向如何倾斜，平行于轴测投影面的平面图形，它的正面斜轴测图反映实形。如图 10-16(a)的长方体，它的前侧面的正面斜轴测图，是一个与长方体前侧面形状、大小完全相同的矩形。也就是说，正面斜轴测图中 $O'Z'$和 $O'X'$之间的轴间角是 90°，即 $\varphi=0°$，两者的轴向变化率都等于 1，即 $p=r=1$。这个特性，使得斜轴测图的作图较为方便，对具有复杂侧面形状的形体，这个优点尤为显著。

(2)垂直于投影面的直线，它的轴测投影方向和长度，将随着投影方向 S 的不同而变化。如图 10-16(b)所示，当投影方向由 S_1变为 S_2时，可使正垂线(相当于 OY 轴)AO 的投影 $o'a'_1$对水平线的倾角不变，而投影长度则由 $o'a'_1$变为 $o'a'_2$，也就是说 $O'Y'$轴的轴倾角 σ_1虽不变，而轴向变化率 q 可以改变。当投影方向由 S_1变为 S_3，可使投影长度不变，即 $o'a'_3=o'a'_1$，而对水平线的倾角从 σ_1变为 σ_2，相当于轴向变化率不变而轴倾角改变。也就是说，正面斜轴测投影的 $O'Y'$轴的轴倾角 σ 和轴向变化率 q 互不相关，可以单独随意选择，一般多分别采用 45°、30°、60°和 0.5，如图 10-16(c)所示。

(3)互相平行的直线，其正面斜轴测图仍互相平行。平行于坐标轴的线段的正面斜轴测投影与线段实长之比，等于相应的轴向变化率。

根据上述特征和长方体的投影图，作长方体的正面斜轴测图的步骤，如图 10-17 所示，显然比作正轴测图方便。

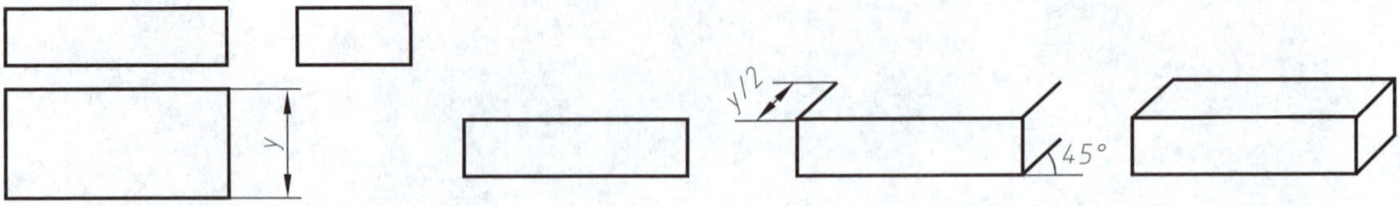

(a) 投影图　(b) 画出前端面　(c) 作宽度方向线　(d) 完成全图

图 10-17　长方体的正面斜轴测图的作法

例 10-7　试根据带缺口圆柱的投影图，作出斜轴测图(见图 10-18)。

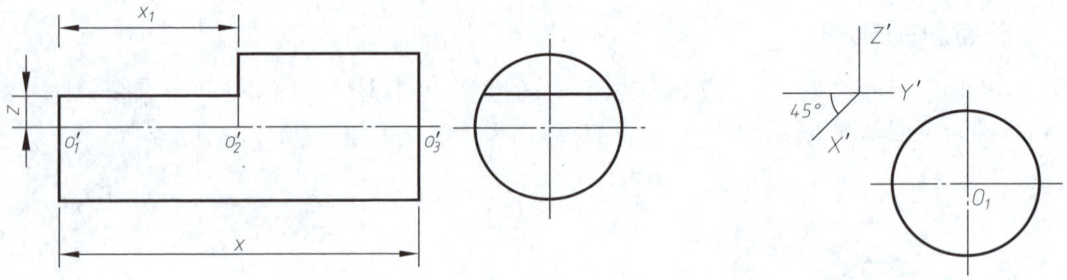

(a) 正投影图　(b) 作圆柱端面

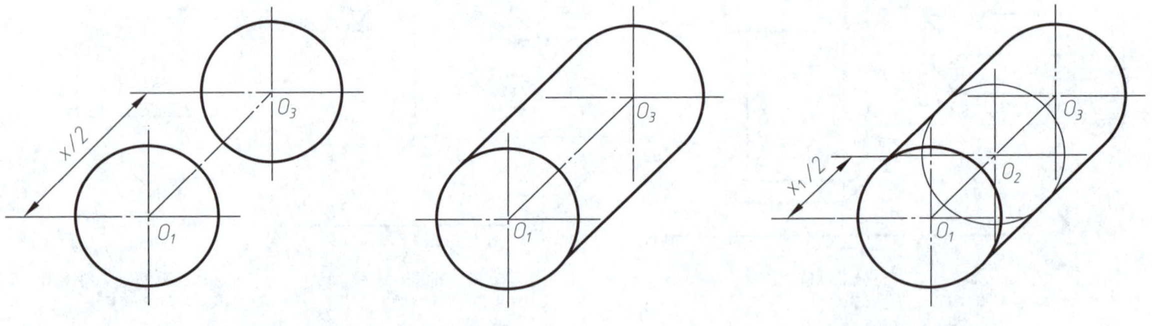

(c) 作圆柱另一端面　(d) 作底面的切线　(e) 作切口的圆截面

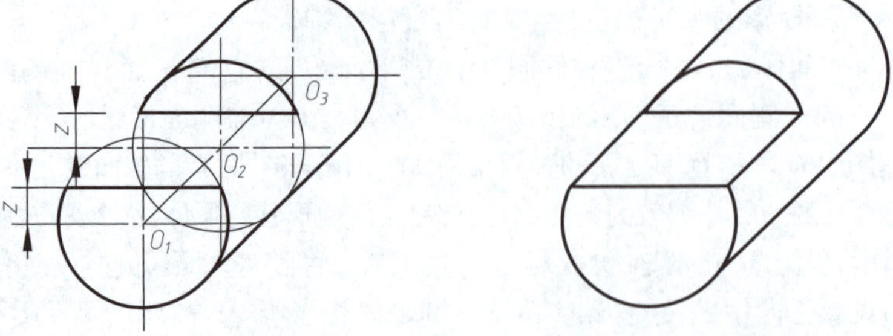

(f) 定切口的高度　(g) 完成全图

图 10-18　带缺口圆柱的斜轴测图

解 (1)正面斜轴测图的一个特点,是能够反映平行于 V 面的平面图形的实形。现在给出的圆柱,其端面是平行于 W 面的,为简化作图,可假设把形体斜投影到 W 面上,得到侧面斜轴测投影。此时,平行于柱底的各个圆及圆弧都反映实形。

(2)先作整个圆柱。为此,先作圆柱的一个端面,它的侧面斜轴测图仍是圆[见图 10-18(b)]。再过圆心 O_1 作直线平行于 $O'X'$,并量取 $x/2$,得另一端面的圆心 O_3,并画出这个端面[见图 10-18(c)]。然后作两条平行于 $O'X'$ 的直线与两端面圆周相切,即画出圆柱的轮廓线,得整个圆柱的轴测图[见图 10-18(d)]。

(3)在已作出的圆柱上画缺口。先画缺口两端的圆截面。前面一个与圆柱端面重合,后面一个作法同上,先作它的圆心 O_2,然后画图[见图 10-18(e)]。

(4)在画出的圆周的中心线上,量缺口的高度 z,作两条平行于 $O'Y'$ 的水平线与圆周相交[见图 10-18(f)]。最后,连水平线的对应端点,得圆柱缺口,完成全图[见图 10-18(g)]。

例 10-8 作拱门的正面斜轴测图(见图 10-19)。

解 (1)拱门由地台、门身及顶板三部分组成,作轴测图时必须注意各部分 Y 方向的相对位置[见图 10-19(a)]。

(2)先画地台的斜轴测图,并在地台上表面的左右对称线上向后量取 $y_1/2$,定出拱门前墙面位置线[见图 10-19(b)]。

(3)按实形画出前墙面及 Y 方向线[见图 10-19(c)]。

(4)完成拱门斜轴测图。注意后墙面半圆拱的圆心位置及半圆拱的可见部分。在前墙顶面前缘中点作 Y 轴方向线,向前量取 $y_2/2$,定出顶板底面前缘的位置线[见图 10-19(d)]。

(5)画出顶板,完成全图[见图 10-19(e)]。

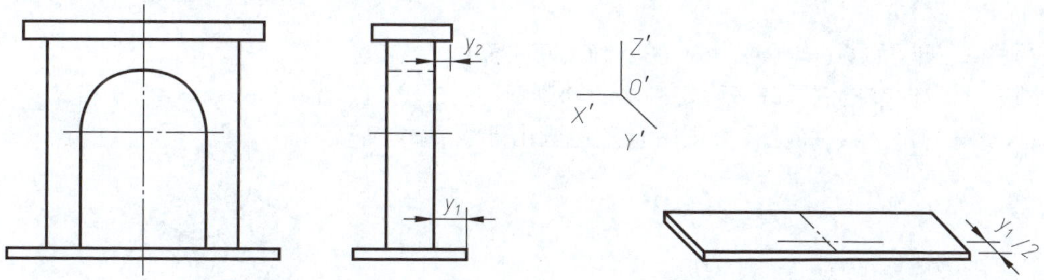

(a)正投影图

(b)作地台及拱门前墙面位置线

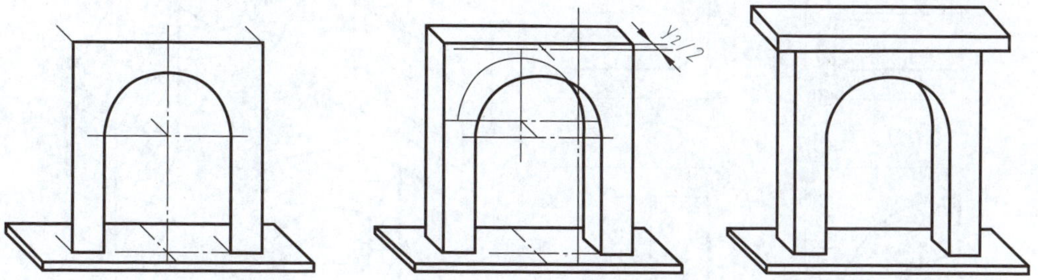

(c)作拱门前端墙

(d)完成拱门,作顶板前缘位置线

(e)作顶板,完成全图

图 10-19 作拱门的正面斜轴测图

二、水平面斜轴测图

形体不动,仍保持进行正投影时的位置,而用倾斜于 H 面的平行光线向 H 面进行投影[见

图 10-20(a)],得水平面斜轴测图。显然,$O'X'$与$O'Y'$之间的轴间角仍是90°,轴向变化率都是1,即在水平面斜轴测图上能反映与H面平行的平面图形的实形。至于$O'Z'$与$O'X'$之间的轴间角以及$O'Z'$的轴向变化率,同样可以单独任意选择。通常,轴间角$Z'O'X'$取120°,变化率仍取1[见图 10-20(b)]。画图时,习惯把$O'Z'$画成铅直方向,$O'X'$和$O'Y'$分别与水平线成30°和60°角[见图 10-20(c)]。这种轴测图,适宜用来表达一个区域的总体规划,可以反映各建筑物、通路等的平面位置及相互关系,以及建筑物的实际高度。

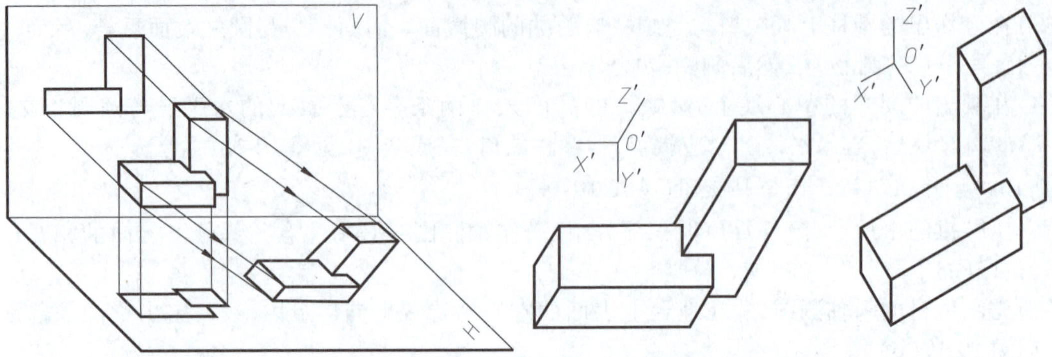

(a)水平面斜轴测图的形成　(b)把H面旋转到与V面重合时的投影　(c)Z轴旋转成竖直方向

图 10-20　水平面斜轴测图

例 10-9　已知小区总平面图[见图 10-21(a)],作其水平斜轴测图[见图 10-21(b)]。

解　(1)总平面图表达出各房屋的平面形状及位置,图中的小圆点数表示房屋的层数,每层高度按 3 m 计。

(2)将X方向旋转成与水平线成30°,画出总平面图。

(3)在Z_1方向按比例画各房屋每一层的轴测图[见图 10-21(b)]。

要求较高的水平斜轴测图(表现图),还应画出配景、绿化等。

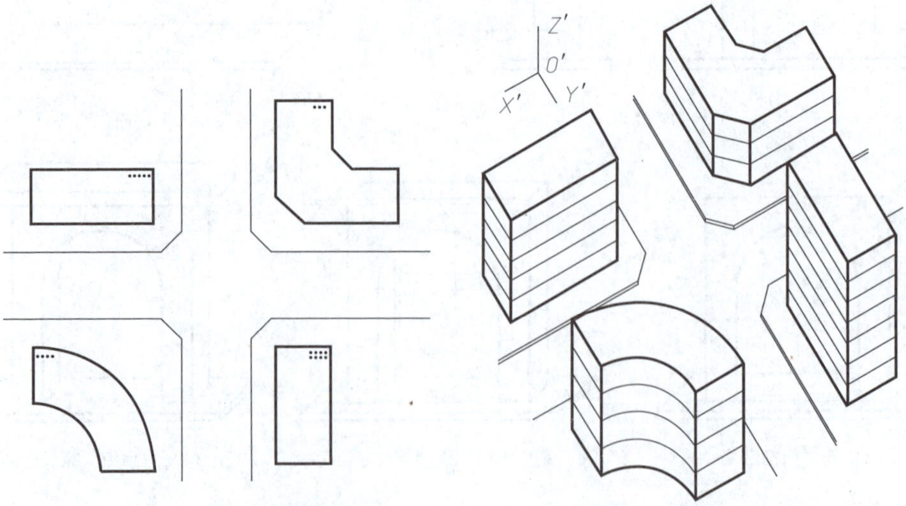

(a)总平面图　(b)水平面斜轴测图

图 10-21　小区的水平面斜轴测图

第十一章

标高投影

土木工程中常常需要绘制表达地面形状的**地形图**。

地面的形状比较复杂，而且长度比高度大得多，如仍采用多面正投影图来表达地面形状，不仅作图复杂，使用不便，而且不易表达清楚。本章所要介绍的标高投影法就是能适应这种情况的一种方法。

当形体的水平投影确定以后，它的正面投影只是起到提供形体各部分高度的作用。因此，要是能知道形体上有关的点或线的高度，那么只用一个水平投影就可以确定形体的空间形状和位置。解决的办法就是将有关的点或线的高度数值（标高）注在其水平投影旁边。这种**用水平投影与标数相结合来表示空间形体的方法称为标高投影法**。

第一节　点、直线和平面的标高投影

一、点的标高投影

设点 A 位于已知的水平面 H 的上方 3 个单位[见图 11-1(a)]，点 B 位于 H 面下方 2 个单位，点 C 在 H 面上，那么，在 A、B、C 的水平投影 a、b、c 之旁注上相应的高度值 3、−2、0[见图 11-1(b)]，即得点 A、B、C 的标高投影图。这时，3、−2、0 等高度值，称为**标高**。通常以 H 面作为基准面，它的标高为零。高于 H 面的标高为正，低于 H 面的标高为负。为了实际应用方便，选择基准面时，最好使各点的标高都是正值，在实际地形测量中，以青岛市外黄海海水平面作为零标高的基准面。

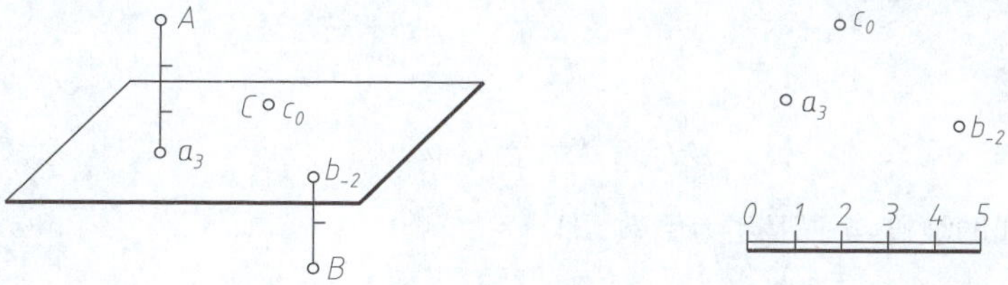

（a）直观图　　（b）标高投影图

图 11-1　点的标高投影

在标高投影图中，要确定形体的空间形状和位置，还必须附有一个比例尺，并注明刻度单位，如图 11-1(b)所示。由国标规定标高以米为单位。

二、直线的标高投影

在直线的水平投影 ab 上，标出它的两个端点 a 和 b 的标高，例如 a_3b_5（见图 11-2），就是直线 AB 的标高投影。

求直线 AB 的实长以及它与基准面的倾角，可用换面法的概念，即过 AB 作一基准面 H 的垂面 V_1，将 V_1 面绕它与 H 面的交线 a_3b_5 旋转，使 V_1 与 H 面重合。作图方法如下：先分别过 a_3 和 b_5 作 a_3b_5 的垂线（见图 11-3），并在所作垂线上，按比例尺分别量取相应的标高数 3 和 5，得 A 和 B。AB 长度就是所求实长。AB 与 a_3b_5 的夹角就是所求的倾角。

直线的**刻度**，就是直线的标高投影上的整数标高点。作直线的刻度时，仍采用换面法的概念，按图 11-4 的方法作图。例如，已知直线 AB 的标高投影为 $a_{3.7}b_{7.8}$，要作其刻度，则在任意位置处，作一组与 ab 平行的等距直线，并把最靠近 ab 的一根平行线作为标高等于 3 的整数标高线，其余依次为标高等于 4，5，…，8 的整数标高线，分别过 $a_{3.7}$、$b_{7.8}$ 作 $a_{3.7}b_{7.8}$ 的垂线，在所作垂线上，结合各整数标高线，按比例插值定出 A 和 B，连接 AB，它与整数标高线的交点Ⅳ、Ⅴ、Ⅵ、Ⅶ，就是 AB 上的整数标高点。过这些点作 ab 的垂线，各垂足 4、5、6、7 就是直线 AB 的刻度。不难看出，这些点之间的距离是相等的。如果所作的等距线之间的距离均按给定的比例尺取一个单位，则可同时得到 AB 的实长及与 H 面的倾角。

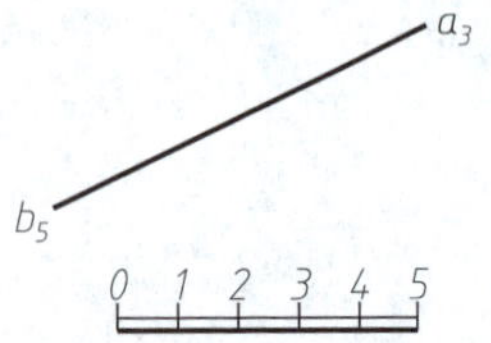

图 11-2　直线的标高投影

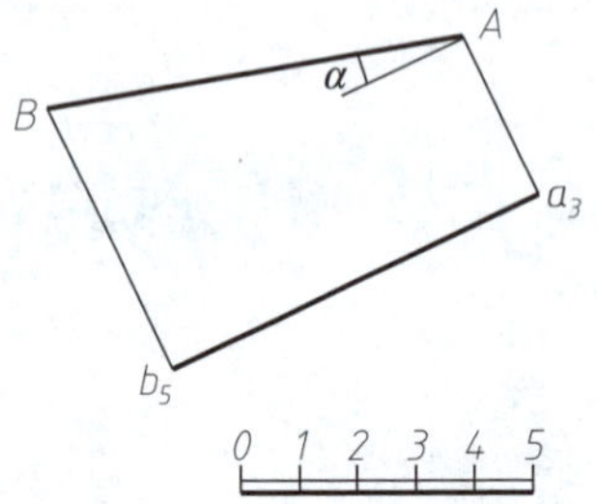

图 11-3　直线的实长和倾角

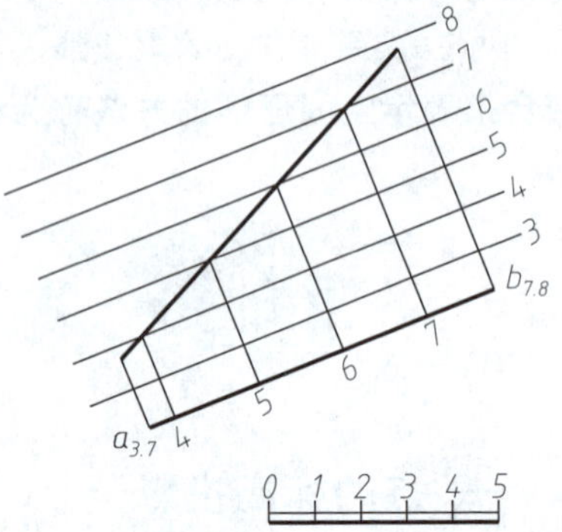

图 11-4　直线的刻度

直线的坡度 i 就是当其水平距离为一个单位时的高差（见图 11-5）。直线的平距 l，就是当高差为一个单位时的水平距离。例如，已知直线 AB 的标高投影 a_2b_4，若 ab 的长度（AB 的水平距离）为 L，AB 两点的高差为 I，则直线的坡度为

$$i = \frac{I}{L}\tan\alpha$$

直线的平距为

$$l = \frac{L}{I}\cot\alpha$$

由此可见，直线的坡度与平距互为倒数，即

$$i = \frac{1}{l}$$

也就是说，坡度越大，平距越小；坡度越小，则平距越大。

直线的标高投影作出刻度后，单位标高刻度之间的距离，就是一个平距。

直线标高投影的另一形式就是在直线的 H 投影上，标出直线上一个点的标高，注上坡度和画上表示直线下坡方向的箭头（见图 11-6）。

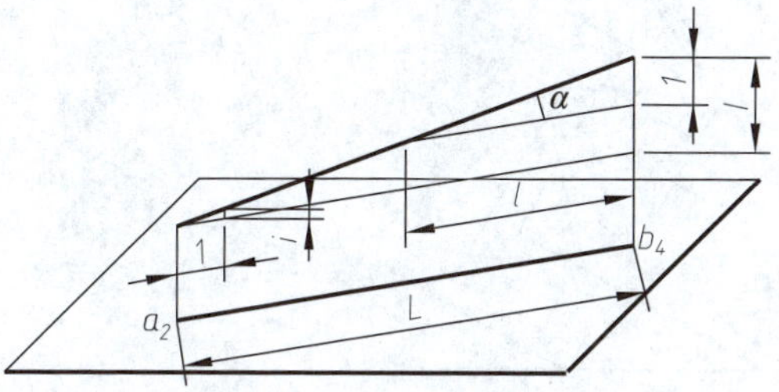

图 11-5　直线的坡度和平距

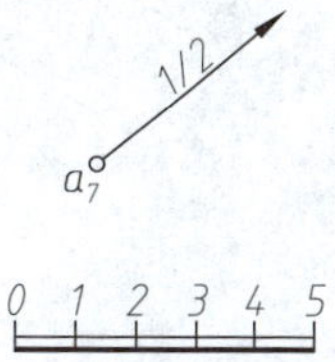

图 11-6　直线的标高投影的另一形式

例 11-1　试求图 11-7 所示直线 AB 的坡度和平距，并求直线上一点 C 的标高。

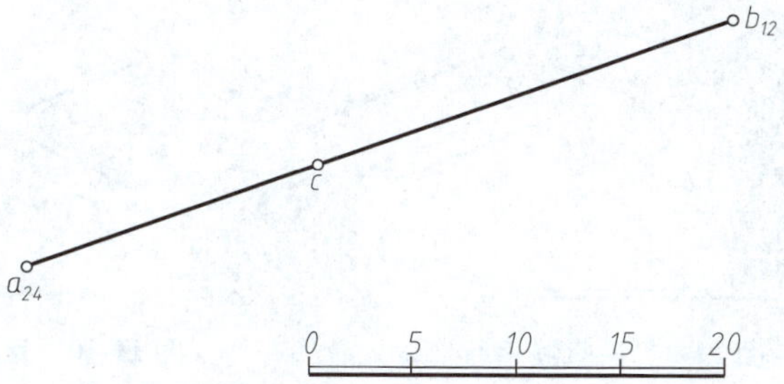

图 11-7　求 AB 的坡度、平距和 C 点的标高

解　(1) 直线 AB 的坡度 $i=\frac{I_{AB}}{L_{AB}}$，其中，I_{AB} 为 A、B 两点的高差，$I_{AB}=24-12=12$；L_{AB} 为 A、B 两点的水平距离，根据比例尺量得为 36。所以 $i=\frac{12}{36}=\frac{1}{3}$。

(2) 直线的平距 $l=\frac{1}{i}=3$。

(3) 求 C 点的标高。因为 $i=\frac{I_{AB}}{L_{AB}}=\frac{I_{AC}}{L_{AC}}=\frac{1}{3}$，所以 $I_{AC}=\frac{1}{3}L_{AC}$。L_{AC} 根据比例尺量得为 15。因此得 $I_{AC}=\frac{1}{3}\times 15=5$。所以 C 点的标高为 $24-5=19$，即 C_{19}。

(4) 我们可以根据两直线的标高投影，判断它们的相对位置：①平行；②相交；③交叉；④垂直。在适当的位置作出两直线的辅助投影后，就能判断它们的相对位置了。如图 11-8 所示，直线 AB 与 EF 平行，AB 与 CD 相交于 K，CD 与 EF 交叉。由于所作辅助投影面是平行于 AB 和 EF 的，所以由直角投影法则可知：如果它们与 CD 垂直，就会在辅助投影上也相互垂直。但要注意所作的整数标高线，必须按比例尺画出。

如果两直线的标高投影平行，上升或下降方向一致，而且坡度或平距也相等，如图 11-9 所示，则两直线平行。如果两直线的标高投影相交，而且经计算知两直线交点处的标高也相等，如图 11-10 所示，则两直线相交，否则，它们是交叉的。

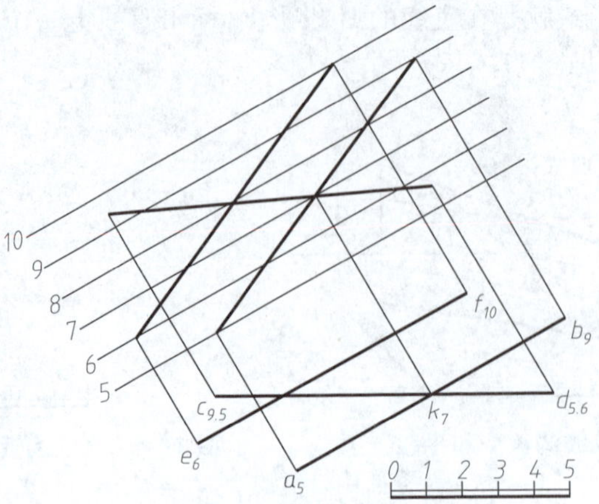

图 11-8　直线的相对位置

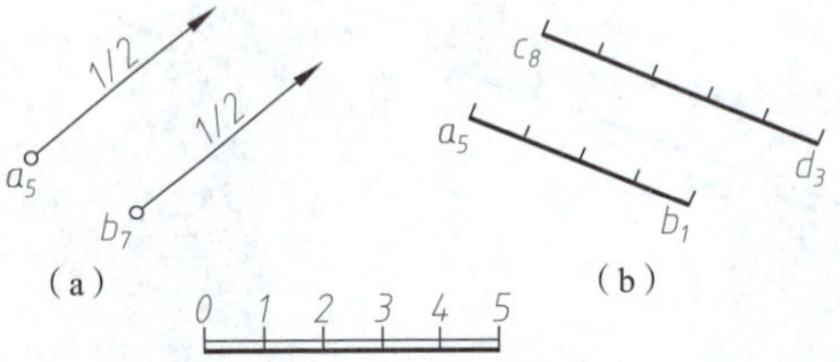

图 11-9　两直线平行

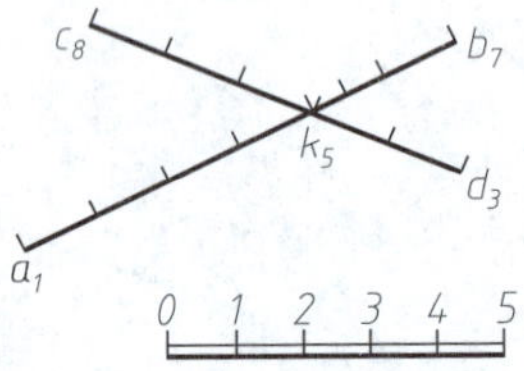

图 11-10　两直线相交

三、平面的标高投影

平面的标高投影与正投影相同，可以用不在同一直线上的三个点、一直线和线外一点、两相交直线或两平行直线等的标高投影来表示。但在标高投影中，还有另外几种特殊表示法，现说明如下：

图 11-11 画出了一个由平行四边形 *ABCD* 表示的平面 *P*，图中 *AB* 在 *H* 面上，是平面 *P* 的水平迹线 P_H，如果以一系列平行于基准面 *H* 且相距为一单位的水平面截切平面 *P*，则得到 *P* 面上的一组水平线 *Ⅰ-Ⅰ*、*Ⅱ-Ⅱ* 等，它们的 *H* 投影为 *1-1*、*2-2* 等，称为**等高线**。平面 *P* 的等高线都平行于 P_H，且间距相等。这个间距，称为**平面的平距**。

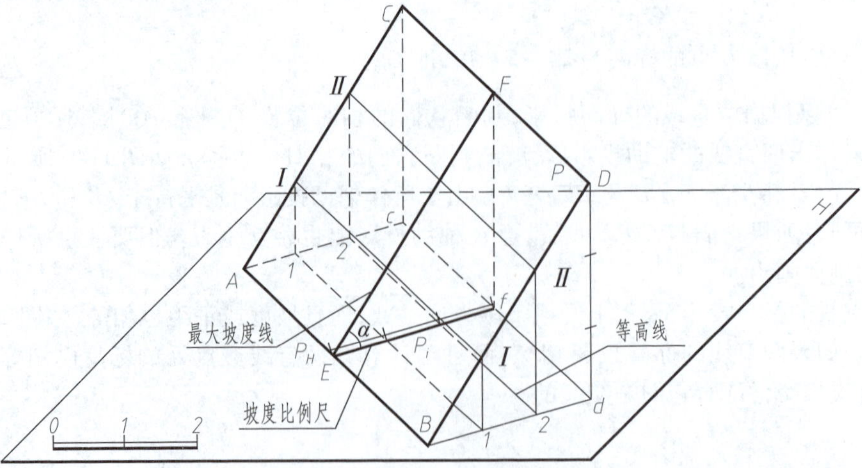

图 11-11　平面的标高投影

在 P_H 上任取一点 E，作平面 P 上的最大坡度线 EF，它的水平投影 Ef 垂直于 P_H，故直线 Ef 的平距与平面 P 的平距相等。在标高投影中，把画有刻度的最大坡度线 Ef 标注为 P_i，称为平面 P 的**坡度比例尺**。坡度比例尺垂直于平面的等高线，它的平距等于平面的平距，因而坡度比例尺 P_i 可以唯一确定平面 P[见图 11-12(a)]。根据此坡度比例尺，可以作出平面的等高线[见图 11-12(b)]。

平面最大坡度线的水平倾角 α，就是平面的水平倾角。如果给出 P_i 和比例尺，就可以用图 11-12(c)的方法求出倾角 α，先按比例尺作出一组平行于 P_i 的整数标高线，然后在相应标高线上定出点Ⅱ和Ⅵ，连接Ⅱ、Ⅵ，它与 P_i 的夹角 α 就是平面 P 的水平倾角。

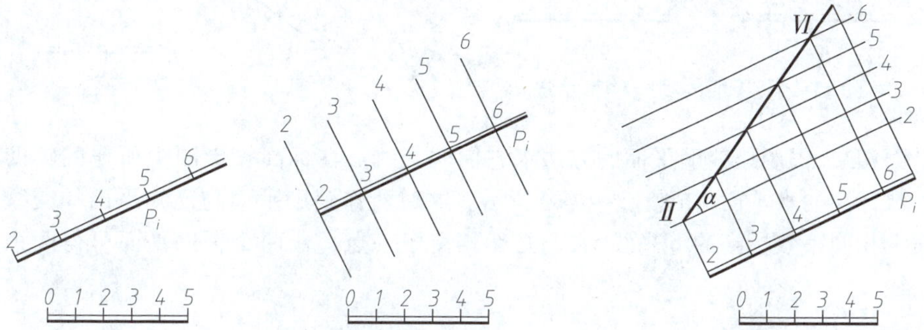

(a) 用坡度比例尺表示平面　(b) 根据坡度比例尺作平面的等高线　(c) 根据坡度比例尺求倾角

图 11-12　坡度比例尺

例 11-2　已知由 $a_{4.2}$、$b_{7.5}$、c_1 三点所确定的平面 Q[见图 11-13(a)]，试作平面 Q 的坡度比例尺 Q_i。

解　只要先作出平面 Q 的等高线，就可以作出它的坡度比例尺 Q_i。所以，先连接各边，并分别在各边上作出其刻度；然后连接邻边同一标高的刻度点，得平面 Q 的等高线；再在适当位置作直线垂直于等高线，即可作出 Q_i[见图 11-13(b)]。

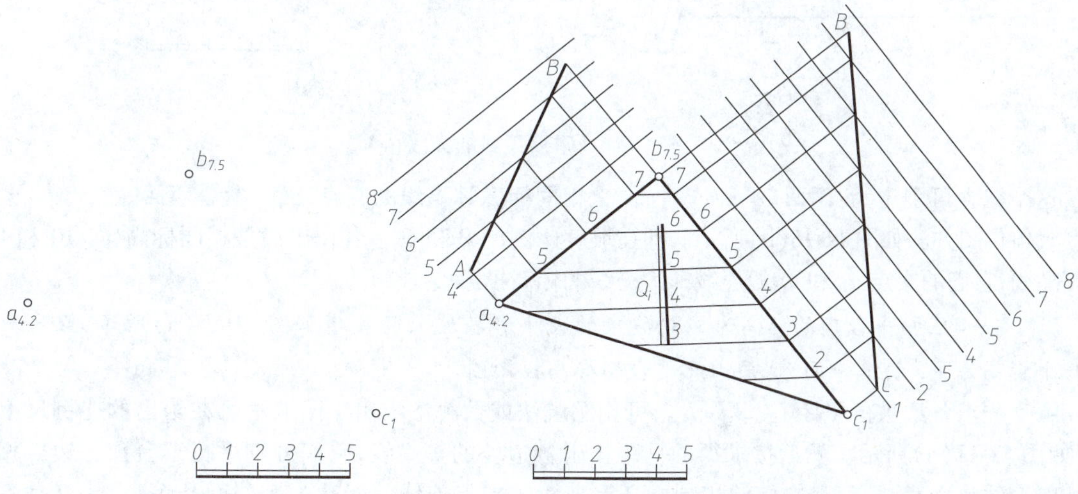

(a) 已知条件　(b) 作出 Q_i

图 11-13　作平面 Q 的坡度比例尺

平面的另一种表示法如图 11-14 所示，即画出平面 P 的水平迹线 P_H[见图 11-14(a)]或平面上一条等高线[见图 11-14(b)],再画出与它们垂直的箭头表明下坡方向,最后注明坡度。

两平面可能平行或相交。若两平面 P 和 Q 平行,则它们的坡度比例尺 P_i 和 Q_i 平行,平距相等,而且标高数字增大或减小的方向一致(见图 11-15)。

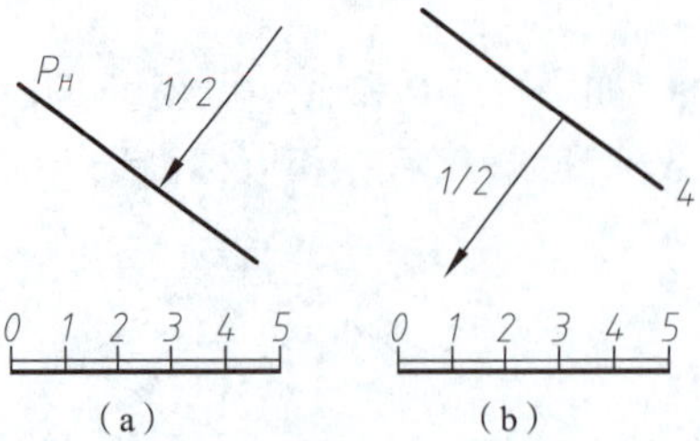

图 11-14　平面的另一种表示法

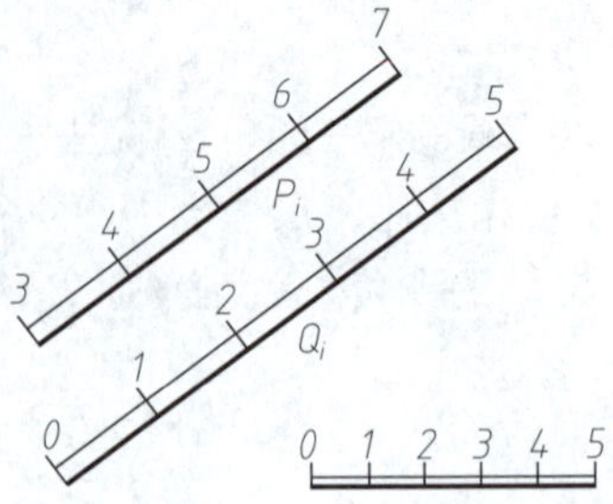

图 11-15　两平面平行

若两平面相交,仍用作辅助平面的方法求它们的交线。在标高投影图中所作的辅助平面,最方便的是作整数标高的水平面,如图 11-16(a)所示。这时所作辅助平面与已知平面的交线,就分别是两已知平面上相同整数标高的等高线,它们必然相交于一点。作两个辅助平面可得两个交点,连接起来即得交线。

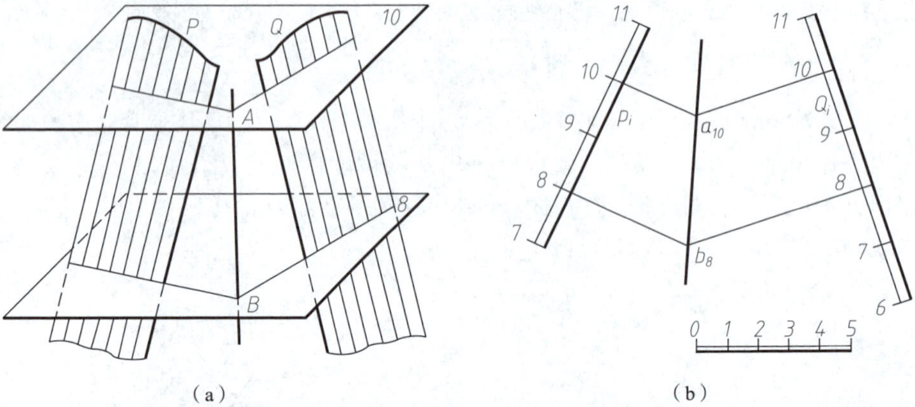

图 11-16　求两平面的交线

这个概念可引申为:**两面(平面或曲面)上相同标高等高线的交点连线,就是两面的交点。**

具体作图方法如图 11-16(b)所示。即在坡度比例尺 P_i 和 Q_i 上各作出两条相同标高(如 10 和 13)的等高线,它们的交点 a_{13} 和 b_{10} 的连线即为交线的标高投影。

例 11-3　已知平台顶的标高为 +8,坡顶的大小和各坡面的坡度如图 11-17(a)所示,假定地面是一个标高为 +5 的水平面,试画出此平台的标高投影图。

解　先求各边坡的平距 $l_{1/3}$、$l_{2/3}$、$l_{3/2}$,可用图解法或数解法求出。图解法可在给出的比例尺上进行,如图 11-17(a)所示。然后按求得的平距作出各边坡的等高线,它们分别平行于台顶各边。相邻边坡的交线是一直线,就是它们的相同标高等高线的交点连线。标高为 5 的四条等高线,就是各边坡与地面的交线,如图 11-17(b)所示。

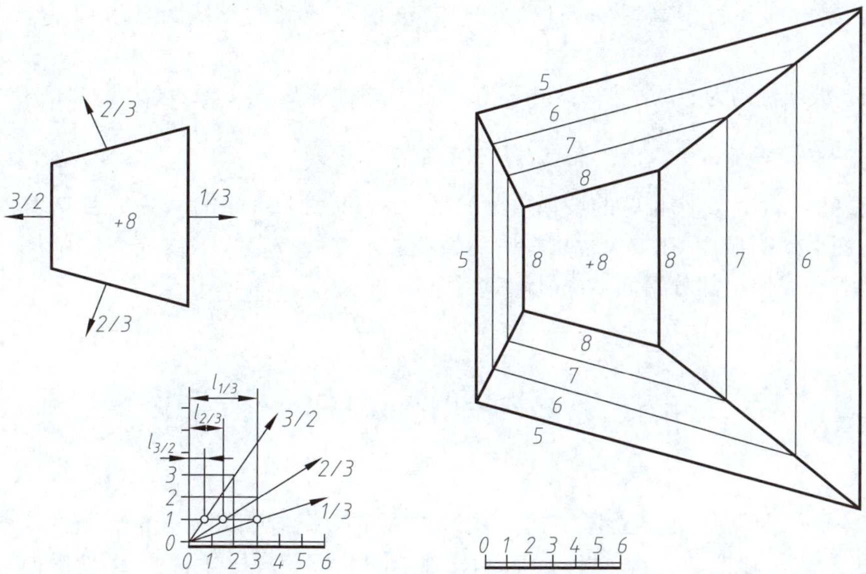

（a）已知平台形状及各边坡坡度　　（b）作出各边坡等高线及交线

图 11-17　梯形平台的标高投影

例 11-4　已知两堤顶面的标高和各坡面的坡度如图 11-18（a）所示。设地面是标高为零的水平面，试求两堤之间、堤和地面之间的交线。

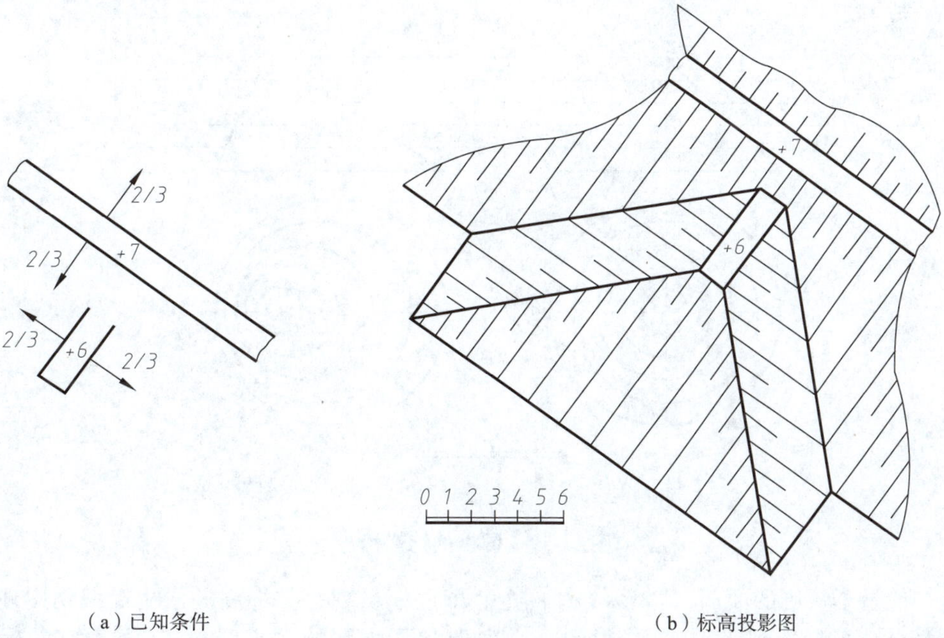

（a）已知条件　　（b）标高投影图

图 11-18　求两堤的交线

解　该例用数解法来解题。

由于两堤顶面的标高不同，标高为 +6 的堤顶与另一高堤的坡面相交，交线是高堤坡面上标高为6的水平线，其方向平行于高堤的堤顶边线。各坡面与地面的交线为各坡面上标高为零的水平线。

先计算出各坡面标高为零的水平线与相应坡顶边线的水平距离 L_1、L_2、L_3［见图11-18(b)］。$L_1 = 1 \times \frac{1}{i} = \frac{3}{2} = 1.5$，$L_2 = 6 \times \frac{1}{i} = \frac{18}{2} = 9$，$L_3 = 7 \times \frac{1}{i} = \frac{21}{2} = 10.5$。

然后用所得的 L_1、L_2、L_3 作相应的坡顶边线的平行线［见图11-18(b)］，完成各交线。

为了增加图形的明显性，在坡面上可加画示坡线。示坡线按最大坡度线方向用长、短相间的细线从坡顶画出。长线伸出部分指向坡底，即示坡线密的一边高，疏的一边低。

第二节　平面体和曲面体的标高投影

在标高投影中，通常用画出立体上的平面或曲面的等高线，以及相邻表面的交线和与地面的交线的方法来表示该立体。平面体的表示法如图11-17(b)所示。下面讨论曲面体的标高投影。

图11-19为正圆锥和斜圆锥的标高投影。它们的锥顶标高都是5，都假设用一系列整数标高的水平面截切圆锥，画出所有截交线的 H 投影，并注上相应的标高，就是它们的等高线。图11-19(a)是正圆锥的标高投影，各等高线是同心圆，通过锥顶 s_5 所作的各条素线，平距相等。图11-19(b)是斜圆锥的标高投影，等高线是偏心圆，过锥顶 t_5 所作的各条素线，它们的平距除了通过轴线的正平面上的素线外，均不相等。平距最小的锥面素线，就是锥面的最大坡度线。

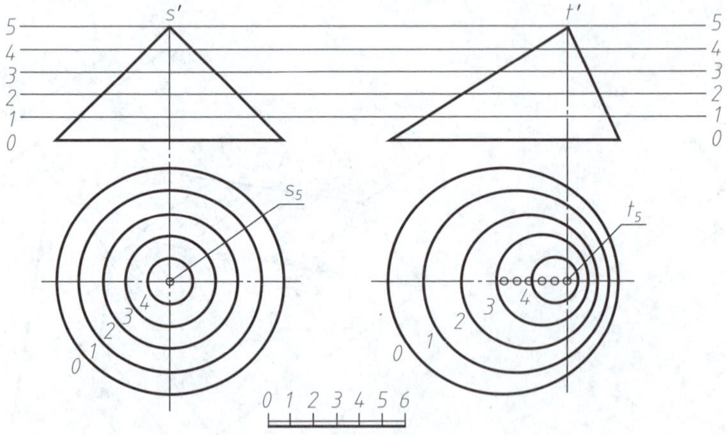

(a) 正圆锥　　(b) 斜圆锥

图11-19　圆锥的标高投影

山地一般是不规则的曲面，其表示方法同上。即以一系列整数标高的水平面截切山地，把所截得的等高截交线正投影到水平面上，得到一系列形状不规则的等高线，再注上相应的标高值，如图11-20(b)所示，就是一个山地的标高投影图，称为地形图。看地形图时，要注意根据等高线间的平距去想象地势的陡峭或平缓程度；根据标高的增减顺序来想象地势的升高或下降。

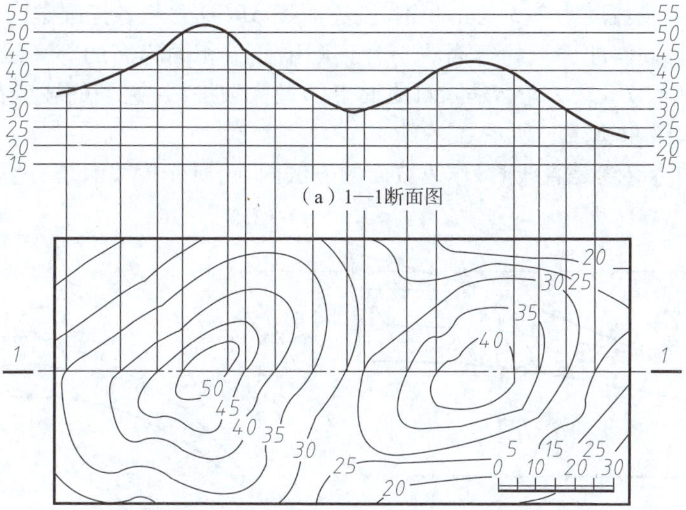

（a）1—1断面图

（b）地形图

图 11-20 山地的标高投影

另外还要掌握基本地形的等高线特征，山峰、山脊、山谷、鞍地等属于基本地形（见图 11-21）。山峰是山体的最高部分，其等高线是环状，环形越小，标高越大。高于两侧并连续延伸的山地称为**山脊**，等高线的凸出部分指向下坡方向。低于两侧并连续延伸的山地称为**山谷**，等高线的凸出部分指向上坡方向。鞍地是两山峰间的低洼部分，呈马鞍形，地形较复杂。

以一个铅垂面截切山地之后，山地上的截口，即截交线所围成的平面图形，称为**山地的断面图**。通常将断面设置为正平面，如图 11-20 的 *1-1* 断面。作山地的断面图，可先按比例尺作一系列等距的水平整数等高线，然后从断面位置线 *1-1* 与地面等高线的交点作竖直线，在相应的水平标高线上定出各点，再平滑连接起来。断面处山地的起伏情况，可从该断面图上形象地反映出来，如图 11-20（a）所示。

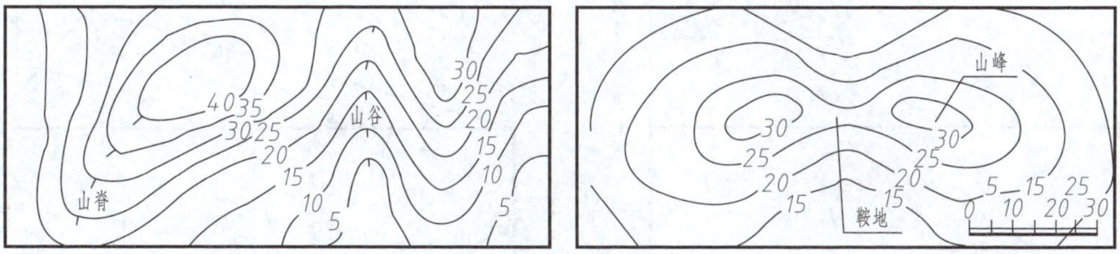

图 11-21 基本地形的等高线特征

第三节 同斜曲面的标高投影

如果曲面上各处的最大坡度线的坡度都相等，这种曲面称为**同斜曲面**。正圆锥面、弯曲的路提或路堑的边坡面，都是同斜曲面。

同斜曲面的作法如图 11-22 所示。设有一弯曲斜路面，其两侧边界都是空间曲线。要求通过其中一根 A_0、B_1、C_2、D_3 作一边坡面，坡面的最大坡度是 2/3。从图 11-22（a）中可以看出，如果分别以

B_1、C_2、D_3为锥顶,作素线坡度为 2/3 的正圆锥,则过曲线 $ABCD$ 并与各正圆锥同时相切的曲面,就是一个同斜曲面。这时,同斜曲面上的等高线与各正圆锥面上相同标高的等高线(圆)相切。同斜曲面与各圆锥的切线 B_1b_0、C_2c_0、D_3d_0都是同斜曲面上的最大坡度线,它们的坡度都是 2/3。在标高投影图上的作图方法如图 11-22(b)所示。

当斜路面两侧的边界线是直线时,作边坡面的方法同上,所作边坡面是一平面。

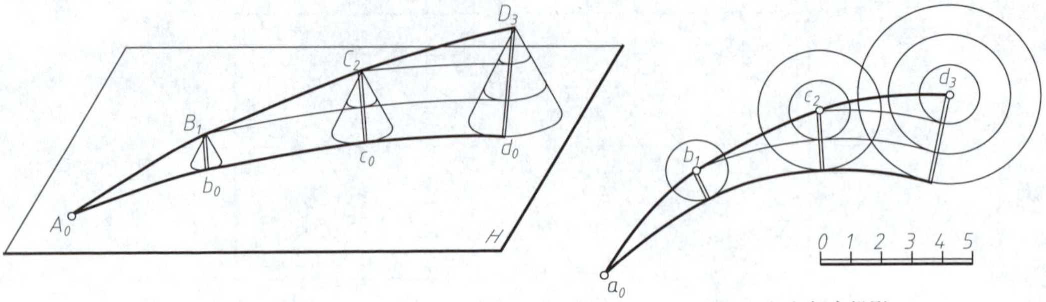

(a)立体图　　(b)标高投影

图 11-22　同斜曲面的作法

例 11-5　要用一倾斜的直路面 $ABCD$ 连接标高为 0 的地面(平面)和标高为 4 的平台[见图 11-23(a)],斜路面两侧的边坡坡度为 1/1,平台的边坡坡度为 3/2。试作其标高投影图。

解　先在比例尺上用图解法求各边坡的平距。其次对边坡边界线作刻度,并在斜路面上作出等高线。平台的边坡等高线作法同图 11-17。斜路面两侧的边坡平面是同斜曲面的一种特殊情况,作法与同斜曲面基本相同。先分别以刻度点 e_1、f_2、g_3、d_4为圆心,作素线坡度为 1/1 的正圆锥的标高投影,然后作直线与各圆锥面的相同标高等高线相切,得边坡的等高线。

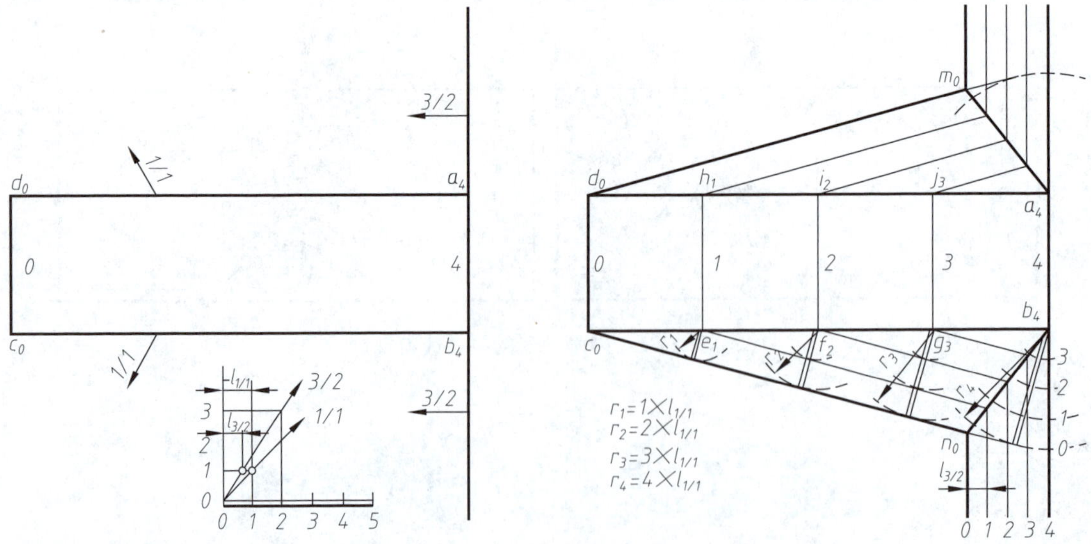

(a)已知斜路面及平台边界线　　(b)作路边坡

图 11-23　斜路面的标高投影图

由于斜路面的边坡是平面边坡,所以等高线都是互相平行的直线,作法可以简化。如斜路面另一侧边坡的作法，只要以 a_4 为圆心作正圆锥面上标高为 0 的等高线，然后过 d_0 作直线与它相切，即得边坡上标高为零的等高线。分别过点 h_1、i_2、j_3 作直线与它平行，即得边坡上标高为 1、2、3 的等高线。

最后求相邻边坡的交线 b_4n_0 和 a_4m_0，如图 11-23(b)所示。

图 11-24 是将上图的直斜路面改为弯斜路面后的标高投影图。路面的中心线是一条正圆柱螺旋线，弯曲半径是 l_0f，弯曲角为 $\angle l_0fl_3=90°$，路面宽度为 6 个单位，各边坡坡度同前。作出弯斜路面的等高线后，对照图 11-22 和图 11-23，作图方法可看图自明。

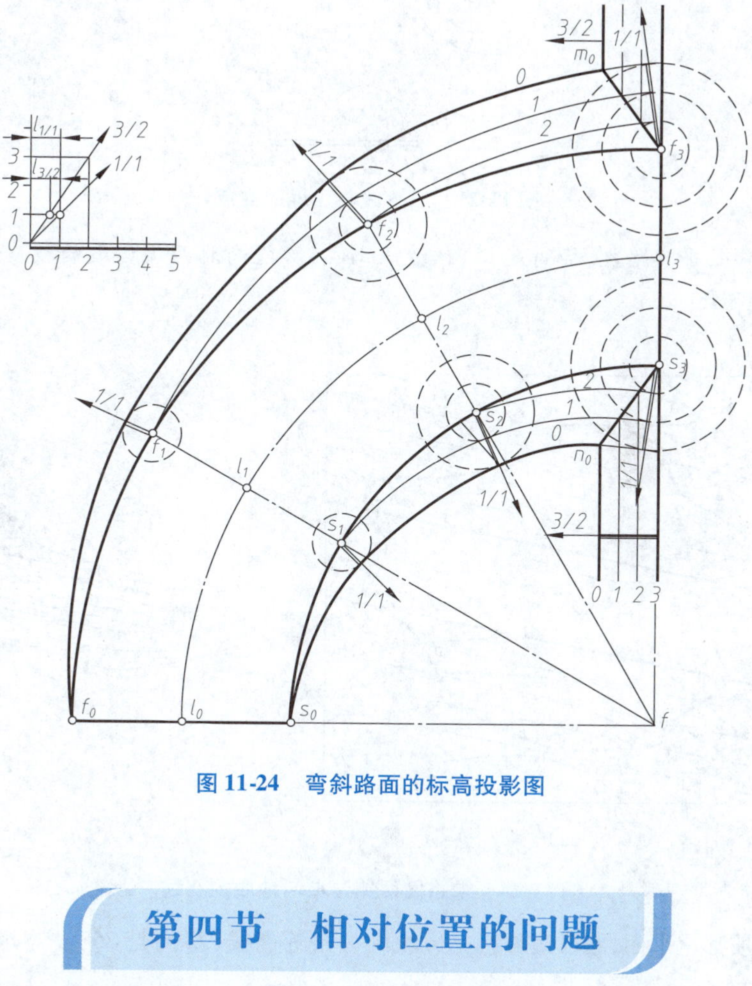

图 11-24　弯斜路面的标高投影图

第四节　相对位置的问题

下面举几个例子说明解决相对位置问题的方法，以及标高投影在地形问题上的应用。

例 11-6　求直线 $a_{19.7}b_{20.7}$ 与山地的交点(见图 11-25)。

解　把直线 AB 看作铁路或公路的中心线，则所求交点就是隧道的进出口。

过直线 AB 作一正平面为截切平面，作出辅助平面与地面的交线，即作出山地的断面图。根据 AB 的标高在断面图上作出直线 AB，它与山地断面的交点 I、J、K、L，就是所求交点。最后作出各点的标高投影。

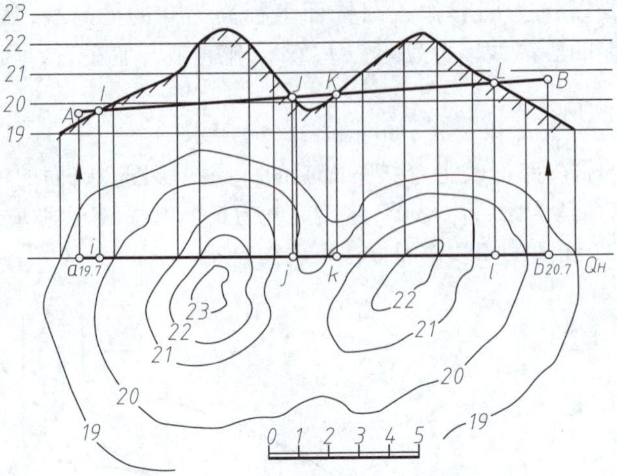

图 11-25　求直线与山地的交点

例11-7　已知一平直路段，标高是25，通过一山谷，路段南北两侧边坡的坡度为3/2，试求边坡与地面的交线（见图11-26）。

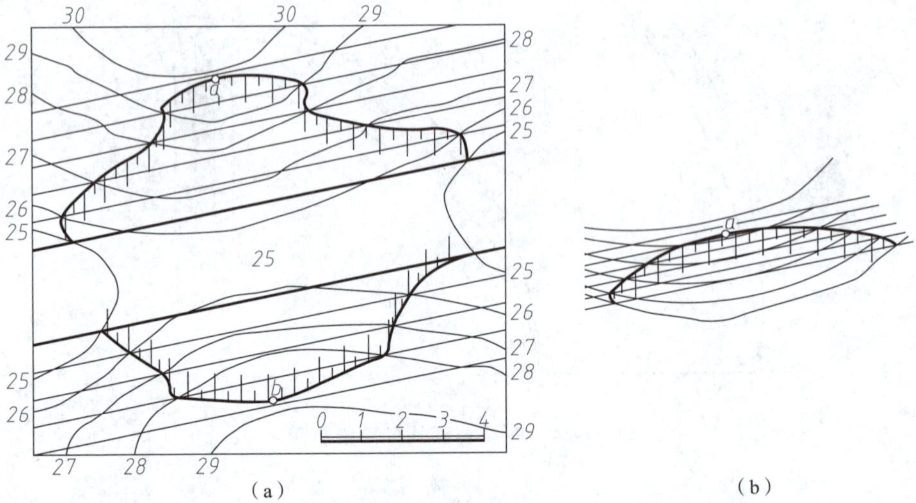

（a）　　　　（b）

图 11-26　求路段两侧边坡与地面的交线

解　南北边坡都是平面，路段边界就是边坡的一条等高线（标高是25）。本题实质是求平面与地面的交线。

先求边坡的平距，作出山坡上的整数标高等高线，并注上相应的标高，它们都与标高为25的路段边线平行，且平距相等。其次作边坡与地面相同标高等高线的交点，一般都有两个交点。最后将求得的交点按标高的顺序（递增或递减）连接起来。连交线时，要注意北坡标高为29的两点之间的交线连法，可以用作图的方法分别在边坡和地面的29和30两条等高线之间，加插等量小数标高等高线，如图11-26（b）所示。使它们的交点逐步靠近而求得点a（曲线的拐点）。同法求出南坡上的点b。最后画上示坡线［见图11-26（a）］。

例11-8　要在山坡上修筑一水平场地，场地标高为25，场地形状和范围为已知，设填土边坡坡度为1/1，挖土边坡坡度为3/2，试求填土和挖土的范围线以及相邻边坡的交线（见图11-27）。

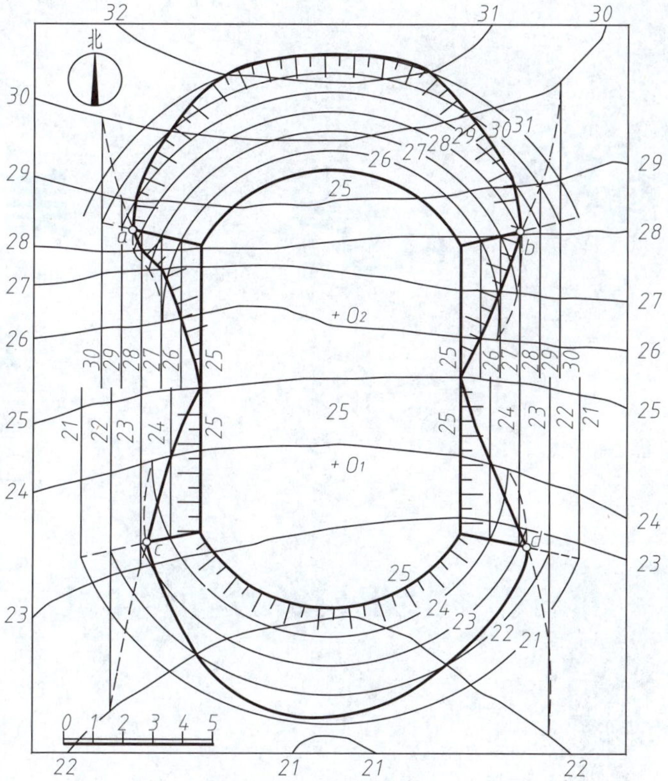

图 11-27　求作场地的边坡

解　因为场地的标高为25，所以山坡的25等高线以北有部分山坡应挖土，以南则有部分山坡应填土。场地修好之后，整个场地的标高为25，所以挖方边坡和填方边坡是从场地周界开始的，场地北面有三个挖方边坡，坡度为3/2，南面有三个填方边坡，坡度为1/1。所有这些边坡与地面的交线，就是挖土和填土的施工范围线。

首先求各边坡的平距，并作出各边坡的等高线。场地东西两侧的边坡都是平面，作法与上例相同。场地南北两侧的边坡是正圆锥面，等高线是同心圆，圆心分别是 O_1、O_2。

其次求各边坡与地面的交线和相邻边坡的交线，即将相同标高的等高线的交点连线。作图时，应注意相邻边坡的施工范围线的交点，应该是相邻边坡的一个公共点，如图中 a、b、c、d 四点，它们是两个边坡面和地面的三面交点。

最后画示坡线。

第十二章 透视投影

第一节 透视投影的基本知识

一、透视投影的形成

透视投影是用中心投影法将空间形体投射到单一投影面上所得到的具有立体感的投影图。如图 12-1 所示，从视点（投射中心）发出的所有视线（投射线）与画面（投影面）P 相交，把各交点连接起来所得的形体的投影图，就是该形体的透视投影（通称透视图，简称透视）。实际上，透视投影相当于以人的眼睛为投射中心的中心投影，符合人们的视觉形象，富有较强的立体感和真实感。由于透视图具有形象逼真的特点，因此在建筑设计中常用作方案比较、工程投标和审图工程中的重要辅助图样。

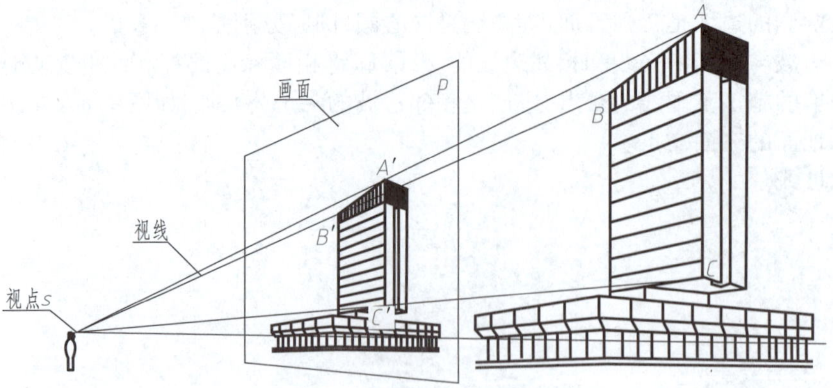

图 12-1 透视投影的形成

二、透视投影的术语

在透视投影中，为了便于理解透视的原理和掌握透视作图的方法，特约定以下透视投影的基本术语和符号，如图 12-2 所示。

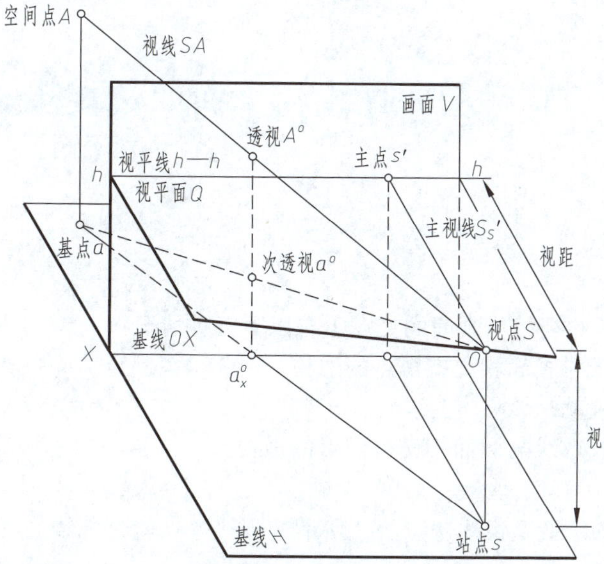

图 12-2　透视投影常用术语

基面 H:放置建筑形体的地平面,一般以水平投影面 H 作为基面。

画面 V:绘制透视图的投影平面,一般以正立投影面 V 作为画面。

基线 OX:画面与基面的交线。在基面上用 OY 表示画面的积聚投影位置;在画面上用 $O'X'$ 表示基面的积聚投影位置。

视点 S:观察者眼睛所在的位置,即投射中心,用大写字母 S 表示。

站点 s:视点 S 在基面 H 上的正投影,相当于观察者站立的位置,用小写字母 s 表示。

主点 s':视点 S 在画面 V 上的正投影(或称画面投影)。

视高 Ss:视点 S 到基面 H 的距离,即人眼的高度。

视距 Ss':视点 S 到画面 V 的距离。

视平面 Q:过视点 s 的水平面。

视平线 $h—h$:视平面 Q 与画面 V 的交线,即在画面 V 上通过主点 s' 与基线 OX 平行的直线。

视线 SA:视点 S 与形体上点 A 的连线,即投射线。

主视线 Ss':通过视点 S 且垂直于画面的视线 Ss'。

基点 a:空间点 A 在基面上的正投影。

点的透视 A^0:视线 SA 与画面 V 的交点。

点的次透视 a^0:基点 a 的透视,即视线 Sa 与画面 V 的交点。

三、透视投影的特点

由图 12-3 所示的透视投影图,可以看出以下几个特点:

(1)近大远小:建筑物上等体量的构件,距离观察者近的透视投影大,远的透视投影小。

(2)近高远低:建筑物上等高的墙、柱,在透视图中,距离近的显得高,远的显得低。

(3)近疏远密:建筑物上等距离的窗和窗间墙垛、柱子等,距离近的显得疏,远的显得密。

(4)水平线交于一点,建筑物上平行的水平线,在透视图中,延长后交于一点。

图 12-3　透视投影图效果

第二节 点、直线和平面的透视投影

一、点的透视

1. 点的透视概念

点的透视就是过该点的视线与画面的交点。有以下三种情况：

(1)点在画面后：视线与画面相交就得点的透视。

(2)点在画面上：透视就是该点本身。

(3)点在画面前：延长视线与画面相交得到点的透视。

2. 点的透视作法

点的透视最基本的求法就是视线迹点法。所谓的视线迹点就是视线与画面的交点。

例12-1 如图12-4(a)所示，已知空间点 A 的正投影(a',a)，视点 S 的正投影(s',s)，画面 V 和基面 H，求点 A 的透视 A^0 和次透视 a^0。

解 作图步骤如下：

(1)将基面 H 和画面 V 展开在同一平面上，习惯上将基面 H 放在上方，画面 V 放在下方上下对齐，使 s' 与 s，a' 与 a 分别处于同一铅直线上，符合正投影规律，如图12-4(b)所示。由于基面 H 和画面 V 边框与作图无关，故可省略不画，如图12-4(c)所示。这样，画面 V 在基面 H 上的积聚投影 OX 线，基点 a 和站点 s 就表示了基面及基面上的投影；基面 H 在画面 V 上的积聚投影 $O'X'$ 线，视平线 h—h 线，主点 s' 和点的画面正投影 a' 以及基点 a 在画面上的正投影 a'_s 就表示了画面及其上的投影。

(2)作视线 SA，即在画面上连 $s'a'$、$s'a'_s$(视线 SA 和 Sa 在画面上的正投影)，在基面上连 sa(视线 SA 和 Sa 在基面上的正投影)。

(3)定出基面上 sa 与基线 OX 的交点 a_s^0；再过 a_s^0 引铅直线与 $s'a'$ 和 $s'a'_s$ 交于 A^0 和 a^0，即得到点 A 的透视 A^0 和次透视 a^0。

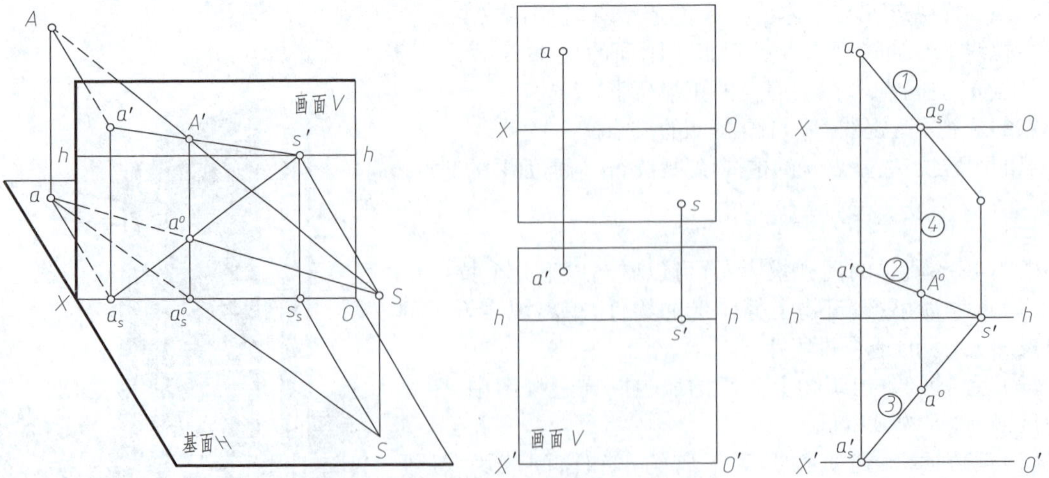

(a)立体图　(b)已知条件　(c)作图结果

图12-4 点的透视作法

二、直线的透视

直线的透视，一般情况下仍为直线；当直线通过视点时，其透视成为一点；当直线在画面上时，其透视与本身重合。

根据直线对画面的相对位置，将直线分为两大类：画面平行线——与画面平行的直线；画面相交线——与画面相交的直线。下面分别介绍它们的透视特性。

1. 画面平行线的透视特性

(1)画面平行线的透视，与直线本身平行。如图12-5(a)所示，直线 AB 平行于画面 V，通过它的视平面 SAB 与画面交得的直线，即透视 A^0B^0，应该与直线 AB 平行。

由于画面平行线的方向不同，将其分为竖直线、水平线和倾斜线。当画面为竖直方向时，这种画面平行线的透视仍成竖直、水平和同样倾斜角度的方向。

(2)一组平行的画面平行线的透视，仍互相平行。如图12-5(b)所示，V 面平行线 $AB /\!/ CD$，因为 $A^0B^0 /\!/ AB$，$C^0D^0 /\!/ CD$，所以 $A^0B^0 /\!/ C^0D^0$。推出：所有互相平行的画面平行线，它们的透视仍互相平行。

(3)画面平行线上各线段的长度之比，等于这些线段的透视长度之比。如图12-5(a)所示，虽然画面平行线 AB 的透视 A^0B^0 的长度，不等于 AB 本身的长度，但根据图12-5(a)所示不难看出：$AC : CB = A^0C^0 : C^0B^0$。

可推出：一条画面平行线上各线段的长度相等时，它的相应各段透视长度也相等。

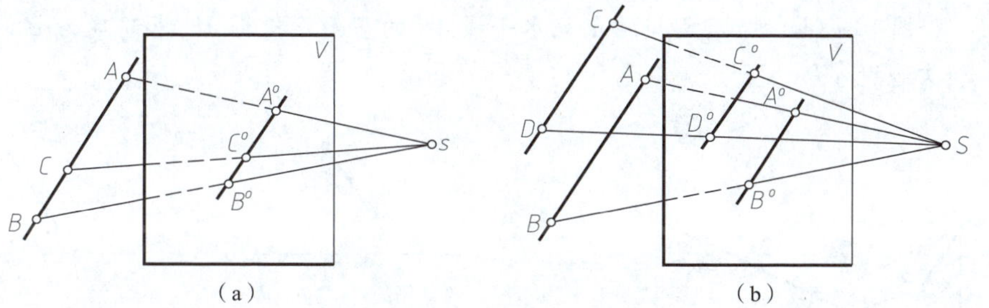

图12-5　画面平行线的透视

2. 画面相交线的透视特性

(1)迹点：画面相交线(或其延长线)与画面的交点，称为画面迹点，简称迹点。本书中用“N”来表示迹点。

如图12-6(a)所示，画面相交线的透视必通过该直线的画面迹点 N，此画面相交线的次透视必通过迹点的次透视 n。迹点 N 的透视就是其本身，其次透视 n 在基线 OX 上。

(2)灭点：画面相交线上离画面无穷远点的透视，称为直线的灭点，简称灭点。本书中用“F”来表示灭点。画面相交线的透视(或其延长线)必通过该直线的灭点 F。

设画面相交线 AB 上有许多点 $A_1, A_2, A_3, \cdots$，这些点的透视为 $A_1^0, A_2^0, A_3^0, \cdots$。当直线上一点离开视点 S 越远，则其视线与直线 AB 的夹角 ϕ 越小，即 $\phi_1 > \phi_2 > \phi_3$。设直线 AB 上无穷远点为 A_∞，则通过该点的视线 SA_∞ 将平行于直线 AB，SA_∞^0 与画面交于一点 F，即为直线上无穷远点的透视 F。由于整条直线的透视好像消失于此，故称为灭点。

由上可知：欲求直线的灭点，应先通过视点 S 作视线与直线平行，该视线与画面的交点 F 就是直线的灭点。

把画面相交线的迹点和灭点相连可得到直线的全长透视，画面相交线上(位于画面后)的点的透视必在直线的全长透视上。

(3)一组平行的画面相交线有同一个灭点。

如图12-6(b)所示,有两条画面相交线 $AB/\!/CD$,平行其中一条如 AB 的视线 SF,亦必平行于另一条 CD,即 $SF/\!/AB/\!/CD$,所以直线 AB 和 CD 的透视 A^0B^0 和 C^0D^0 必通过同一个灭点 F。结论:所有互相平行的一组画面相交线的透视,都通过同一个灭点。

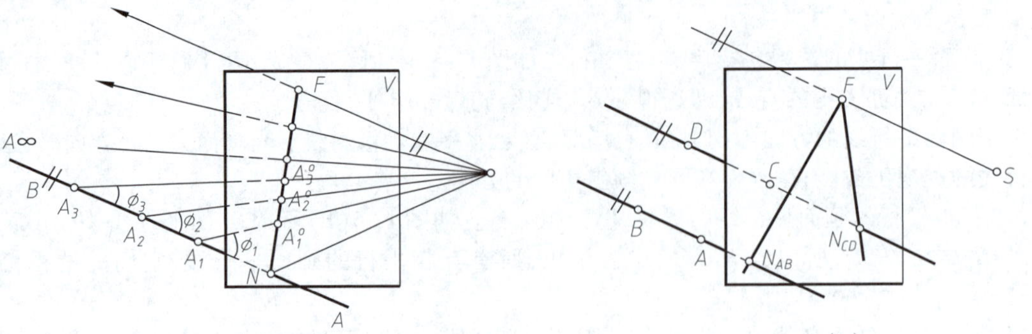

图12-6 画面相交线的透视

3. 直线的透视作图

(1)画面相交线中水平线的透视作图。

例12-2 如图12-7(b)所示,已知站点 s、水平线 AB 的基面正投影 ab,求高度为 H 的水平线 AB 的透视 A^0B^0 和次透视 a^0b^0。

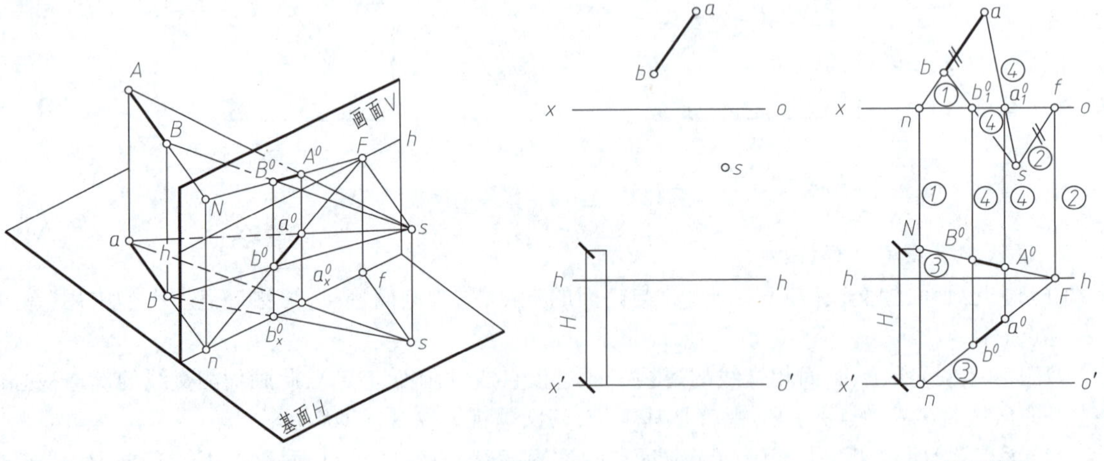

图12-7 画面相交线中水平线透视作法

解 作图步骤如下:

①求画面迹点 N 和真高线 Nn:根据图12-7(a)所示,延长 AB,可与 V 面相交得迹点 N。此时,直线 AB 在 H 面上正投影 ab 亦必延长,与 V 面交与基线 OX 上的 n 点,则 n 为 ab 的迹点,亦即 N 的 H 面正投影。连线 Nn 垂直基线 OX,且其长度反映了水平线 AB 距离 H 面的高度,故连线 Nn 称为 H 面平行线的真高线。

②求灭点 F:由于 $SF/\!/AB/\!/sf/\!/ab$,所以水平线的灭点必在视平线 h—h 上,故首先过站点 s 作

sf/ab，与随基面展开的基线 OX 交与 f，然后过 f 引铅直线与视平线 $h—h$ 交于 F，点 F 就是水平线 AB 的灭点。

③求全长透视：连接灭点 F 和 AB 的迹点 N，以及灭点 F 和 ab 的迹点 n，则 FN 是直线 AB 在画面上的全长透视，Fn 为 AB 在画面上的全长次透视，也即 AB 的 H 面的正投影 ab 的全长透视。

④求直线上两点 A 和 B 的透视：利用视线法，首先作出视线 SA 与 SB 的水平投影（即基面投影），即连接站点 s 与 a，s 与 b，sa 和 sb 分别与随基面的基线 OX 交于 a_x^0 和 b_x^0，然后过 a_x^0 和 b_x^0 引铅直线，与 FN 和 Fn 交于 A^0、B^0 和 a^0、b^0，连接并加粗线段 A^0B^0 和 a^0b^0 即得水平线 AB 的透视和次透视。

这种利用直线的迹点、灭点和视线的 H 面投影作透视的方法称为视线法，是作建筑物透视时的最常用的基本作法，故也称为建筑师法。

（2）画面垂直线（特殊水平线）的透视作图。

例12-3　如图 12-8（b）所示，已知站点 s、画面垂直线 AB 的基面正投影 ab，求高度为 H 的画面垂直线（特殊水平线）AB 的透视 A^0B^0 和次透视 a^0b^0。

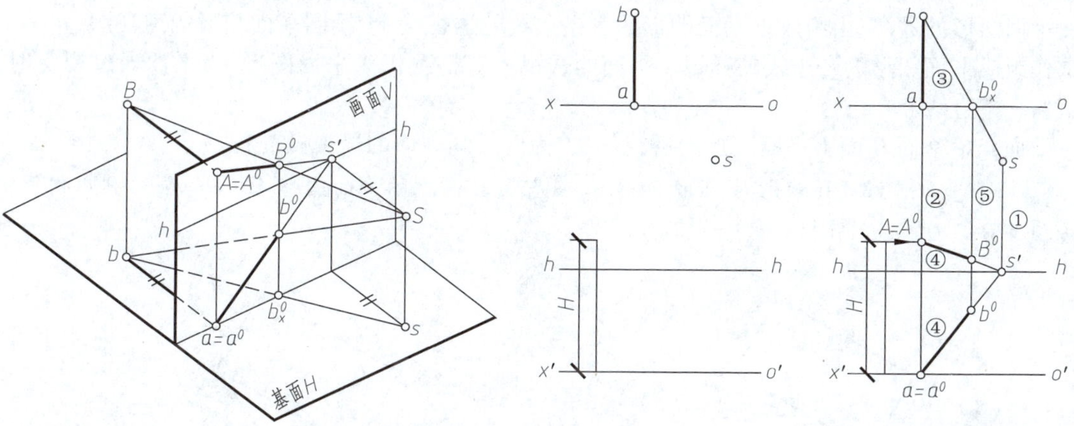

（a）立体图　　（b）已知条件　　（c）作图结果

图 12-8　画面垂直线透视作法

解　如图 12-8（a）所示，垂直于画面的直线的透视，其灭点为主点 s'。Aa 和 Bb 是垂直于基面的直线。由于图中 Aa 在画面上，故其透视就是其本身，Bb 的透视 B^0b^0 的高度比真高要小。作图步骤如图 12-8（c）所示。

（3）画面平行线中铅垂线的透视作图。

例12-4　如图 12-9（b）所示，已知站点 s、求高度为 H 的画面平行线中的铅垂线 Aa 的透视 A^0a^0。

解　因为铅垂线 Aa 平行于画面 V，所以其透视 A^0a^0 仍然为一条铅垂线。连接引线 sa，在它与 OX 的交点 a_x^0 处作铅垂线，则 A^0a^0 必在其上。在本例中，画面 V 和基面 H 展开时，画面 V 在上，基面 H 在下。

端点 A^0、a^0 的位置，我们可以通过做辅助线来确定。假如 Aa 沿着任意一个方向移动到画面上，如图 12-9（a）所示，沿着 AA_1 和 aa_1 的方向移动到画面上，这时 A_1a_1 的高度与 Aa 的高度相等，因而也是真高线。通过做移动方向直线（相当于画面相交线中的水平线）的灭点和全透视等来求得 A^0、a^0 的位置。作图步骤如图 12-9（c）所示。

本题也相当于：已知一点 A 的 H 面投影 a，及点 A 离开基面 H 的高度，求 A 点的透视 A^0 和次透视 a^0。

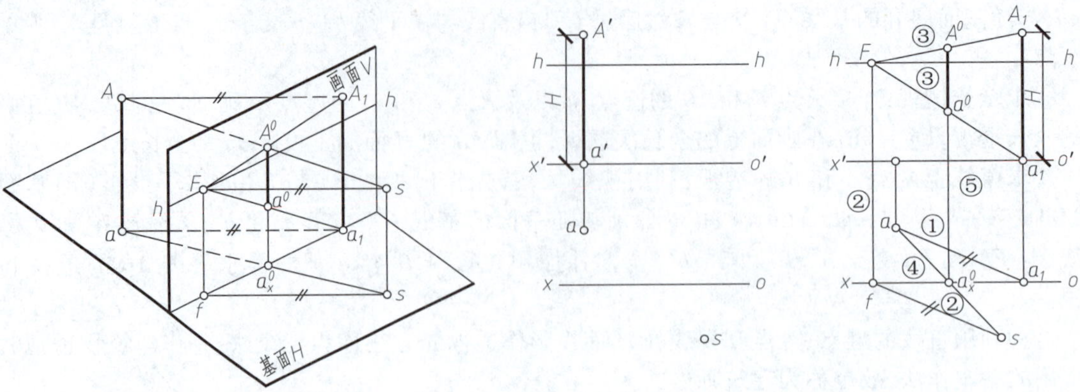

（a）立体图　　（b）已知条件　　（c）作图结果

图 12-9　画面平行线中铅垂线的透视作法

三、平面的透视

平面图形的透视，由组成该平面图形的各条边线的透视确定，绘制平面图形的透视图，实际上就是求作组成平面图形的各边线的透视。平面的透视一般情况仍为平面图形，当平面通过视点时，透视就为一条直线。

下面介绍基面 H 面上平面图形的透视作法，为以后画立体的透视做准备。

例 12-5　如图 12-10（a）所示，已知站点 s、在基面 H 面上的平面图形 $ABCD(abcd)$ 利用视线法求其透视 $A^0B^0C^0D^0(a^0b^0c^0d^0)$。

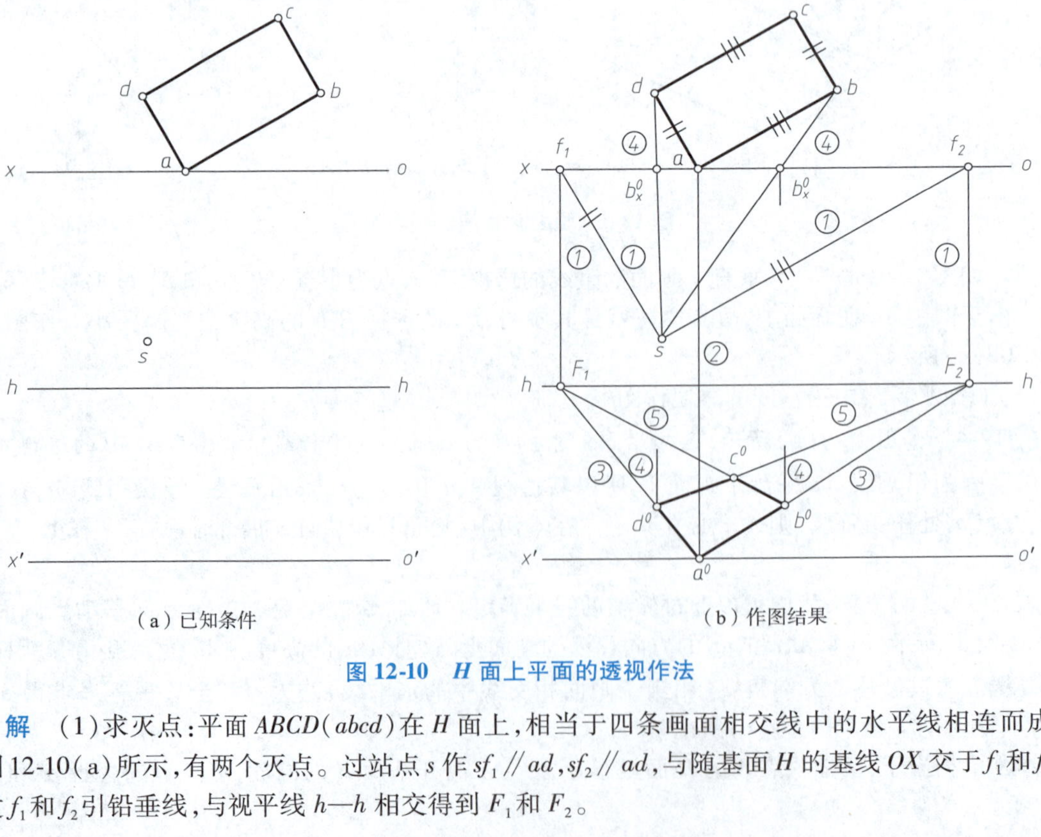

（a）已知条件　　（b）作图结果

图 12-10　H 面上平面的透视作法

解　（1）求灭点：平面 $ABCD(abcd)$ 在 H 面上，相当于四条画面相交线中的水平线相连而成，根据图 12-10（a）所示，有两个灭点。过站点 s 作 $sf_1 /\!/ ad$，$sf_2 /\!/ ad$，与随基面 H 的基线 OX 交于 f_1 和 f_2，然后过 f_1 和 f_2 引铅垂线，与视平线 h—h 相交得到 F_1 和 F_2。

(2)求迹点:根据:12-10a 所示,平面 $ABCD(abcd)$ 在 H 面上,所以平面的透视 $A^0B^0C^0D^0$ 和次透视 $a^0b^0c^0d^0$ 重合。又由于 $A(a)$ 在画面上,所以 $A(a)$ 的透视 a^0 就在 $O'X'$ 上,a^0 也是 ad 和 ab 的画面迹点,连接 F_1a^0 和 F_2a^0 就得到直线 ad 和 ab 的全长透视。

(3)求透视长度:连接 sd 和 sb 分别与随基面的基线 OX 交于 d_x^0 和 b_x^0,过其引铅垂线与 F_1a^0 和 F_2a^0 分别相交于 d^0 和 b^0。又由于直线 bc 和 cd 的灭点分别为 F_1 和 F_2,所以连接 F_1^0b 和 F_1^0d,它们的交点就是 c^0。

(4)加粗线型并整理,就得平面的透视 $A^0B^0C^0D^0(a^0b^0c^0d^0)$ 了。

第三节 形体的透视投影

根据形体的坐标轴与画面的相对位置不同,形体的透视图分为三种:一点透视、两点透视和三点透视,这里主要介绍常用的一点透视图和两点透视图的画法。

一、形体的一点透视

当形体的主要立面与画面平行,其上的 X、Y、Z 三坐标轴中,只有一条轴与画面垂直,另两轴与画面平行,所作的透视图只有一个轴向有灭点,这种透视称为一点透视,也称为平行透视。作一点透视时,经常将画面平行于形体的长度和高度方向,这两个方向直线的透视没有灭点而宽度方向直线垂直于画面,其透视灭点就是主点 s',如图 12-11 所示。

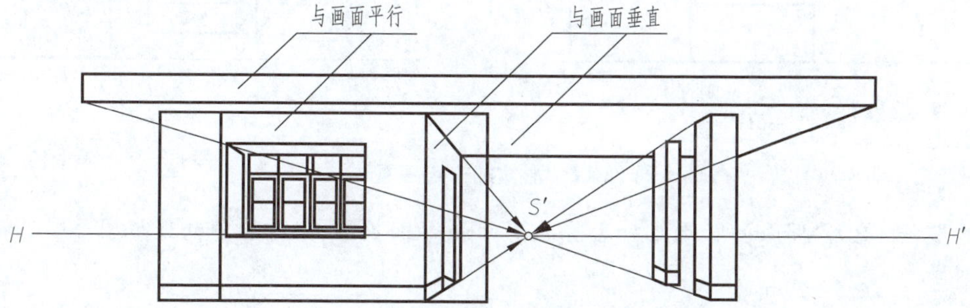

图 12-11 一点透视

1. 一点透视的作图

例12-6 如 12-12(a)所示,给出了组合体的平面图和立面图,以及站点 s,基线的两面投影 $O'X'$ 和 OX,视平线 $h—h$,求作组合体的透视图。

解 (1)分析:由图 12-12(a)所示平面图可以看出,该组合体的长度方向、高度方向与画面平行,只有宽度方向与画面垂直相交,因此只有一个灭点,此灭点与主点 s' 重合。该组合体由长方体和 L 形棱柱叠加组成。长方体的前表面重合在画面上,即长方体前表面的透视 $A^0a^0d^0D^0$ 就是其本身,但 L 形棱柱的前表面不重合在画面位置上,因此,在图 12-12(b)中,表示将 L 形棱柱的前立面引至画面上的形状、大小和位置。

(2)作图:如图 12-12(b)所示,作图步骤如下。

①求灭点:因为灭点与主点 s' 重合,所以过站点 s 引铅直线与 $h—h$ 相交即主点 s'。

②因为在基面上长方体前表面的透视 $A^0a^0d^0D^0$ 就是其本身,所以连接 $s'A^0$、$s'a^0$、$s'd^0$ 和 $s'D^0$ 就得到长方体宽度方向各图线的全长透视,长度方向和高度方向的图线过相应的点作平行即可。

③将 mg 延长至 n，在画面上的 N^0n^0 就是 L 形棱柱的真高线，连接 $s'n^0$ 连接 $s'N^0$ 得到宽度方向 MG 直线的全长透视和全长次透视。

④将站点 s 分别与 b、c、e、g、m 相连，与基线 OX 相交得交点 b_x^0、c_x^0、e_x^0、g_x^0、m_x^0。

⑤过 b_x^0 引铅直线与 $s'A^0$ 和 $s'D^0$ 相交于 B^0 和 C^0。过 e_x^0 引铅直线与 $s'E_1^0$ 和 $s'd^0$ 相交于 e^0 和 E^0。过 g_x^0 和 m_x^0 引铅直线与 $s'N^0$ 和 $s'n^0$ 相交于 g^0、G^0 和 m^0、M^0。

⑥连接各点透视，并加粗线型，即得组合体的透视，如图 12-12(b)所示。

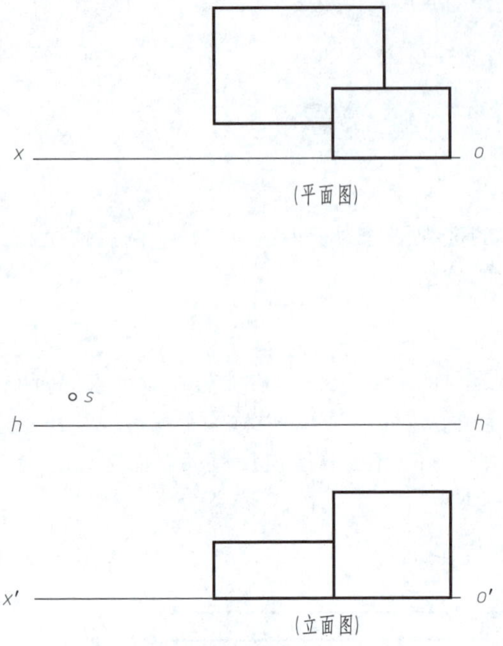

(a) 已知条件

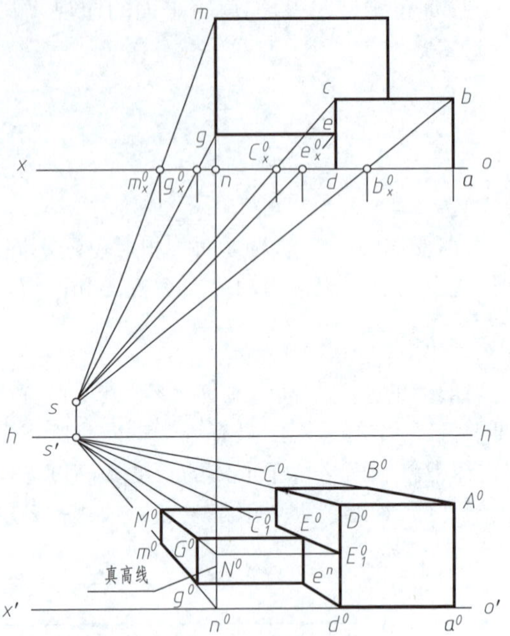

(b) 作图结果

图 12-12 形体的一点透视作法

例 12-7 如图 12-13(a)所示，已知台阶的 V 面和 H 面投影，求作台阶的透视图。

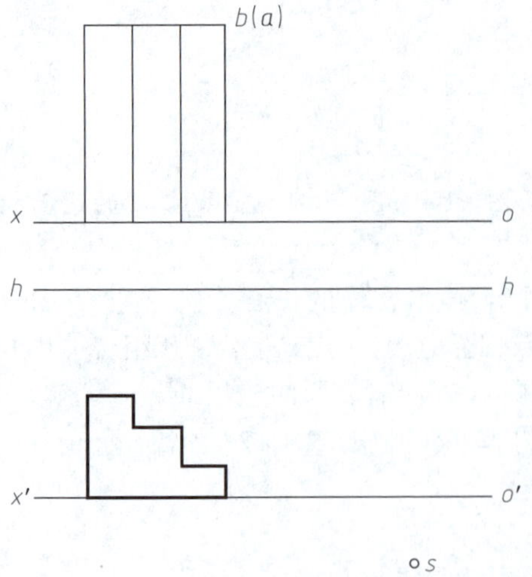

(a) 已知条件

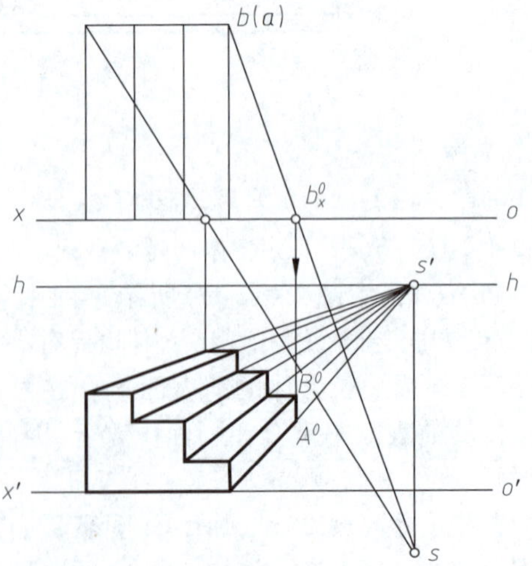

(b) 作图结果

图 12-13 台阶的一点透视作法

解 图中的站点 s 在 $O'X'$ 线之下，为了节省图幅，把画面 V 和基面 H 重叠在一起，对所作的形体透视图并没有影响。台阶的前后侧面平行，且前侧面重合在画面上，故前侧面的透视就是其本身，反映实形，后侧面的透视与实形相似但缩小了。所有与画面垂直的棱线的透视均交于主点 s'。作图时，用视线迹点法先求出 A^0 和 B^0，再过 B^0 画相应的平行线，然后加粗台阶透视线型，作图结果如图 12-13(b)所示。

例 12-8 图 12-14 给出建筑形体的平面图和立面图，画出建筑形体的一点透视即室内透视图。作图结果如图 12-14 所示。

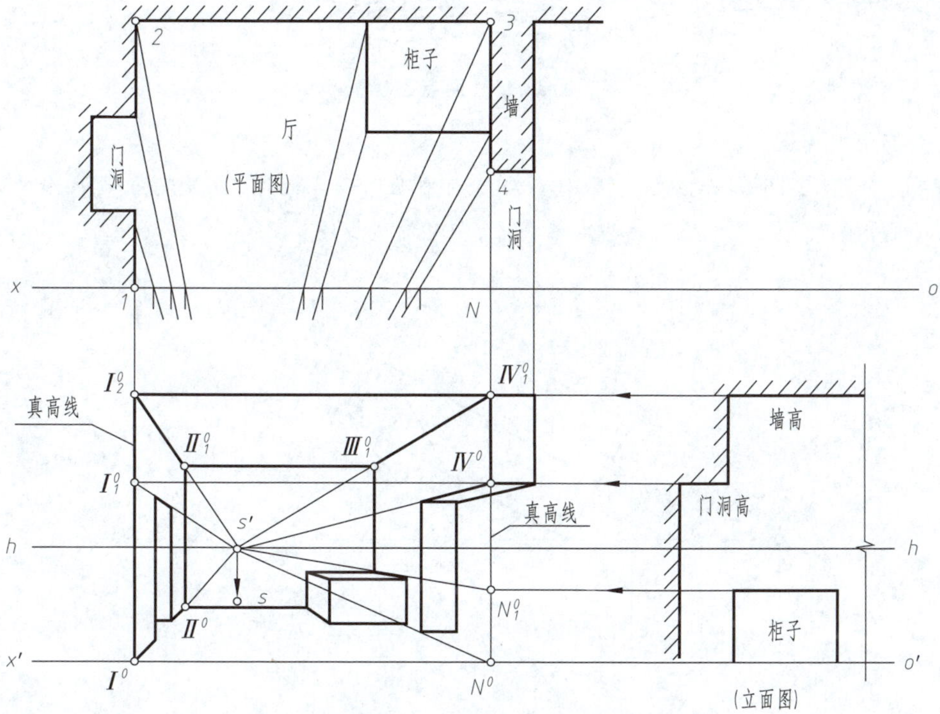

图 12-14 台阶的一点透视作法

由平面图可以看出，室内长度方向、高度方向的图形均与画面平行，只有宽度方向图线与画面垂直相交，因此只有一个灭点，此灭点与主点 s' 重合，形体上图线的相应透视均指向主点 s'。空内 I 点所在的正墙面与画面重合，因此 I 点所在的正墙面位置图线反映墙高的真高线，墙的真高位置点在 I_2^0 点；左边门洞的透视高度比真高要小，门洞高的真高点在 I_1^0 点；右边门洞的真高用 IV^0 点的位置来确定；柜子的高度也由平面图中的 4 点位置图线延长至 N 点，找到迹点 N 后，找柜子的真高位置点 N_1^0，柜子透视高度也小于真高。具体作图步骤请读者自行分析。

注意：除了透视教材和作业外，在正式的建筑形体透视图上，图线完成后应擦去基线、视平线、次透视和所有作图线。也不画不可见的轮线，不注尺寸、字母代号等。

2. 一点透视的适用范围

在一点透视中，建筑形体的主要立面平行于画面，它适合用来表达横向场面宽广、需显示纵向深度的建筑，如广场、街道以及室内或庭院布置等情况。

二、形体的两点透视

形体上的 X、Y、Z 三坐标轴中任意两轴（通常为 X、Y 轴）与画面倾斜相交，第三轴（通常 Z 轴）与画面平行，所作的透视图在 X、Y 轴上各有一个灭点，Z 轴与画面平行，没有灭点，这种透视图称为两点透视，也称成角透视，如图 12-15 所示。

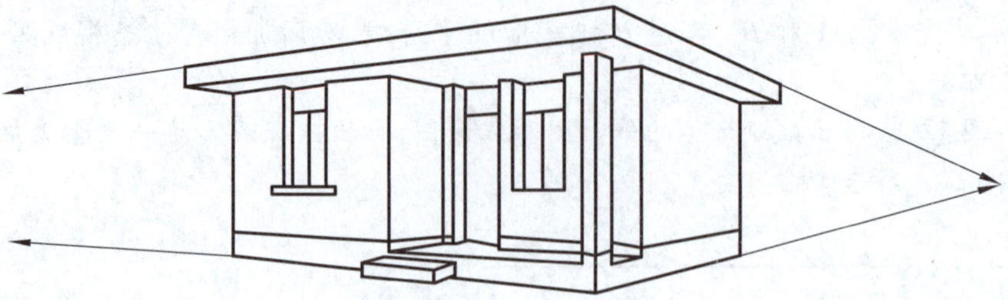

图 12-15　两点透视

1. 两点透视的作图

例 12-9　如图 12-16 所示，给出了带屋脊房屋的平面图和立面图，以及站点 s，基线的两面投影 $O'X'$ 和 OX，视平线 h—h，求作房屋的两点透视图，即室外透视图。

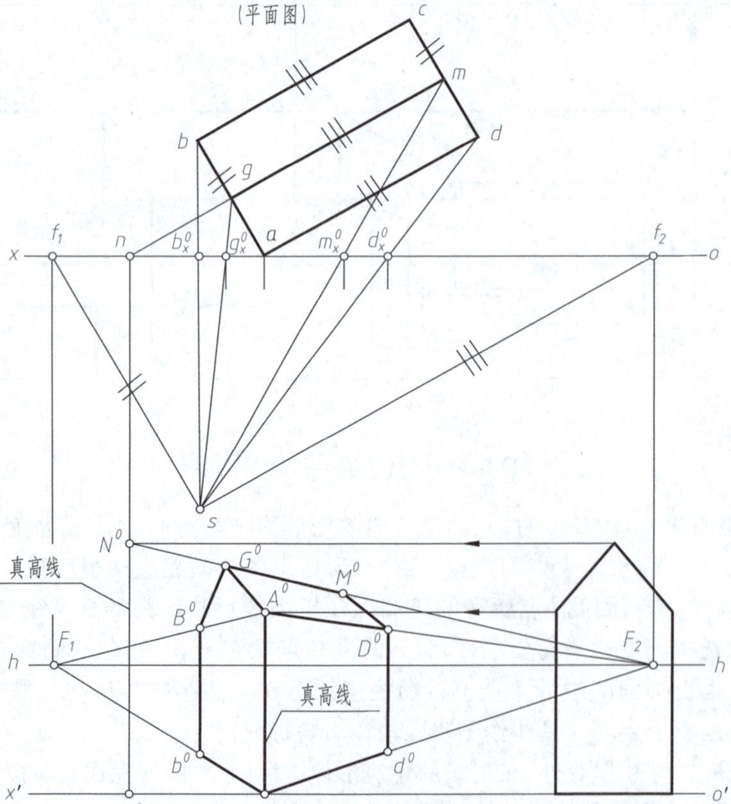

图 12-16　带屋脊房屋的两点透视作法

解　(1)分析：由图 12-16 所示的平面图可知，形体的长度方向、宽度方向与画面倾斜，故有两个灭点 F_1 和 F_2，角点 a 与基线 OX 重合，说明 Aa 棱线重合在画面上，反映真高(为简化作图，通常选择形体的一角重合在画面上，使其显示真高)。

(2)作图：①求灭点 F_1 和 F_2：过站点 s 作 $sf_1 /\!/ ab$，$sf_2 /\!/ ad$，与随基面 H 的基线 OX 交于 f_1 和 f_2，然

后过 f_1 和 f_2 引铅垂线，与视平线 $h—h$ 相交得到 F_1 和 F_2；

②求迹点：由于 A^0 和 a^0 在画面上，所以 A^0 和 a^0 分别是 AB 和 AD，ab 和 ad 的画面迹点，连接 F_1A^0 和 F_2A^0 与 F_1a^0 和 F_2a^0 就得到直线 AB 和 AD 以及 ad 和 ab 的全长透视；

③求底面各棱线段的透视长度，连接 sb 和 sd，与基线 OX 相交得交点 b_x^0 和 d_x^0，过其交点引铅直线与 F_1a^0 和 F_2a^0 分别相交得 b^0 和 d^0；

④利用真高线 A^0a^0 求出各铅垂棱线的透视高度，过交点 $b_x{}^0$ 和 $d_x{}^0$ 的铅直线与 F_1A^0 和 F_2A^0 交得 B^0 和 D^0；

⑤将屋脊线的 H 面投影 gm 延长，与 OX 相交于 n，过 n 引铅直线与 $O'X'$ 相交于 n^0，根据屋脊高度找到 N^0，N^0n^0 就是屋脊的真高线，连接 F_2N^0，F_2N^0 就是屋脊线的 GM 的全长透视；

⑥连接 sg、sh 与基线 OX 相交得交点 g_x^0 和 h_x^0，过其交点引铅直线与 F_2N^0 分别相交得 G^0 和 H^0；

⑦连接 G^0B^0 和 G^0A^0 以及 M^0D^0，加粗线型并整理，即得带屋脊房屋的透视图，如图 12-16 所示。

例 12-10 已知某房屋的平面图和立面图，求作透视图。

解 (1)分析：由图 12-17 所示的平面图可知，形体的长度方向、宽度方向与画面倾斜，故有两个灭点尸和尸，我们选择两点透视作图。

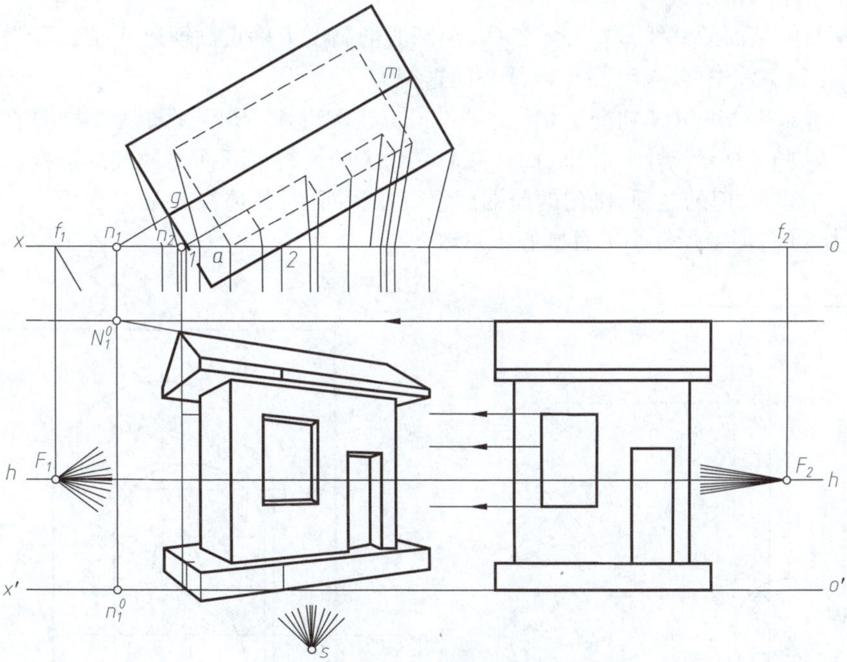

图 12-17 某房屋的两点透视作法

(2)作图：作图结果如图 12-17 所示。

①求灭点 F_1 和 F_2；

②作地台的透视，利用地台上 I 点和 II 点在画面上，所以此处的铅垂线反映真高来作图；

③作屋身的透视，利用屋身上 A 点在画面上，A 点所在的棱线反映真高作图；

④作屋檐的透视，同样利用屋檐上相应 I 点和 II 点在画面上，此处的铅垂线反映真高来作出屋檐；

⑤作屋脊的透视，延长屋脊线的 H 投影 gm 至 n_1，找到迹点，此点所在图线反映屋脊真高作出屋脊线；

⑥作窗户和门，延长反映窗厚与门厚的图线至 n_2 点，n_2 点和 a 点在画面上，是画面迹点，在这两点位置上的图线分别反映窗户和门的前表面和后表面的真高来作出窗户和门。

2. 两点透视的适用范围

两点透视中的画面与建筑形体的两个立面倾斜，是一种常见的透视图，它的透视效果真实自然，符合人们平时观察形体时的视觉印象，广泛应用于表达单个建筑形体。

第四节 圆的透视投影

当圆所在的平面不平行于画面 V 时，圆的透视一般为椭圆。当圆所在的平面平行于画面 V 时，圆的透视仍然为圆。

一、平行于画面 V 的圆的透视

平行于画面 V 的圆的透视仍然是一个圆，但其圆心位置和半径发生了变化。因此，在作图时应先求出圆心的位置和半径的透视长度，然后再画圆。

例 12-11 求圆心 O 的高为 L 的平行于画面 V 的圆的透视。

解 作图步骤如图 12-18 所示。

(1) 连 SO 与随基面的基线 OX 相交于 O_x^0，由圆心的高度 L 确定画面迹 N^0，连 $s'N^0$；

(2) 过 O_x^0 作铅直线与 $s'N^0$ 相交，即得圆心的透视 O^0；

(3) 同样，连 sa 与基线 OX 相交于 a_x^0，过 a_x^0 作铅直线求得 A^0，则 O^0A^0 即为半径的透视长度；

(4) 以 O^0 为圆心，O^0A^0 为半径作圆，即得圆心高为 L 的平行于画面 V 的圆的透视。

图 12-19 为半圆拱门的透视，拱门的前端面重合在画面上，其透视就是它本身；后端面在画面后方，其透视仍为半圆，但半径变小了且圆心位置改变了。

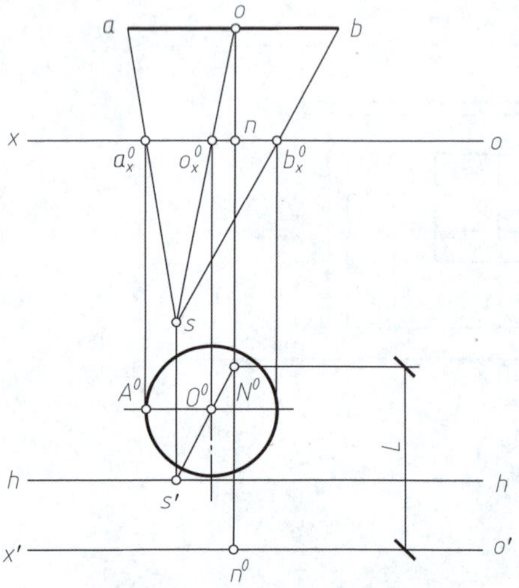

图 12-18 平行于画面圆的透视图

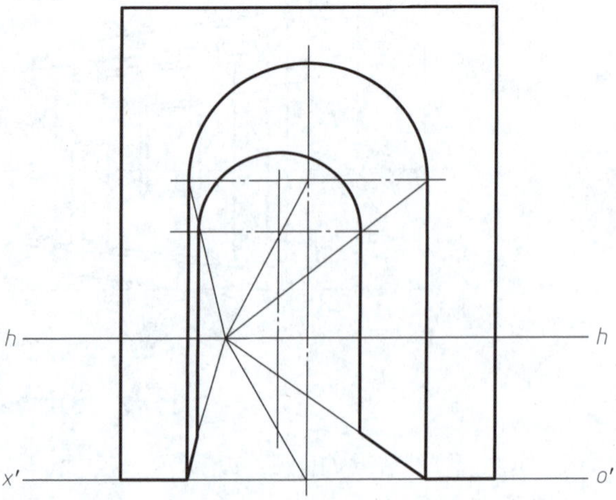

图 12-19 拱门的透视

二、不平行于画面 V 的圆的透视

不平行于画面 V 的圆的透视一般是椭圆，可用八点法作图。首先找出圆的外切正方形的四边中点及正方形对角线与圆的四个交点的透视，然后将这八个点光滑地连接成椭圆。现以位于基面 H 上的水平圆的透视为例来说明不平行于画面圆的透视作图。

例12-12 求作图 12-20(a)所示基面 H 上水平圆的透视。

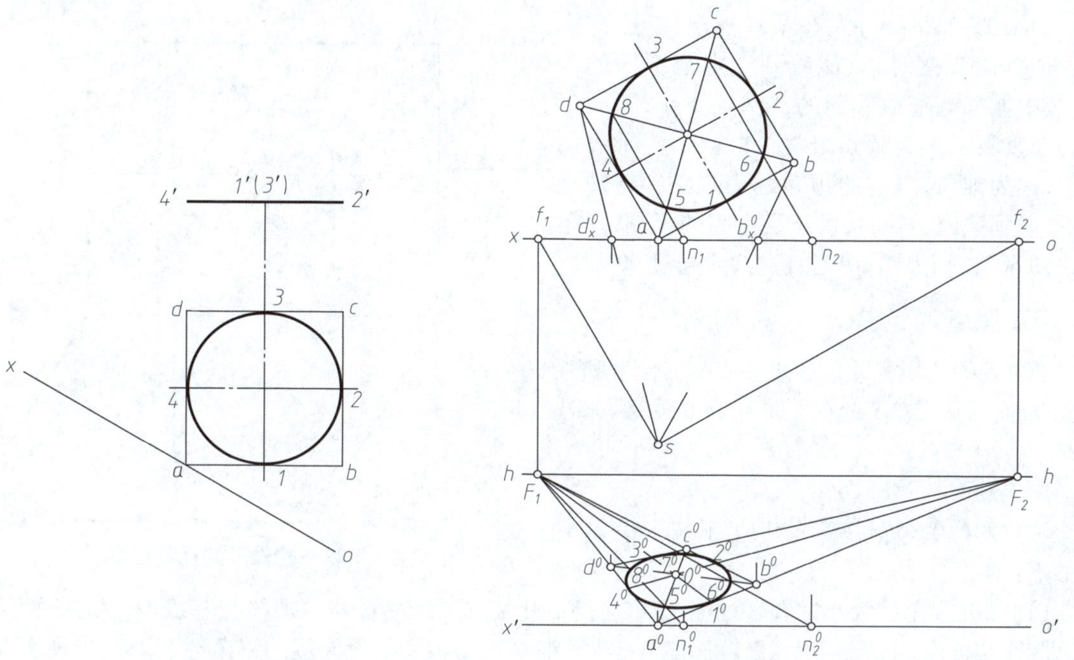

（a）已知条件　　　　（b）作图结果

图 12-20　基面上水平圆的透视

解　(1)分析:首先在平面图上作圆的外切正方形 $abcd$,与圆相切于 1、2、3、4 四个点。然后连接对角线 ac、bd,与圆相交于 5、6、7、8 四个点。分别求出这八个点的透视,最后连成曲线就是圆的透视。

(2)作图:步骤如 12-20(b)所示。

①求正方形的灭点 F_1 和 F_2,然后求出正方形的透视 $a^0b^0c^0d^0$,对角线 a^0c^0 和 b^0d^0 的交点 O^0 就是圆心的透视;

②连接 F_1O^0 并延长,F_1O^0 与 a^0d^0 和 b^0c^0 相交于 1^0 和 3^0 点,同样,连接 F_2O^0 并延长与 b^0c^0 和 a^0d^0 相交于 2^0 和 4^0 点;

③延长平面图中的 85 和 76 线,与基线 OX 相交于 n_1 点和 n_2 点,过 n_1 和 n_2 点作铅直线与 $O'X'$ 相交于 n_1^0 和 n_2^0,连接 $F_1n_1^0$ 与对角线 a^0c^0 和 b^0d^0 相交于 5^0 和 8^0,连接 $F_1n_2^0$ 与对角线 a^0c^0 和 b^0d^0 相交于 7^0 和 6^0;

④将 $1^0,2^0,3^0,\cdots,8^0$ 八点用曲线光滑连接,并加粗线型整理,即得该水平圆的透视。

第五节　透视投影的选择

在学习透视图的原理和画法时,不仅要熟练掌握各种画法,还应掌握和了解怎样来选择透视图,然后在此基础上,再对视点、画面与形体之间的相对位置进行恰当的安排和布置。以上三者相对位置的变化,将直接影响所画透视图的效果,如果处理不当,则不能准确反映设计意图,如果选择合适,画出的透视图就能取得最佳视觉效果。

一、人眼的视觉范围

如图 12-21 所示，人在某一视点位置，固定朝一个方向观察时，只能看到一定范围内的物体，其中能够清晰地看到的范围则更小，这时形成一个以眼睛 S 为顶点，以主视线 Ss' 为轴线的锥面，称为锥角，视锥的顶角称为视角。特殊情况下，如画室内透视时，由于受空间的限制，视角可用到 60°或稍大些，但不宜达到或超过 90°。

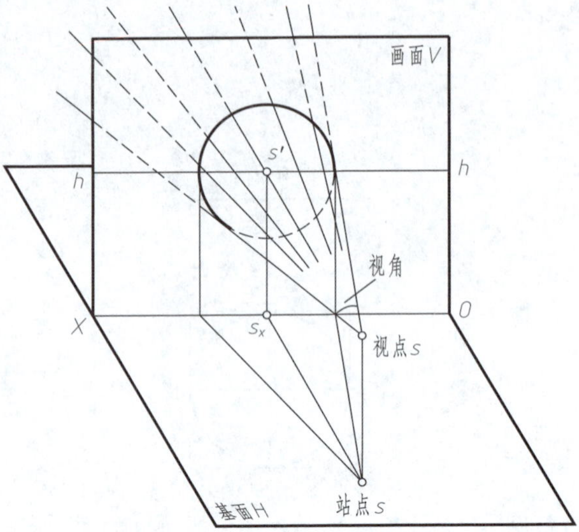

图 12-21 视锥及其视域位置

二、视点的选择

视点 S 的选择实际是通过站点 s 的位置和视高（随画面的基线 $O'X'$ 与视平线 h—h 的距离）来选择的。

1. 站点 s 的位置

站点的位置包括视距和站位两个问题，其原则如下：

（1）保证视角的大小适宜。如图 12-22 所示，过站点 s 作左右外围视线与基线 OX 相交，两个交点之间距离 B 称为画幅宽度（简称画宽）。当视距 D 取 2.0B 时，所对应的视角约为 28°；当视距 D 取 1.5B 时，所对应的视角为 37°。所以一般情况下，作两点透视时，视距 D 的大小取 1.5B ~ 2.0B 为宜，如图 12-22（a）所示。作一点透视表达室内透视时，由于受空间的限制，视距 D 大小取 0.9 ~ 1.5B 为宜，如图 12-22（b）所示。

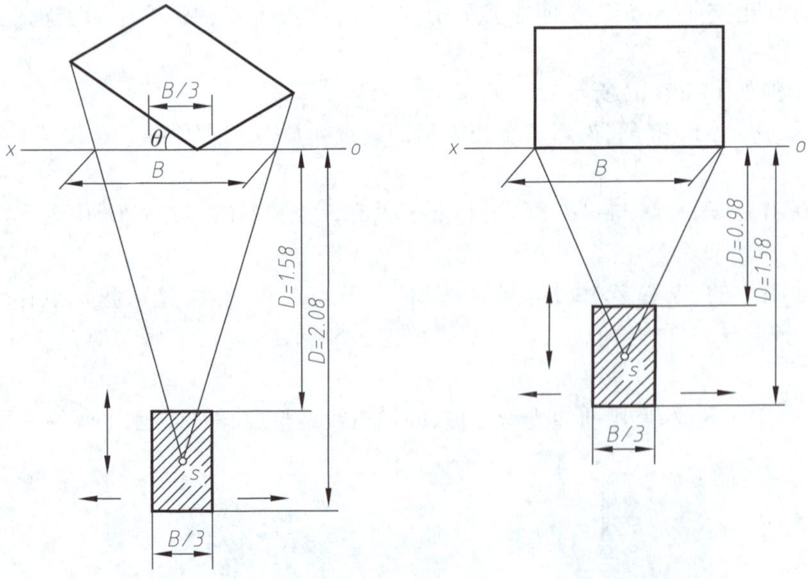

（a）两点透视　　（b）一点透视

图 12-22 视点的选择

（2）保证站点 s 位置合适。通常主要立面的透视轮廓与侧立面的透视轮廓成 3∶1 的比例，这样的透视图主次分明，立体感强。这时，取站点 s 在画宽 B 的中部 1/3 范围内，一般来说越接近中垂线的位置越好，画面就不会出现严重失真，如图 12-22 所示。

这是站点 s 位置选择的一般规律，但有时为了获得某种特殊效果，也可突破此规定。总之，站点位置的选择应以有利于建筑形象的表达和四面布局为原则。

2. 视高的选择（$O'X'$ 与 $h—h$ 线的距离）

视高的高度就是视平线的高度。视平线的高度对透视图的影响较大。画室内透视常用的一点透视图时，通常以人座位高 1.0 ~ 1.3 m 来确定视平线的高度，这样画出的室内透视显得开阔气派。

一般建筑形体用两点透视时，通常以人的身高 1.5 ~ 1.8 m 来确定视平线的高度，如图 12-23(c)所示，这样的透视图符合视觉效果，显得生动自然；当然有时为了表示建筑形体的全貌，将视平线适当抬高，这种透视图就会产生一种俯视效果，如图 12-23(a)所示；当视平线的高度与建筑形体的顶面或底面同高时，该顶面或低面的透视成一直线，这时的透视图形失真，效果最差，如图 12-23(b)、(d)所示；当为了表示建筑形的底部，将视平线降到 $O'X'$线之下时，这种透视图就会产生一种仰视效果，如图 12-23(e)所示。

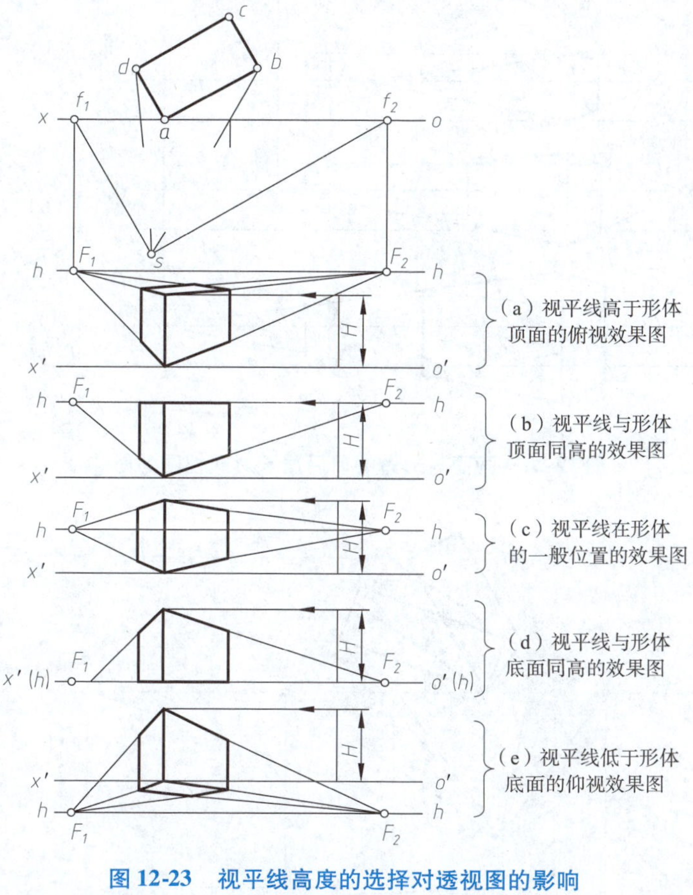

图 12-23 视平线高度的选择对透视图的影响

三、画面与建筑形体的相对位置的选择

1. 画面与建筑形体的前后位置

画建筑形体的一点透视时，为了作图方便，通常将画面与建筑形体主要立面重合，在视点位置不变时，前后平移画面，所得的透视图的形状不变，只是大小发生了变化。画两点透视时，一般使建筑形体的一角位于画面上，能反映真高便于作图，当建筑形体在画面之后时，所得的透视图为缩小透视，如图 12-24(a)所示；当建筑形体在画面之前时，所得的透视图为放大透视，如图 12-24(c)所示。

2. 画面与建筑形体的夹角

在画两点透视时，建筑形体的主要立面与画面的夹角 θ 越小，该立面上水平线的灭点越远，透视图形变化平缓，轮廓宽阔；相反，夹角越大，则该立面上水平线的灭点越近，透视图形变化急剧，轮廓狭窄，如图 12-25 所示。根据这个规律，恰当地选择画面与建筑形体的夹角，透视图中建筑形体的主要立面与侧立面的透视宽度之比就会比较接近真实宽度之比。通常绘制两点透视时，选择画面与建筑形体主要立面的夹角 θ 在 20°～40°之间。

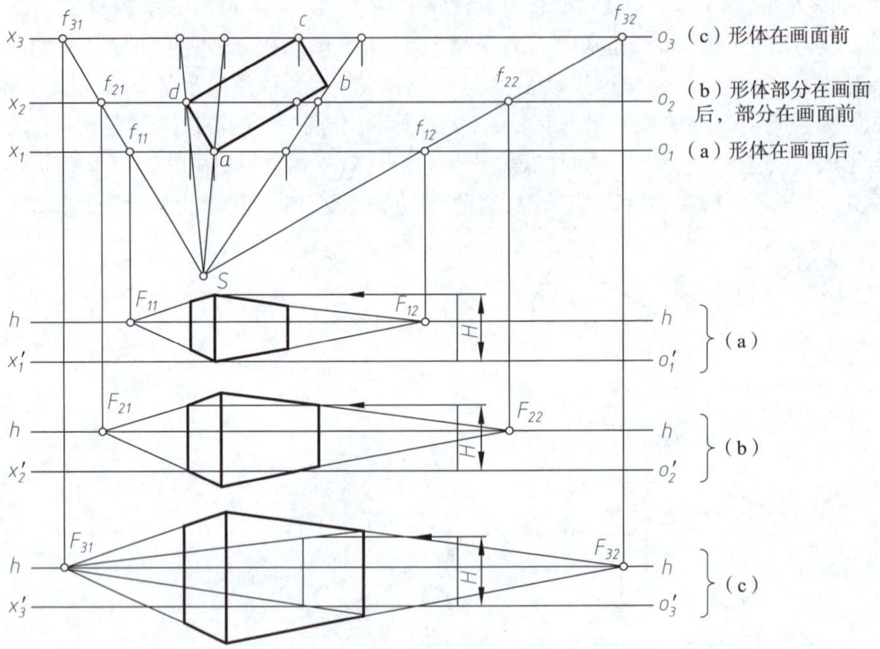

图 12-24　画面与形体的前后位置对透视图的影响

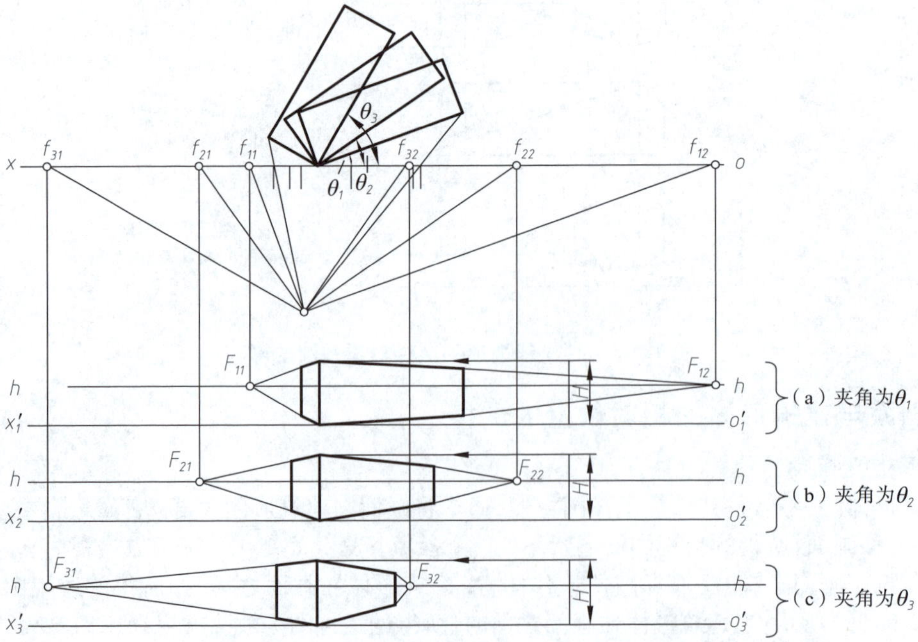

图 12-25　画面与形体的夹角大小对透视图的影响